高等学校教材

静力学

程燕平　编

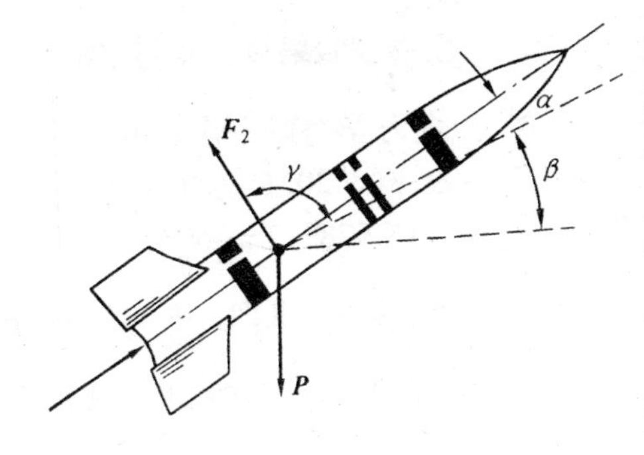

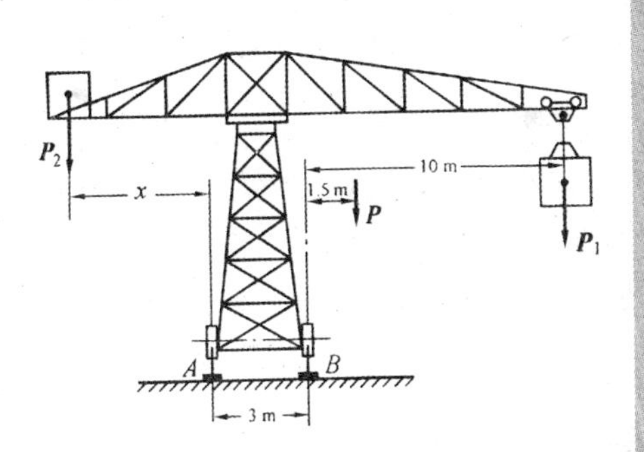

哈爾濱工業大學出版社
HARBIN INSTITUTE OF TECHNOLOGY PRESS

内容提要

我国高等工科院校一些专业开设有少学时理论力学课，一般只讲静力学部分，本教材是为适应这一需要而编写的。

本教材改变了过去理论力学教材对静力学部分从平面到空间的传统写法，均从空间讲起，平面问题作为空间问题的特殊情况处理。但作为练习，侧重点仍放在平面力系上。

由于改变了讲法，节省了学时，本教材除保留了原静力学教材的内容外，又增加了原属于材料力学的内力图的内容，把轴力图、扭矩图、剪力图、弯矩图归为一章讲授。因为动静法是用静力学方法求解动力学问题的，为使学生对动力学有所了解，增加了动静法一章的内容。

图书在版编目(CIP)数据

静力学/程燕平主编. —哈尔滨：哈尔滨工业大学出版社，1999.8(2020.1 重印)

ISBN 978-7-5603-1409-9

Ⅰ.静…　Ⅱ.程…　Ⅲ.静力学-高等学校-教材　Ⅳ.O312

中国版本图书馆 CIP 数据核字(2003)第 119415 号

责任编辑　杜　燕
出版发行　哈尔滨工业大学出版社
社　　址　哈尔滨市南岗区复华四道街 10 号　邮编 150006
传　　真　0451-86414749
网　　址　http://hitpress.hit.edu.cn
印　　刷　哈尔滨市工大节能印刷厂
开　　本　850mm×1168mm　1/32　印张 6.875　字数 172 千字
版　　次　1999 年 8 月第 1 版　2020 年 1 月第 5 次印刷
书　　号　ISBN 978-7-5603-1409-9
定　　价　24.80 元

前　言

本教材是在两种情况的促使下决定编写的，一是为适应理论力学少学时教学的需要，二是为适应力学系列课程改革模块化教学的需要。我国高等工科院校一些专业开设有少学时的理论力学课，一般只讲静力学部分，但相应教材不多，起码在哈尔滨工业大学校内，多年来就没有与之相应的正式教材。随着力学系列课程改革设想的提出与实施，为了实行学分制而进行模块化教学，原来理论力学、材料力学及其它力学课程的几块要分为若干个小块，则与之相应的教材编写也提到实施阶段，此教材的编写正是在这种情况下产生的。

本教材的编写采用了两种新的做法，一是改变了传统写法，二是增加了内容。

改变了传统写法。多年来理论力学教材里对静力学的写法均是从平面到空间。随着学生基础知识的提高，新课程的增加又导致力学课程学时的减少，一些教师实际上的讲法已经改为从空间到平面。本教材正是在这一实践的基础上，采取了从空间到平面的写法，先得出空间问题的结论，然后将平面问题作为空间问题的特殊情况处理。但作为练习，侧重点仍放在平面力系上（主要指平面任意力系）。

增加了内容。由于改变了讲法，减少了从平面到空间讲法的重复，从而节省了学时。本教材在保持原静力学教材内容的基础上，打破原理论力学、材料力学课程的界限，把原属于材料力学的轴力图、扭矩图、剪力图、弯矩图的内容归为一章，称为“内力图”。又考虑到动静法是用静力学方法求解动力学问题的，学生应对动力学内容,特别是动约束反力的概念与计算应该有些了解,所以又增加了"动静法"一章。这种写法在国内教材里尚属少见,但在国外一些教材里则并不少见。

本教材的写法在1996年前已形成思路,1996、1997连续两年在两个系进行了两个循环的试点,1998年春形成校内教材,1998年秋、1999年春哈工大校内三个系十余个小班少学时理论力学课均采用了该教材。在此基础上,现在正式出版。

酝酿本教材的思路与写法,参加试点、编写与使用的有赵经文、陈明、孙兆伟、王刚等教师。

长期在理论力学课教学第一线的博士生导师程靳教授对全书进行了审阅,提出了许多很好的意见,编者在此表示衷心的感谢。

本教材可能有疏漏之处,诚恳希望读者批评指正。

编　者

1999年5月于哈尔滨

目　录

引 言

静力学是研究物体的受力分析、力系的等效替换(或简化)和各种力系的平衡条件的科学。

物体的受力分析 工程中存在各种各样的结构和机构,它们的受力状态如何,是人们关心的问题之一。静力学就是要对物体进行受力分析,首先定性地给出物体的受力情况,画出物体的受力图,然后才能给以定量的求解。物体的受力分析是静力学主要研究的问题之一。

力系的等效替换(或简化) 实际当中存在各种各样的力系,其实际分布比较复杂,如何用一个比较简单的力系去等效代替一个比较复杂的力系,进而确定复杂力系对物体的总效应,并为建立各种力系的平衡条件打基础,是静力学主要研究的问题之二。

各种力系的平衡条件 实际当中存在各种各样的力系,其平衡时均应满足一定的条件,究竟应满足什么样的条件?研究与建立各种力系的平衡条件,并应用这些条件去解决实际问题,是静力学主要研究的问题之三。

力的概念 力的概念来自于实践,在很早的时期,人们就对力有了一定的认识。战国时期墨家的哲学与科学著作《墨经》中说"力,形之所以奋也",当是见诸文字的人们最早对力的描述。从现代宏观观点看,力是一个物体对另一个物体的作用,是造成运动变化的原因。但这种作用可以是机械作用,化学作用,电磁作用等。从现代微观观点看,力是基本粒子间的相互作用,可分为强相互作用,弱相互作用。人们对力的认识还处在发展中,因此,目前包含各学科各方面的对力的一个比较完善的描述或定义尚不存在。

静力学是从宏观方面看问题的,从现代宏观方面看,力是一个物体对另一个物体的作用,其作用效果使物体的运动状态发生改变或者使物体产生变形。前者被称为外效应(运动效应),后者被称为内效应(变形效应)。实践表明,力对物体的作用效果由三个要素——力的大小、方向、作用点来确定,称为力的三要素。从数学角度看,具有大小和方向的量被称为矢量,所以力是矢量。在正式出版的印刷物上,矢量用斜黑体字母表示,如 $\boldsymbol{F}$、$\boldsymbol{P}$ 等;在手书上,曾有 $\vec{F}$、$\overset{\rightharpoonup}{F}$、$\overset{\leftharpoondown}{F}$、$\overline{F}$ 等写法,国标规定用 $\overrightarrow{F}$ 表示。矢量 $\boldsymbol{c}=\boldsymbol{a}+\boldsymbol{b}$ 与代数量 $c=a+b$ 是完全不同的两个概念,在手书上一定要加以区分。

力系　作用于物体上的一群力称为力系。力是矢量,力矢所在直线称为力的作用线。从力系的作用线分布情况来看,有共点、汇交、平行、任意力系之分。若各力作用线都作用在同一平面内,称为平面力系;若各力作用线是空间分布,称为空间力系。这样就有平面共点、汇交、平行、任意力系,空间共点、汇交、平行、任意力系之分。此外还有力偶系。静力学的主要任务之一就是要建立这些力系的平衡条件。

平衡　由物质组成的物体处于永恒的运动中,平衡是物体运动的一种特殊形式。若物体相对于惯性参考系静止或作匀速直线运动,则称此物体处于平衡。虽然从理论上讲,惯性参考系在宇宙中并不存在,但对大多数工程问题,把固连在地球上的参考系作为惯性参考系,所得结果可以满足工程上的要求,所以静力学中一般把固连在地球上的参考系作为惯性参考系。

变形体与刚体　实际问题往往比较复杂,依据所研究的目的不同,需要按哲学的观点抓住一些带本质性的主要矛盾或矛盾的主要方面,而撇开一些影响不大的次要因素,提炼出称之为力学模型的物体进行研究。对同一个物体,由于研究的目的不同,往往给以不同的看待。一列火车,当我们只关心它的位置与速度时,其运动的范围比其自身的尺寸要大得多,就可以作为一个数学上的几何点考虑。当我们关心它的牵引力与总的阻力,载重及整体运动的加速度时,可以做为一个质点来考虑。当我们设计或研究火车由什么样的零部件组成及火车各个零部件如何运动时,就分别作为刚体与刚体系来考虑。而当我们考虑各零部件在力的作用下的承受能力及是否安全时,就必须作为变形体来处理。对同一列火车,依据研究的目的不同,分别可以作为点、质点、刚体、刚体系与变形体来考虑。任何物体在力的作用下都要产生变形,称为变形体。当物体的变形可以不考虑或暂时可以不考虑的情况下,就可以把物体作为刚体来处理。所谓刚体就是绝对不变形的物体,或者说,物体内任意两点间的距离不改变的物体称为刚体。刚体是一种抽象的力学模型,在实际中并不存在。但在处理一些实际问题时,这种抽象不仅是合理的,而且是必需的。当然,这种抽象也不是绝对的,在任何情况下都允许的。在静力学中,我们主要涉及到的是刚体与变形体。

按照有关规定,本书采用国际单位制,力的单位用牛[顿]或千牛[顿],分别以符号“N”与“kN”表示。其它单位不一一列举。

第一章　静力学公理和物体的受力分析

本章介绍静力学的五条公理，约束和约束反力的概念，物体的受力分析方法，并对画物体的受力图进行练习。

§1-1　静力学公理

任何一门科学都要有一些公理作为基础。公理，简言之，即为公认的道理（或真理）。如果一门科学没有几条公认的道理作为基础，此门科学也就很难称其为科学。公理，《辞海》中的解释为，"在一个理论中已为反复的实践所证实而被认为不需证明的命题。可作为证明中的论据。"公理是有层次性的，在本门课程中，在已学过的知识的基础上，一般以下述五条命题作为公理。

公理一　力的平行四边形公理（法则）

作用在物体上同一点的两个力，可以合成为一个合力。合力的作用点仍在该点，合力的大小和方向，由这两个力为邻边构成的平行四边形的对角线确定，如图 1-1 所示。或者说，合力矢等于这两个力矢的矢量和，以数学公式表示，为

$$\boldsymbol{F}_R = \boldsymbol{F}_1 + \boldsymbol{F}_2 \tag{1-1}$$

这个公理表明了最简单力系的简化规律，它是复杂力系简化的基础。

公理二　二力平衡公理

作用在同一刚体上的两个力，使刚体保持平衡的必要和充分

条件是，这两个力的大小相等、方向相反、且在同一直线上，如图1-2所示。简言之，这两个力等值、反向、共线。这是一个最简单的平衡力系(不受力除外)。

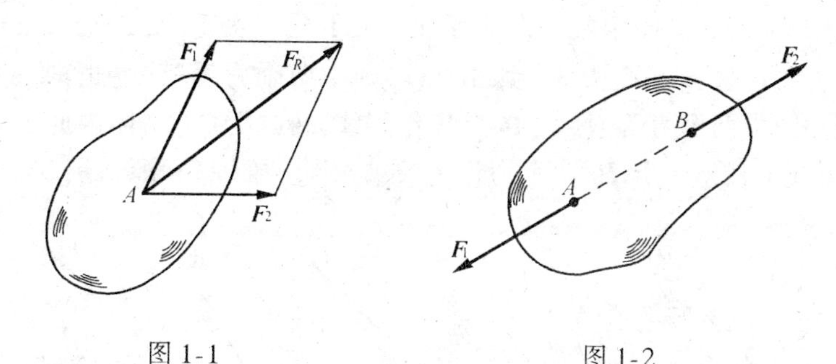

图 1-1　　图 1-2

刚体在两个力作用下平衡，两个力等值反向共线，对刚体是充分必要条件。对变形体，这个条件是不充分的。如，软绳受两个等值反向共线的拉力作用可以平衡，而受两个等值反向共线的压力就不能平衡。

在后面对物体进行受力分析时，常遇到只受两个力作用而平衡的构(杆)件，工程上称为二力构件或二力杆，其判别依据就是二力平衡公理，根据公理二，该两力必沿作用点的连线。

公理三　加减平衡力系公理

一个平衡力系不会改变刚体的运动状态，也就是说，平衡力系对刚体的作用效果为零，因而有，在已知力系上加上或减去任意的平衡力系，新力系与原力系对刚体的作用效果相同。

这个公理是研究力系等效替换的重要依据和主要手段。

根据上述公理，可以导出下述推理：

推理一　力的可传性

作用于刚体上某点的力，可以沿着它的作用线移到刚体内此作用线上任意一点，并不改变该力对刚体的作用。

证明：设有力 $\boldsymbol{F}$ 作用在刚体上的点 A，如图 1-3(a)所示，根据加减平衡力系公理，在力的作用线上任取一点 B，并加上两个相互平衡的力 $\boldsymbol{F}_1$ 和 $\boldsymbol{F}_2$，且使三个力的大小相等，方向如图 1-3(b)所示，则(a)、(b)图中两个力系等效。由于力 $\boldsymbol{F}$ 与 $\boldsymbol{F}_1$ 也是一个平衡力系，减去此平衡力系，则(b)、(c)图中两个力系等效，也即(a)、(c)图中两个力等效，力 $\boldsymbol{F}$ 沿其作用线"传递"到了刚体内此力作用线上任意一点 B，两个力作用效果相同。推理一得证。

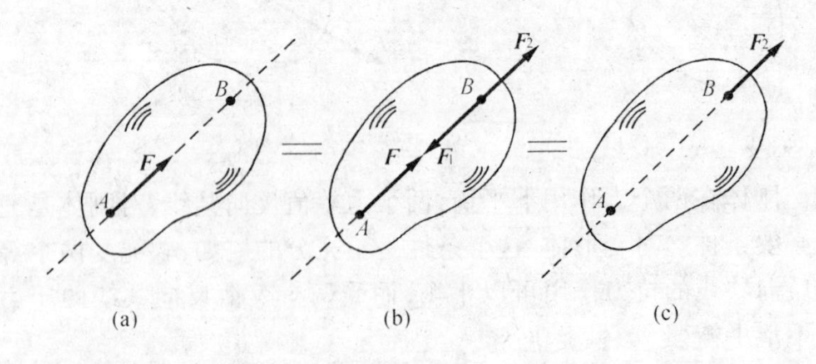

图 1-3

由此可见，对于刚体来说，力的三要素已变为：力的大小、方向和作用线。像作用于刚体上的力矢可以沿着作用线移动的矢量称为滑动矢量。

公理三及推理一只适用于刚体而不适用于变形体。例如，在图 1-4(a)中直杆受平衡力 $\boldsymbol{F}_1$ 与 $\boldsymbol{F}_2$ 作用，产生拉伸变形。如果将此二力沿作用线移动到图(b)所示位置，直杆将产生压缩变形。如果从杆上减去平衡力系($\boldsymbol{F}_1$、$\boldsymbol{F}_2$)，则杆的变形将消失，如图(c)。因此，在研究物体的变形时，是不能应用公理三与推理一的。

对变形体来说，力的三要素仍为：力的大小、方向和作用点。这种只能固定在某一点的矢量称为定位矢量。

推理二　三力平衡汇交定理

如果刚体在三个力作用下平衡，其中两个力的作用线汇交于

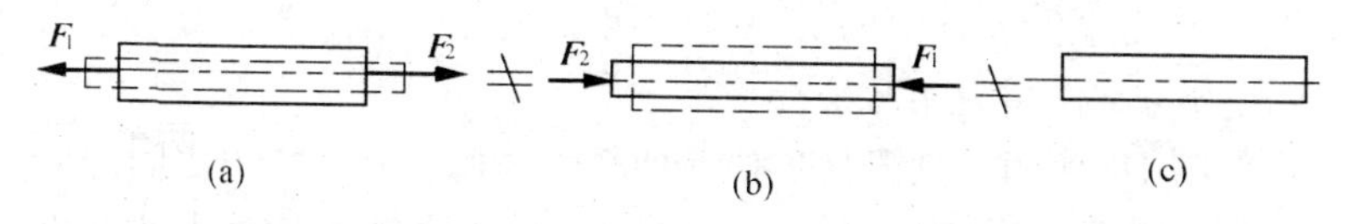

图 1-4

一点，则第三个力的作用线必通过此汇交点，且三个力共面。习惯称此推理为定理。

证明：如图 1-5 所示，在刚体的 A、B、C 三点上，分别作用三个相互平衡的力 $\boldsymbol{F}_1$、$\boldsymbol{F}_2$、$\boldsymbol{F}_3$，其中 $\boldsymbol{F}_1$、$\boldsymbol{F}_2$ 两力的作用线汇交于 O 点，根据推理一，将力 $\boldsymbol{F}_1$ 和 $\boldsymbol{F}_2$ 移到汇交点 O，然后根据力的平行四边形公理，得合力 $\boldsymbol{F}_{12}$。由二力平衡公理，力 $\boldsymbol{F}_3$ 与力 $\boldsymbol{F}_{12}$ 平衡，$\boldsymbol{F}_3$ 与 $\boldsymbol{F}_{12}$ 共线，力 $\boldsymbol{F}_3$ 必通过汇交点 O，且 $\boldsymbol{F}_3$ 必位于 $\boldsymbol{F}_1$ 与 $\boldsymbol{F}_2$ 两力所在的平面内，三力共面。推理二得证。

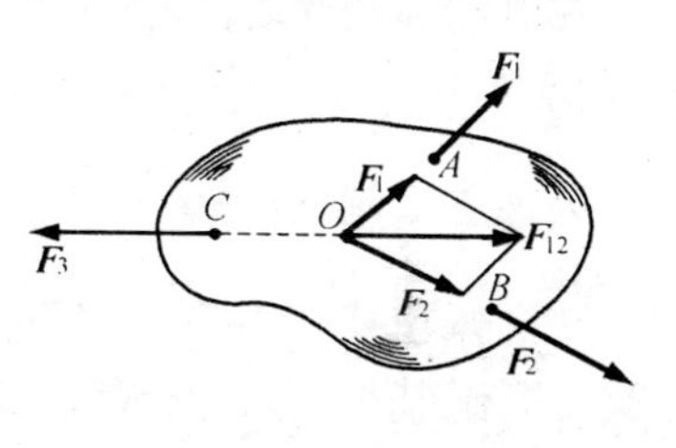

图 1-5

要注意此定理的表述条件，刚体在汇交于一点的三个共面力作用下，不一定平衡。

刚体只受同平面三个汇交力作用而平衡，有时称为三力构件。若三个力中已知两个力的交点及第三个力的作用点，即可判定出第三个力作用线的方位。在画一些物体的受力图和用几何法求此平面汇交力系的平衡问题时，此定理会带来一些方便。

公理四　作用反作用公理（定律）

作用力与反作用力总是同时同现，同时消失，两力等值、反向、共线，作用在相互作用的两个物体上。

作用反作用公理与二力平衡公理的描述有相同之处，两力均是等值反向共线，但作用力反作用力是作用在相互作用的两个物体上,二力平衡公理中的二力是作用于同一个刚体上。不能认为作用力与反作用力相互平衡。

作用反作用公理概括了任何两个物体间相互作用力之间的关系。不论对刚体还是变形体,不论对静止的物体还是对运动的物体,不论是惯性参考系还是非惯性参考系,作用反作用公理都是适用的。

在画物体的受力图时,对作用力与反作用力一定要给予足够的重视。

公理五　刚化公理

变形体在某一力系作用下处于平衡,如将此变形体看作(刚化)为刚体,其平衡状态保持不变。

如图 1-6 所示,绳索在等值、反向、共线的两个拉力作用下处于平衡,如将绳索看作(刚化)为刚体,其平衡状态保持不变。

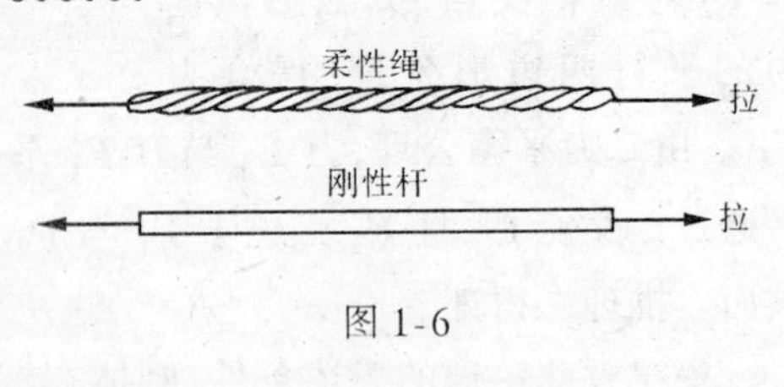

图 1-6

由此公理,如果一变形体在某一力系作用下处于平衡,一刚体在此力系作用下肯定平衡。在这种情况下,此力系无论是作用在刚体上还是变形体上,其所满足的平衡条件是一样的。所以,据此公理,建立各种力系的平衡条件时,均在刚体上推得,然后可推广应用于处于平衡的变形体上。在建立各种力系的平衡条件时,正是这样做的。

但要注意,变形体在一力系作用下平衡,此力系必为平衡力系。若变形体在一平衡力系作用下,则变形体未必平衡。也即在刚体上建立的力系的平衡条件是变形体平衡的必要条件,而非充分条件。

§1-2　约束和约束反力

工程和日常生活中的物体位移大多都受到一定的限制，例如，钉子对于黑板、地板对于课桌、灯绳对于灯管、轴承对于轴、如此等等。钉子限制黑板的位移，地板限制课桌的位移，灯绳限制灯管的位移，轴承限制轴的位移，等等如此。我们把限制物体位移的物体称为约束。则钉子对于黑板，地板对于课桌，灯绳对于灯管，轴承对于轴均为约束。约束对被约束物体一般都有力作用，约束对被约束物体的力称为约束反力，简称约反力或反力，还可称为被动力。除约束反力外，物体上受到的各种载荷如重力、风力、切削力、发动机所产生的驱动力等，它们是促使物体运动或有运动趋势的力，称为主动力。在实际工作中，确定主动力是十分重要而且是比较复杂的工作，可根据实际情况确定。如设计要求（起重吨位，载重量等），进行调查研究（如风载、雪载、水压力等）或实验测定（如切削力、驱动力等），这涉及到较多的专业知识。因此，在静力学中主动力一般都作为已知条件给出。这样，作用于任何结构或机构上的力都可分为两类，主动力与约束反力。静力学求解的主要任务，就是根据力系的平衡条件，确定（求出）约束反力。

在实际中，存在着各种各样的约束，样式繁多，难以一一列举。我们根据抓主要矛盾和分类法的思想，对工程中一些常见的约束理想化，归纳为几种基本类型，并根据各种约束的特性定性地给出其约束反力的情况。

一、光滑（面、线、点）接触约束

当一物块放于地板上时（图 1-7(a)），接触处为一个面；当一圆柱放于地板上时，接触处为一条线（图 1-7(b)）；当一钢球放于钢板上时（图 1-7(b)），接触处为一个点。若接触处（面、线、点）的摩擦力可以忽略不计，则称为光滑接触约束。显然图 1-7(a)、(b)

所示面、线、点光滑接触，总的约束反力均沿接触处的公法线方向。此结论可推广至任意光滑接触的情况，如图 1-8、1-9 所示。事实上，当接触处被视为光滑时，此类约束只能限制物体在接触处公法线方向的位移，而不能限制物体在接触处公切线方向的位移。因此，光滑接触约束，其约束反力沿着接触处的公法线方向，作用在接触处，指向被约束物体。

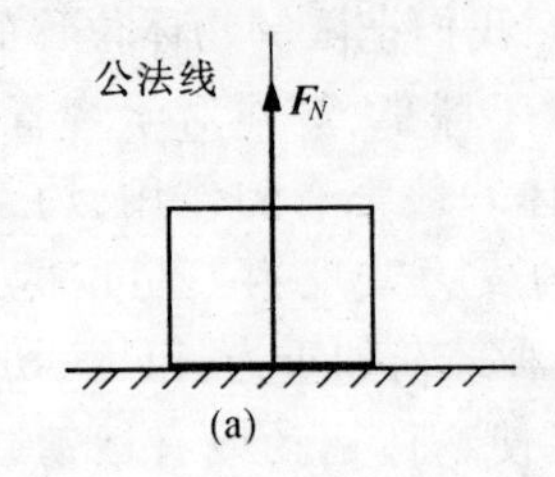

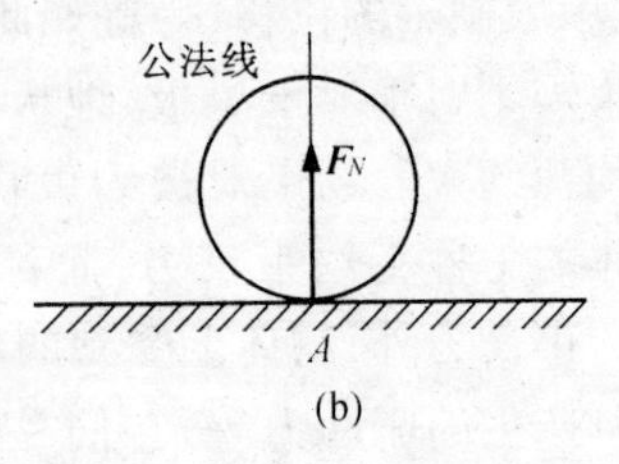

图 1-7

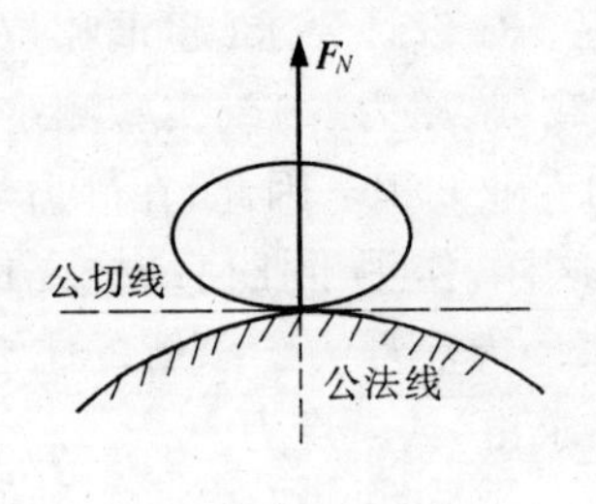

图 1-8

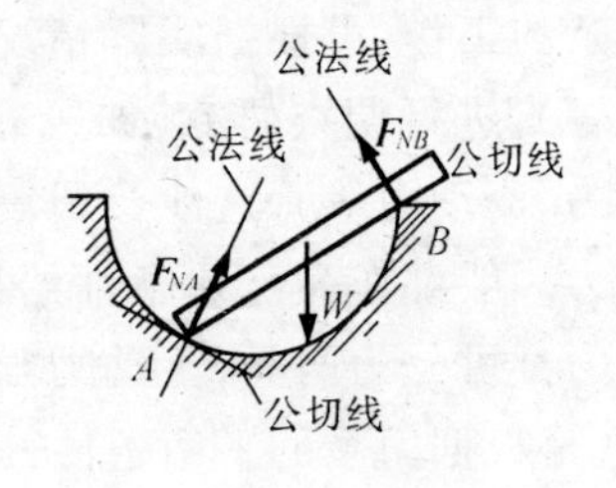

图 1-9

对图 1-10 所示齿轮啮合情况，视其中任一齿轮为约束，另一齿轮则为被约束物体，设接触处光滑，则约束反力如图 1-10 所示。

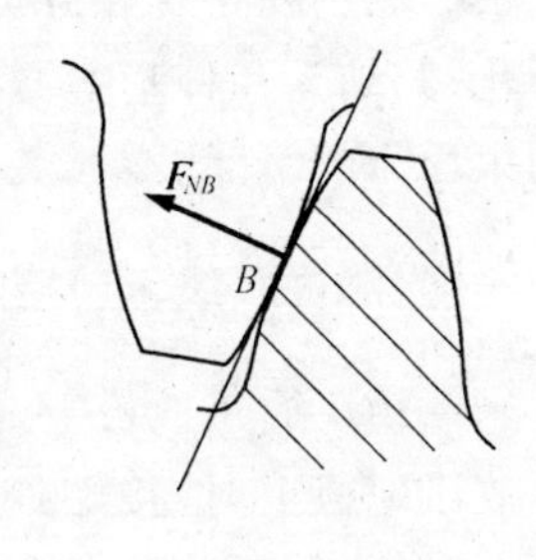

图 1-10

二、柔性体(绳索、皮带、链条等)约束

属于这类约束的有各种绳索，皮(胶)带，链条等柔性体构成的约束。

视此类约束为绝对柔软，则对柔性体本身来说，只能承受拉力而不能承受压力，或者换句话说，此类约束的特点是只能限制物体沿着柔性体伸长方向的位移，因此，柔性体约束的约束反力只能是拉力，作用在连接点或假想截割处，沿着柔性体的轴线（切线）而背离被约束的物体，如图1-11、1-12所示。

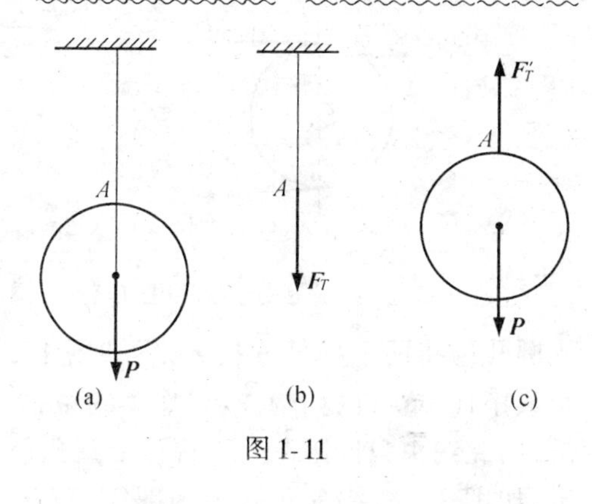

图 1-11

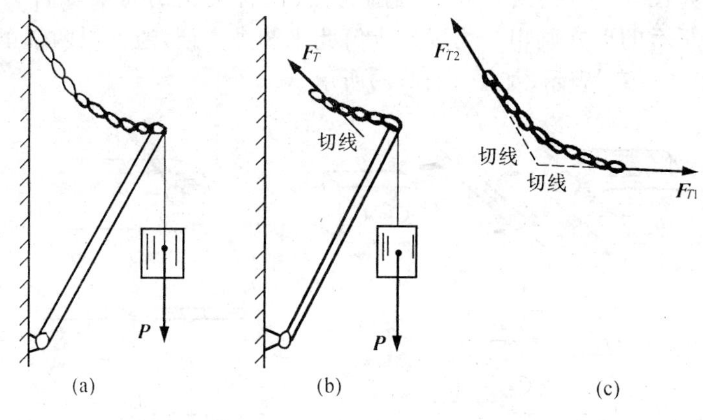

图 1-12

对图1-13所示的皮带轮（链条）传动，皮带或链条对两个轮是个约束，此也为柔性体约束，对两个轮来说，约束反力如图1-13所示。

三、光滑铰链（圆柱形销钉、固定铰支座、径向轴承等）约束

1. 圆柱形销钉是工程上用来连接构件的一种常用方式，将两个构件在需要连接处钻上同样大小的圆孔，然后用圆柱形销钉穿

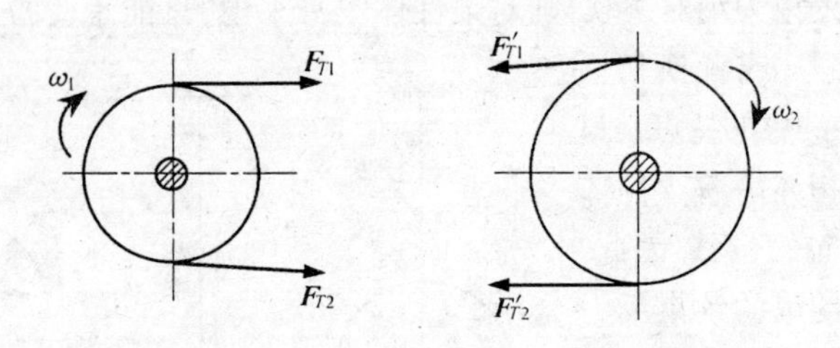

图 1-13

入圆孔内将两个构件连接起来，如图 1-14(a)、(b)所示。把销钉与其中任一构件(如构件 B)作为约束，若圆孔与销钉接触处均光滑，则此约束只能限制另一构件沿圆孔径向方向的位移，但指向不定，如图 1-14(c)所示。为画图简便，此种类型的约束以图 1-14(d)所示的形式画出。为以后求解此未知力方便，通常以两个正交分力 $\boldsymbol{F}_x$、$\boldsymbol{F}_y$ 表示，如图 1-14(e)所示。

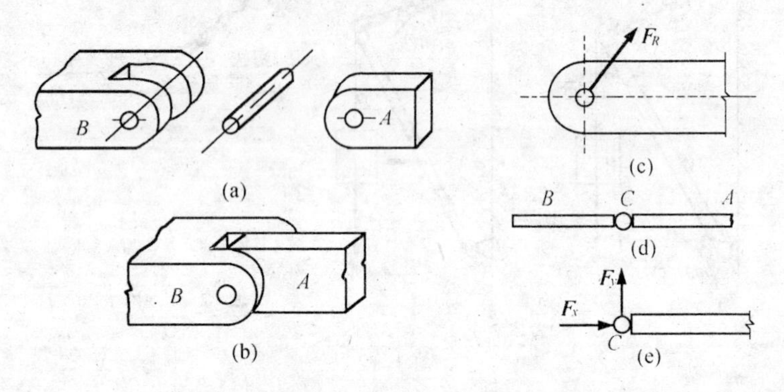

图 1-14

2. 在圆柱形销钉连接方式中，若其中一构件固定于基础(或机架上)，则此构件成为另一构件的支座，称为固定铰链支座，这也是工程中常见的一种连接方式，如图 1-15(a)所示。此时把支座看作为约束，则约束性质和圆柱形销钉相同，简化表示及约束反力表示如图 1-15(b)、(c)、(d)、(e)所示。

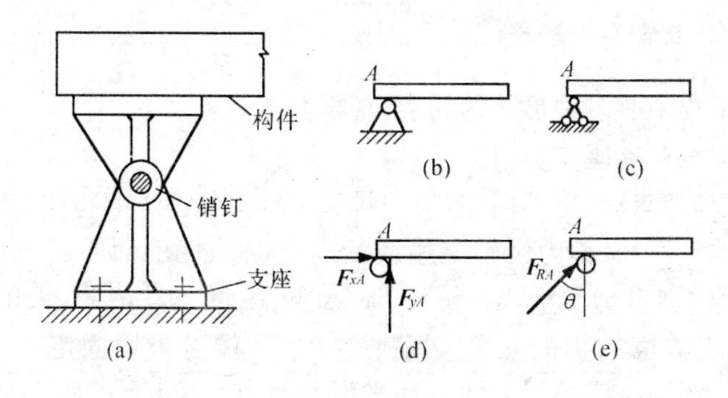

图 1-15

3. 向心轴承(径向轴承)是工程中常见的一种轴承形式,如图 1-16(a)所示。轴承对于轴是约束,约束性质与圆柱形销钉完全相同,也可用两个正交分力表示如图 1-16(b),或从轴的轴线方向看去而表示为图 1-16(c)。

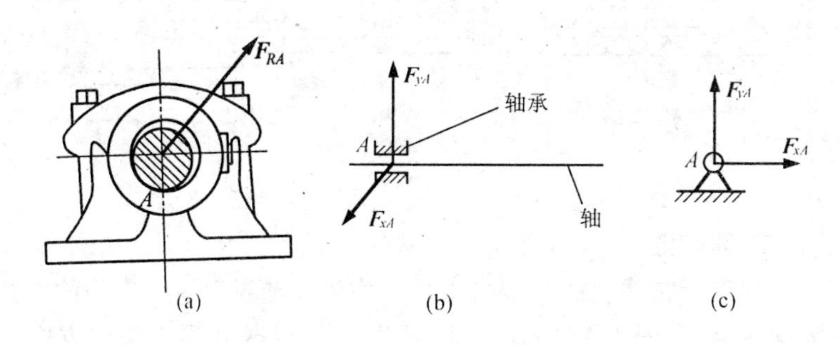

图 1-16

圆柱形销钉、固定铰支座、向心(径向)轴承等类约束,约束性质相同,归为一类,统称为光滑铰链约束。

对于光滑铰链约束,约束反力实质是一个力,为求解方便,一般分解为两个正交分力。但在作用线能够确定的情况下,为求解方便,有时也画为一个力。

四、其它类型约束

工程中有多种形式的约束，现再介绍几种如下。

1. 滚动支座

在固定铰支座下面，装上一排滚子或类似滚子的物体，就构成了滚动支座，又称为辊轴支座或活动支座，如图 1-17(a)所示，简图如图 1-17(b)所示。在桥梁、屋架等结构中，其一端常采用滚动支座，以适应结构的热胀冷缩现象(另一端必采用固定支座，为何?)。滚动支座的约束性质和光滑面约束性质相同，其总的约反力必垂直于支承面，通过销钉中心，如图 1-17(c)所示。

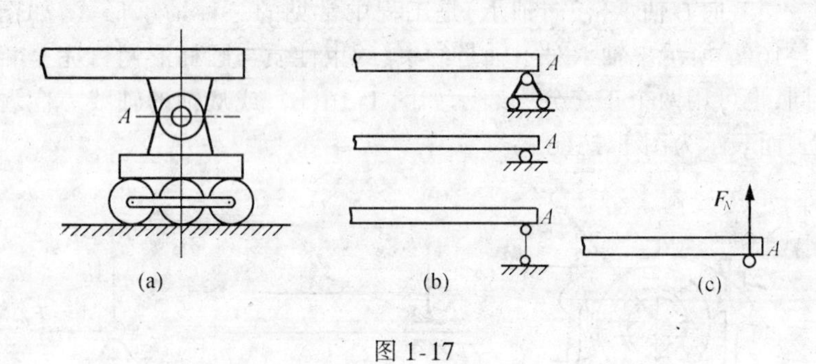

图 1-17

2. 球铰链

固连于物体上的圆球嵌入另一物体的球壳内而构成的约束称为球铰链，如图 1-18(a)所示。球壳限制圆球沿球壳法线方向的位移，但不能限制带圆球的构件绕球心的转动，略去摩擦，约束性质与铰链相似，但约反力通过球心可指向空间任意方位，为方便计，一般以三个正交分力 $\boldsymbol{F}_{Ax}$、$\boldsymbol{F}_{Ay}$、$\boldsymbol{F}_{Az}$ 表示，简图及约反力表示如图 1-18(b)、(c)所示。

3. 止推轴承

图 1-19 所示轴承(及类似轴承)称为止推轴承，与径向轴承不同之处是，它除了能限制轴的径向位移外，还能限制轴沿轴向的位

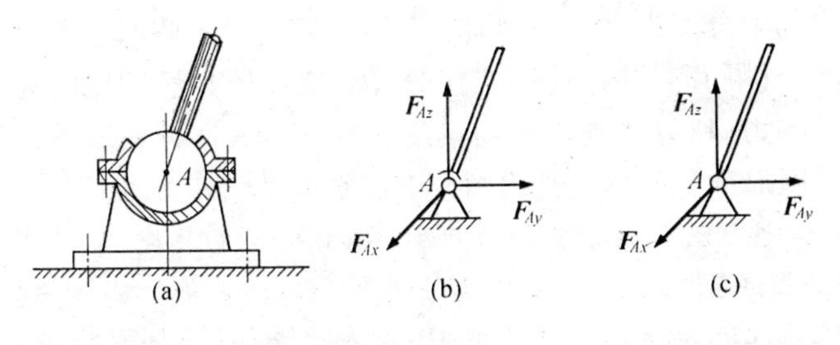

图 1-18

移。因此,它比径向轴承多承受一个沿轴向的约反力,可用三个正交分量 $\boldsymbol{F}_x$、$\boldsymbol{F}_y$、$\boldsymbol{F}_z$ 表示,如图 1-19 所示。

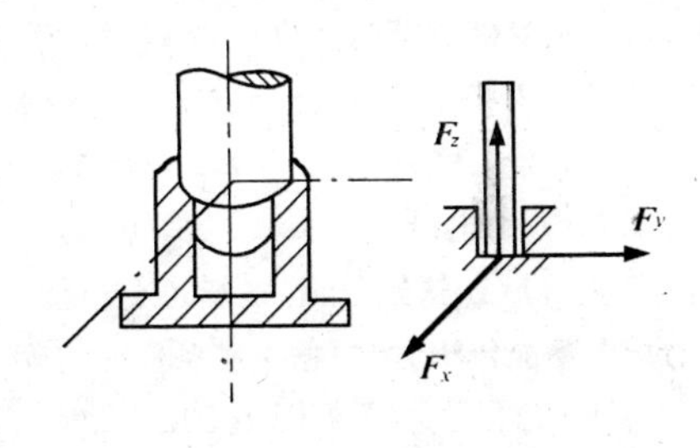

图 1-19

在以后的某些章节中,我们将再介绍一些约束。

工程中存在的约束多种多样,教材上只介绍简单的常见的几种。有的约束比较复杂,分析时需要专门的知识和经验,给以适当的简化和抽象化,这在实际中是个很重要的问题,这已超过一般教材所述范围,简言难以概之,所以不再叙述。

§1-3　物体的受力分析和受力图

任何一个结构或机构,均受到力的作用。各物体的受力情况如何,是工程中十分关心的问题。只有首先定性地给出各物体的受力情况,然后才能给予定量的求解,接着才能解决其它问题。为此,分析物体的受力情况,确定物体受几个力,各力的作用点(线)及方位(向)如何,是解决静(动)力学问题重要的一步。这种分析过程称为物体的受力分析。

为了把分析结果清晰地表示出来,需要把要研究的物体从周围的物体中分离出来，单独画出它的简图，这个步骤叫作取研究对象或取分(隔)离体，此简图叫作分(隔)离体图。然后把此物体所受的所有力(所有主动力和约束反力)画出来，这种表示物体受力的简明图形称为物体的受力图。下面举例说明。

例 1-1 如图 1-20(a)所示，水平梁 AB 用斜杆 CD 支撑，A、C、D 三处均为光滑铰链连接。均质梁重 $\boldsymbol{P}_1$，其上放置一重为 $\boldsymbol{P}_2$ 的电动机。如不计杆 CD 的自重，试分别画出杆 CD 和梁 AB(包括电动机)的受力图。

解：(1)先分析斜杆 CD 的受力情况。由于斜杆的自重不计，因此只在杆的两端分别受到铰链的约束反力 $\boldsymbol{F}_C$ 和 $\boldsymbol{F}_D$ 的作用。根据光滑铰链性质，这两个约束反力必定分别通过铰链 C、D 的中心，方向暂时不能确定。如果进一步考虑到杆 CD 只在 $\boldsymbol{F}_C$ 和 $\boldsymbol{F}_D$ 两个力作用下处于平衡，则根据二力平衡公理，这两个力必定沿同一直线，且等值、反向。由此可确定 $\boldsymbol{F}_C$ 和 $\boldsymbol{F}_D$ 的作用线应沿 C 与 D 的连线(由经验判断，此处杆 CD 受压力。但在一般情况下，力的指向不能定出，需根据平衡条件才能确定)。

斜杆 CD 的受力图如图 1-20(b)所示。

只在两个力作用下平衡的构件，称为二力构件，若构件为直杆或弯杆，则称为二力杆。根据二力平衡公理，它所受的两个力必定沿两力作用点的连线，且等值、反向。在题目中若有二力构件(杆)存在且能判断出来，往往会给求解带来方便。

(2)取梁 AB(包括电动机)为研究对象。它受 $\boldsymbol{P}_1$、$\boldsymbol{P}_2$ 两个主动力的作用。梁在铰链 D 处受有二力杆 CD 给它的约束反力 $\boldsymbol{F}'_D$ 的作用。根据作用和反作用公理，此二力应该反向。梁在 A 处受固定铰链支座给它的约束反力作用，由于方位未知，用两个大小未定的正交分力 $\boldsymbol{F}_{Ax}$ 和 $\boldsymbol{F}_{Ay}$ 表示。

梁 AB 的受力图如图 1-20(c)所示。

例 1-2 如图 1-21(a)所示的三铰拱桥，由左、右两拱铰接而成。设各拱自重不计，在拱 AC 上作用有载荷 $\boldsymbol{P}$。试分别画出拱 AC 和 CB 的受力图。

解：(1)先分析拱 BC 的受力。由于拱 BC 自重不计，且只在 B、C 两处受到铰链约束，因此，拱 BC 为二力构件。在铰链中心 B、C 处分别受 $\boldsymbol{F}_B$、$\boldsymbol{F}_C$ 两力的作用，且 $\boldsymbol{F}_B = -\boldsymbol{F}_C$，$BC$ 拱的受力图如图 1-21(b)所示。

(2)取拱 AC 为研究对象。由于自重不计，因此主动力只有载荷 $\boldsymbol{P}$。拱在铰链 C 处受有拱 BC 给它的约束反力 $\boldsymbol{F}_C'$ 的作用，根据作用和反作用定律，

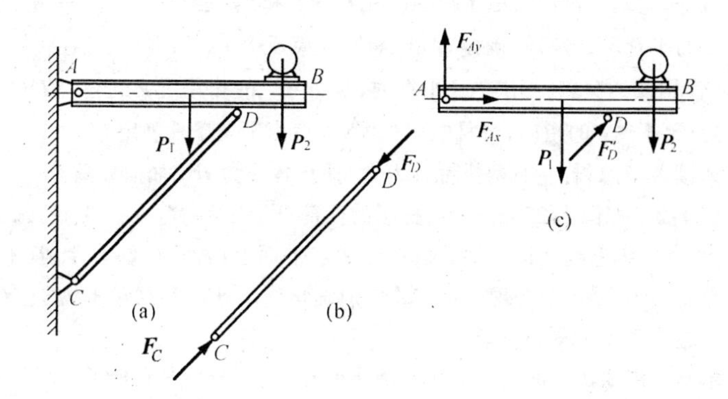

图 1-20

$F_C' = -F_C$。拱在 A 处受固定铰链支座给它的约束反力 F_A 的作用，由于方向未定，可用两个大小未知的正交分力 F_{Ax}、F_{Ay} 代替。

拱 AC 的受力图如图 1-21(c)所示。

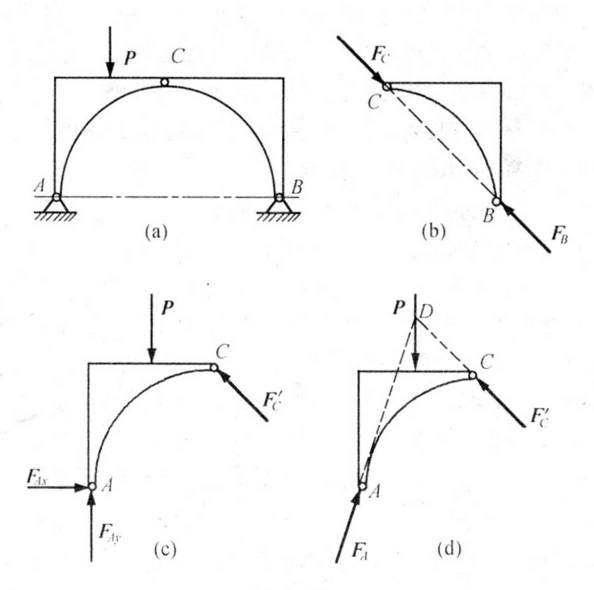

图 1-21

再进一步分析可知，由于拱 AC 在 $\boldsymbol{P}$、$\boldsymbol{F}_C'$ 和 $\boldsymbol{F}_A$ 三个力作用下平衡，故可根据三力平衡汇交定理，确定铰链 A 处约束反力 $\boldsymbol{F}_A$ 的方位。点 D 为力 $\boldsymbol{P}$ 和 $\boldsymbol{F}_C'$ 作用线的交点，当拱 AC 平衡时，反力 $\boldsymbol{F}_A$ 的作用线必通过点 D（图 1-21(d)）；至于 $\boldsymbol{F}_A$ 的指向，暂且假定如图，以后由平衡条件确定。

请读者考虑，若左右两拱都计入自重时，各受力图该如何来画？

例 1-3 如图 1-22(a)所示，梯子的两部分 AB 和 AC 在点 A 铰接，又在 D、E 两点用水平绳连接。梯子放在光滑水平面上，若其自重不计，但在 AB 的中点 H 处作用一铅直载荷 $\boldsymbol{P}$。试分别画出绳子 DE 和梯子的 AB、AC 部分以及整个系统的受力图。

解：(1)绳子 DE 的受力分析。绳子两端 D、E 分别受到梯子对它的拉力 $\boldsymbol{F}_D$、$\boldsymbol{F}_E$ 的作用（图 1-22(b)）。

(2)梯子 AB 部分的受力分析。它在 H 处受到载荷 $\boldsymbol{P}$ 的作用，在铰链 A 处受到 AC 部分给它的约束反力 $\boldsymbol{F}_{Ax}$ 和 $\boldsymbol{F}_{Ay}$ 的作用。在 D 受到绳子对它的拉力 $\boldsymbol{F}_D'$（与 $\boldsymbol{F}_D$ 互为作用力和反作用力）的作用。在点 B 受到光滑地面对它的法向反力 $\boldsymbol{F}_B$ 的作用。

梯子 AB 部分的受力图如图 1-22(c)所示。

(3)梯子 AC 部分的受力分析。在铰链 A 处受到 AB 部分对它的作用力 $\boldsymbol{F}_{Ax}'$ 和 $\boldsymbol{F}_{Ay}'$（分别与 $\boldsymbol{F}_{Ax}$ 和 $\boldsymbol{F}_{Ay}$ 互为作用力和反作用力）的作用。在点 E 受到绳子对它的拉力 $\boldsymbol{F}_E'$（与 $\boldsymbol{F}_E$ 互为作用力和反作用力）的作用。在 C 处受到光滑地面对它的法向反力 $\boldsymbol{F}_C$ 的作用。

梯子 AC 部分的受力图如图 1-22(d)所示。

(4)整个系统的受力分析。在画整个系统的受力图时，杆 AB 与 AC 在 A 处相互有力作用，绳在 D 点与 E 点对杆 AB 与 AC 也有力作用，这些力是存在的，若画在整个系统受力图上，则如图 1-22(f)所示。物体与物体未分离（拆开）处相互作用的力称为内力，内力是存在的，若画在受力图上，将使得图形很乱，而且给后面的定量求解（投影、取矩）带来很大的不便，因此规定，内力一律不画在受力图上，(f)图的画法是绝对禁止的。在受力图上只需画出系统以外的物体给系统的力，这种力称为外力。对此题，载荷 $\boldsymbol{P}$ 和约束反力 $\boldsymbol{F}_B$、$\boldsymbol{F}_C$ 是作用于整个系统上的外力。整个系统的受力图如图 1-22(e)所示。

应该指出，内力与外力的区分不是绝对的。例如，当我们把梯子的 AC 部分作为研究对象时，$\boldsymbol{F}_{Ax}'$、$\boldsymbol{F}_{Ay}'$ 和 $\boldsymbol{F}_E'$ 均属于外力，但取整体为研究对象时，

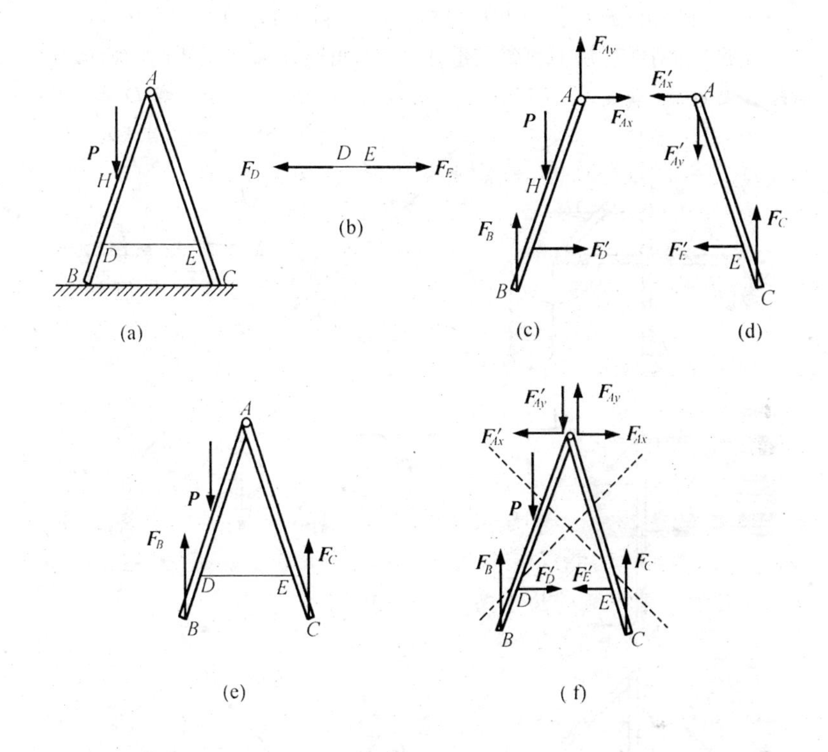

图 1-22

这些力又成为内力。可见,内力与外力的区分,只有相对于某一确定的研究对象才有意义。

例 1-4 图 1-23(a)所示的平面构架,由杆 AB、DE 及 DB 铰接而成。A 为滚动支座,E 为固定铰链。钢丝绳一端拴在 K 处,另一端绕过定滑轮Ⅰ和动滑轮Ⅱ后拴在销钉 B 上。物重为 P,各杆及滑轮的自重不计。(1)分别画出各杆、各滑轮、销钉 B 以及整个系统的受力图;(2)画出销钉 B 与滑轮Ⅰ一起的受力图;(3)画出杆 AB、滑轮Ⅰ、Ⅱ及钢丝绳和重物作为一个系统时的受力图。

解:要求所画各受力图均如图 1-23 所示。其中(b)图中 BD 杆、(c)图中 AB 杆、(e)图中滑轮Ⅰ在 B 处均不包含销钉 B(为没有销钉的孔)。在题目中没要求或不用画销钉受力图时,可把销钉认为归属于与之相连的任一构件上,不用单独取出,例如(b)图中 DB 杆 D 处、(d)图中 DE 杆 D 处。在要求分析或必须分析销钉受力时,则需把销钉单独取出,画出销钉受力图,如图(g)销钉 B 受力图。

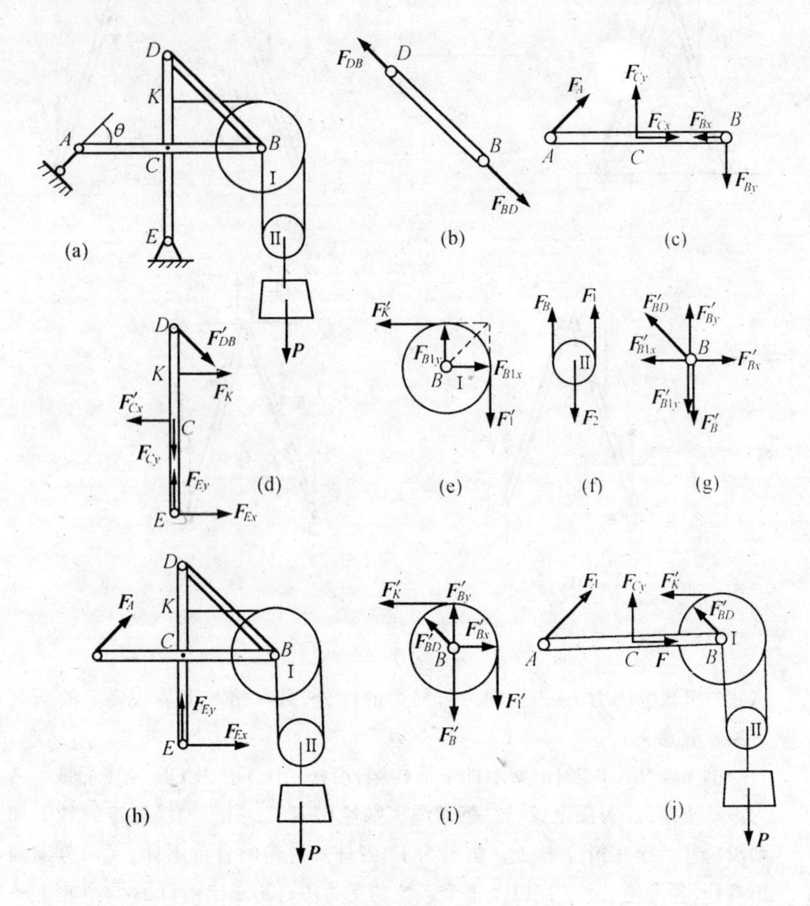

图 1-23

以后在做作业时,画受力图的分析过程不必像例题一样用文字写出,只需画出所要求的受力图即可。有了正确的受力图,其正确受力情况便一目了然。

正确地画出物体的受力图，是分析、解决力学问题的基础。画受力图时必须注意如下几点：

1. 必须明确研究对象，画出分离体图。根据求解需要，可以取单个物体为研究对象，也可以取由几个物体组成的系统为研究对象。一般情况下，不要在一系统的简图上画某一物体或子系统的受力图。

2. 不得漏画力，也不得多画力。主动力、约束反力均是物体受力，均应画在受力图上。所取研究对象（分离体）和其它物体接触处，一般均存在约束反力，要根据约束的特性来确定，不能主观臆测。

3. 注意作用力、反作用力的画法（作用力的方向一经假定，图上的反作用力一定与之反向）。注意二力构件（杆）的判断。

4. 物体与物体未分离（拆开）处相互作用的力称为内力，内力一律不画在受力图上。受力分析过程不必用文字写出。

小　结

1. 静力学公理是力学的最基本、最普遍的客观规律。

公理一　力的平行四边形公理（法则）。

公理二　二力平衡公理。

以上两条公理，阐明了作用在一个物体上最简单的力系的合成规则及其平衡条件。画受力图时，注意公理二的应用（二力构件的判断上）。

公理三　加减平衡力系公理。

这个公理是研究力系等效替换的依据。

公理四　作用反作用公理（定律）。

这个公理阐明了两个物体相互作用的关系。在画受力图时要给予足够的重视。

公理五　刚化公理。

这个公理阐明了变形体抽象为刚体的条件，并指出刚体平衡的必要和充分条件只是变形体平衡的必要条件。

2.约束和约束反力。

限制物体位移的物体称为约束,约束给被约束物体的力称为约束反力。约束反力的方向与该约束所能阻碍的位移方向相反。根据约束的性质,本章介绍了光滑接触、柔性体、光滑铰链、滚动铰支座、球铰链、止推轴承几类约束及其约束反力的特点。

3.物体的受力分析和受力图是研究物体平衡和运动的前提。

画物体受力图时,首先要明确研究对象(即取分离体),画出分离体图。物体受的力分为主动力和约束反力。当分析多个物体组成的系统受力时,要注意分清内力和外力,内力不画在受力图上。还要注意作用力与反作用力的画法。

思 考 题

1-1 以下说法对吗? 为什么?

(1) 处于平衡状态的物体就可视为刚体。

(2) 变形微小的物体就可视为刚体。

(3) 在研究物体机械运动问题时,物体的变形对所研究的问题没有影响,或影响甚微,此时物体可视为刚体。

1-2 试区别 $\boldsymbol{F}_R = \boldsymbol{F}_1 + \boldsymbol{F}_2$ 和 $F_R = F_1 + F_2$ 两个等式代表的意义。手写时应怎样加以区别?

1-3 二力平衡公理与作用和反作用公理都是说二力等值、反向、共线,

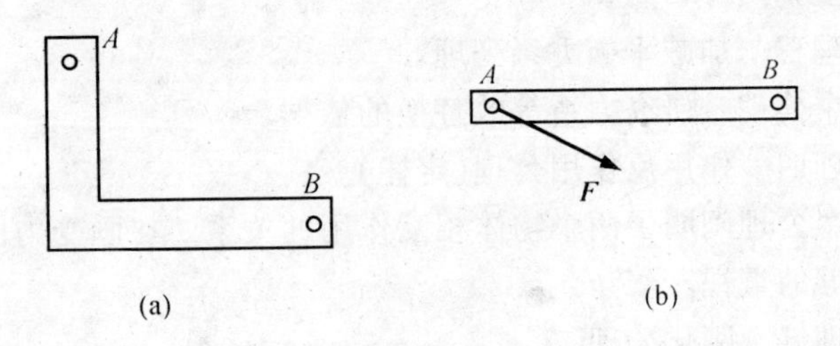

图 1-24

二者有什么区别？

1-4　图 1-24 所示杆重不计，放于光滑水平面上。对图(a)，能否在杆上 A、B 两点各加一个力，使杆处于平衡？对图(b)，能否在 B 点加一个力使杆平衡？为什么？

1-5　两不计自重长条斜块放置如图 1-25 所示，在两端受等值、反向、共线的两个力 $\boldsymbol{F}_1$、$\boldsymbol{F}_2$ 的作用，不计摩擦，它们是否处于平衡状态？$\boldsymbol{F}_1$、$\boldsymbol{F}_2$ 是否构成平衡力系？

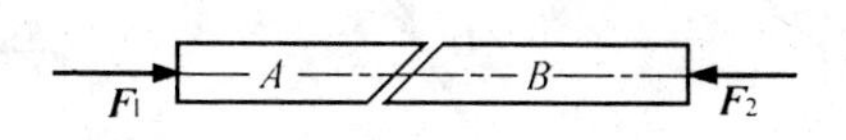

图 1-25

1-6　均质轮重 $\boldsymbol{P}$，以绳系住 A 点，静止地放到光滑斜面上，如图 1-26(a)、(b)、(c)所示，哪一种情况均质轮能处于平衡状态？为什么？

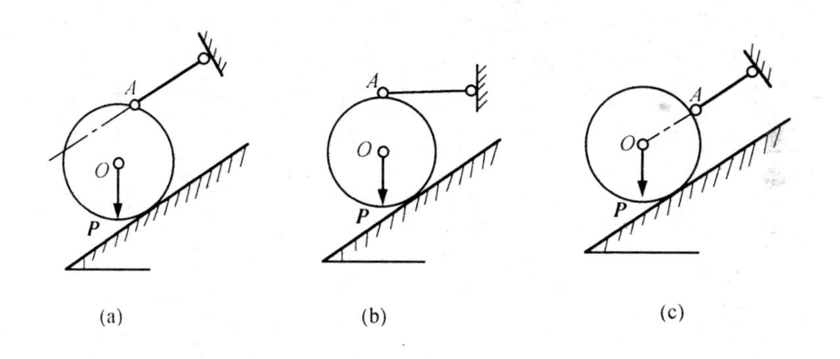

图 1-26

1-7　什么叫二力构件？二力构件与构件形状有无关系？凡两端用铰链连接的杆都是二力杆吗？凡不计自重的刚性杆都是二力杆吗？

1-8　下列各物体的受力图是否有错误？如何改正？

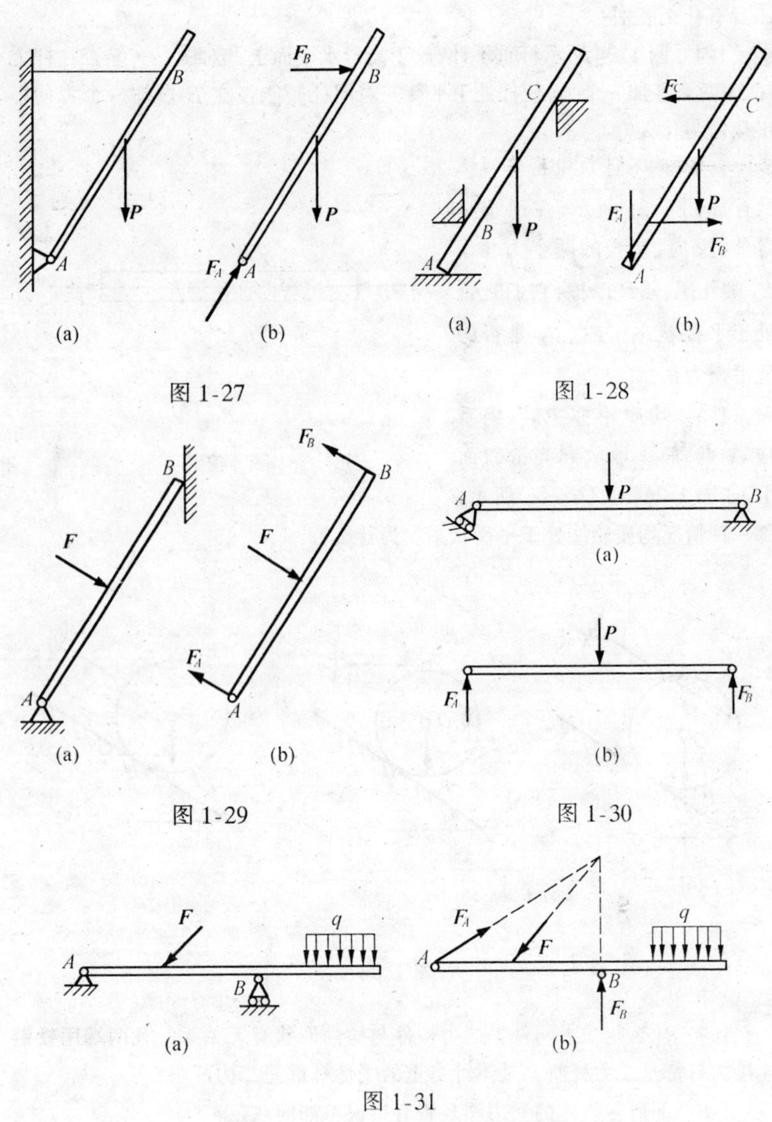

图 1-27

图 1-28

图 1-29

图 1-30

图 1-31

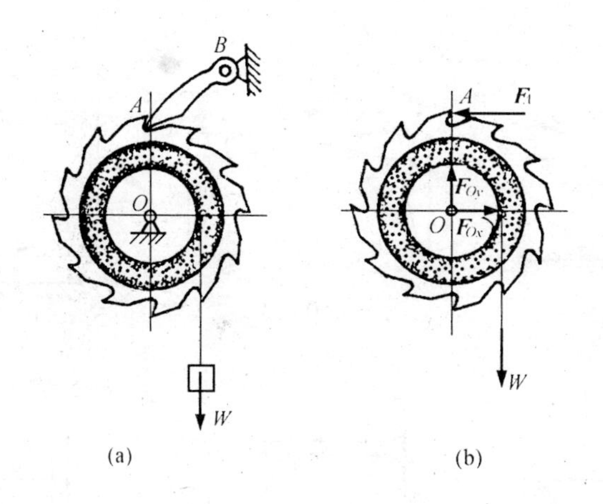

图 1-32

习　题

1-1　画出下列各图中构件 AB、ABC 的受力图。未画重力的物体的重量均不计,所有接触处均为光滑接触。

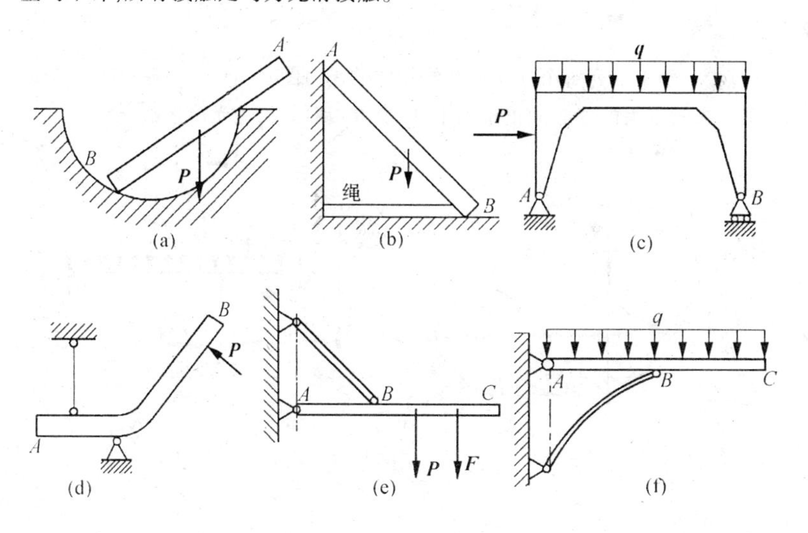

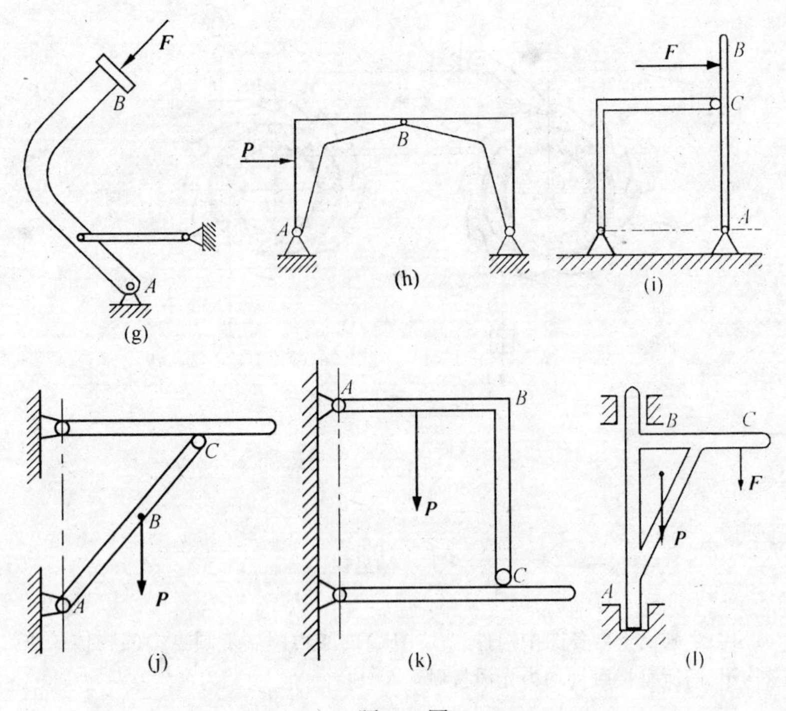

题 1-1 图

1-2　画出下列每个标注字符的物体的受力图及(a)～(g)各题的整体受力图。未画重力的物体的重量均不计,所有接触处均为光滑接触。

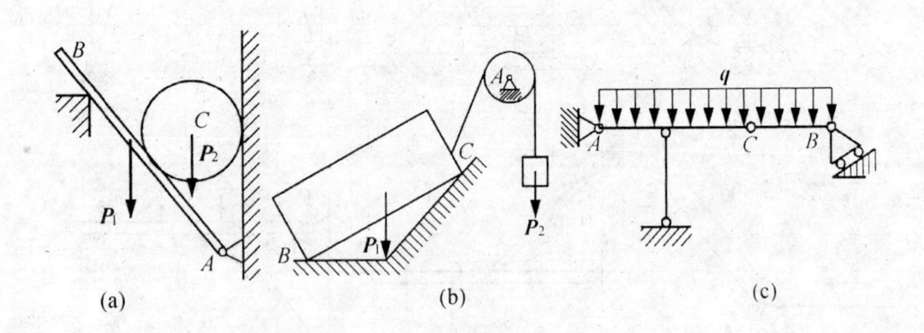

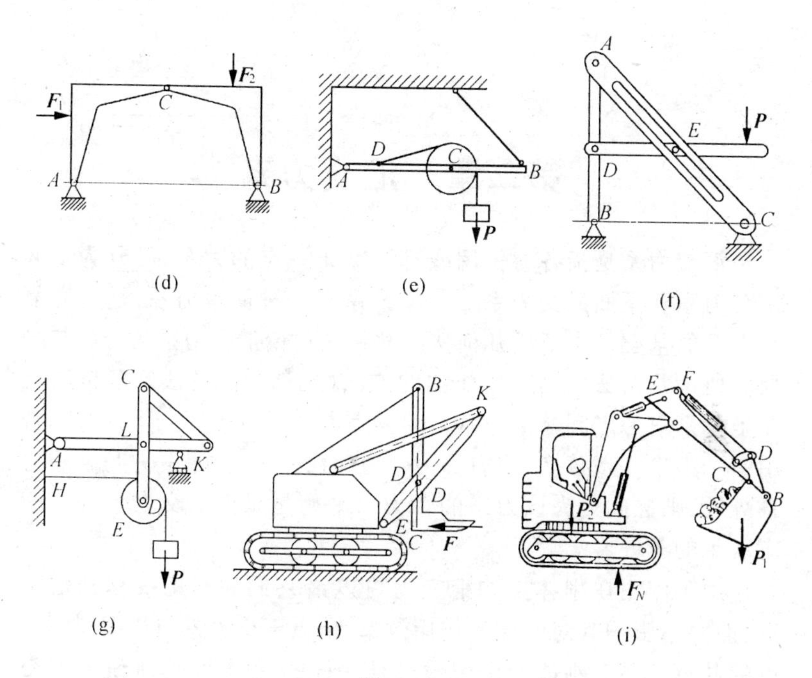

题 1-2 图

1-3 画出下列每个标注字符的物体的受力图，各题的整体受力图及销钉 A（销钉 A 穿透各构件）的受力图。未画重力的物体的重量均不计，所有接触处均为光滑接触。

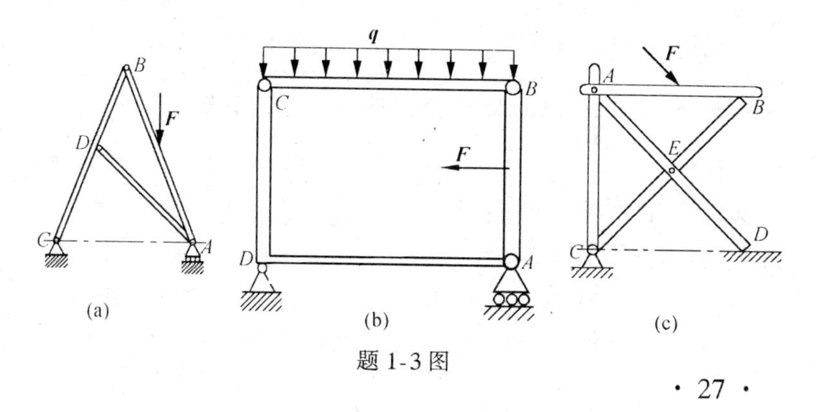

题 1-3 图

第二章　汇交力系

汇交力系是指各力作用线都汇交于一点的力系，可分为空间汇交力系和平面汇交力系。汇交力系是一种简单力系，是研究复杂力系的基础。本章用几何法与解析法讨论汇交力系的合成与平衡。所谓几何法就是几何作图的方法（也称为图解法），解析法是在坐标系里考虑问题的方法。合成是指多个力汇交于一点，能否用一个力来等效替换，此力称为合力（合力——如果一力与某一力系等效，则称此力为该力系的合力）；平衡是讨论汇交力系若平衡应满足的条件。

由于作用在刚体上的汇交力可以沿它们的作用线移到汇交点，而并不影响其对刚体的作用效果，所以汇交力系与作用于同一点的共点力系对刚体的作用效果是一样的。因此，本章研究汇交力系的合成与平衡，均从共点力系开始。

§2-1　汇交力系合成与平衡的几何法

现在我们用几何法来研究汇交力系的合成与平衡。

一、两个共点力（汇交力）的合成——力三角形规则

如图 2-1(a)所示，设在刚体的点 A 上作用两个力 $\boldsymbol{F}_1$ 和 $\boldsymbol{F}_2$，根据平行四边形公理，这两个力可以合成为一个力 $\boldsymbol{F}_R$，它的作用线通过汇交点 A，其大小和方向由平行四边形的对角线确定。

实际上，此两力的合力，可从任一点 O_1 或 O_2 画图如图 2-1(b)、(c)所示而求出。这两个由力构成的三角形均称为力三角形。

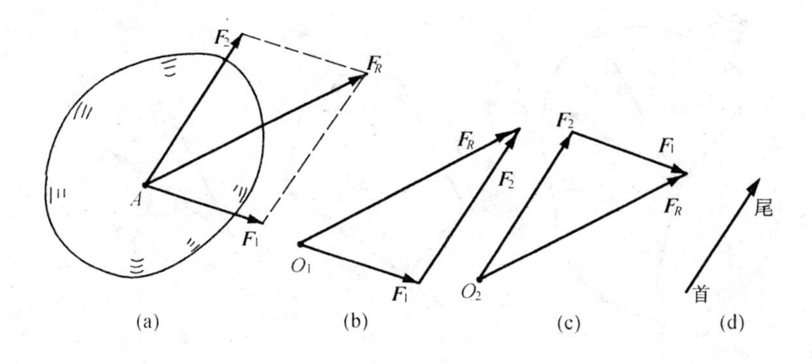

图 2-1

这两个三角形虽然有所不同,但若把力矢的起端称为首,箭头端称为尾,如图(d),这两个三角形各分力矢在顶点处均为首尾相接,而合力矢是从初始的力矢首与最后的力矢尾相连。这种作图求合力的方法,称为力三角形规则。

力有三要素,用力三角形规则求出的是合力的大小与方向,作用点仍在汇交点。

力三角形画法虽然简单,但它是多个汇交力合成的基础。

二、多个共点力(汇交力)的合成——力多边形规则

如图 2-2(a)所示,设在刚体的点 A 上,有 $\boldsymbol{F}_1$、$\boldsymbol{F}_2$、$\boldsymbol{F}_3$、$\boldsymbol{F}_4$ 作用,为求得此力系的合力,利用力三角形法则,如图 2-2(b)所示,任取一点 a,先作力三角形 abc 求出 $\boldsymbol{F}_1$ 与 $\boldsymbol{F}_2$ 的合力的大小与方向 $\boldsymbol{F}_{R1}$,再作力三角形 acd 求出 $\boldsymbol{F}_{R1}$ 与 $\boldsymbol{F}_3$ 的合力(即 $\boldsymbol{F}_1$、$\boldsymbol{F}_2$、$\boldsymbol{F}_3$ 的合力)大小和方向 $\boldsymbol{F}_{R2}$,再作力三角形 ade,则 $\boldsymbol{F}_R$ 表示了 $\boldsymbol{F}_1$、$\boldsymbol{F}_2$、$\boldsymbol{F}_3$、$\boldsymbol{F}_4$ 的合力的大小与方向。由力矢组成的多边形 $abcde$ 称为力多边形。

对汇交于一点的 n 个力,此作图法仍然有效。

注意在画力多边形时,中间带虚线的力矢可以不画,并不影响

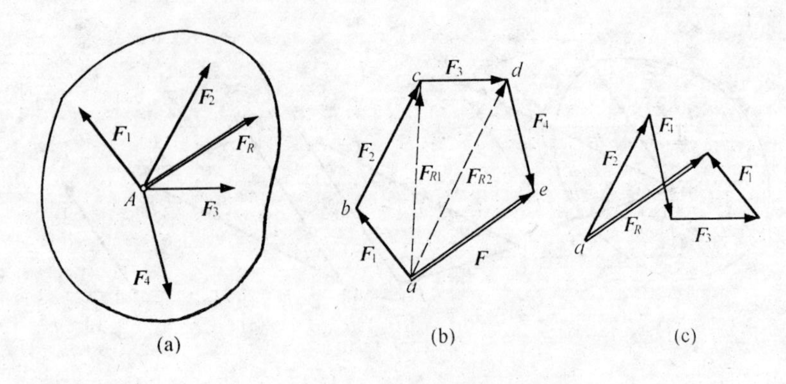

图 2-2

最后的结果。而且任意交换各分力矢的作图顺序，如图 2-2(c)所示，可得形状不同的力多边形，也不影响最后的结果，这说明力矢量相加满足矢量相加的交换律。再注意到，图 2-2(b)、(c)所示两个力多边形形状虽然不同，但各分力矢在端点处均为首尾相接，而合力矢是从初始的力矢首与最后的力矢尾相连。这种作图求汇交力系合力的方法，称为力多边形规则。

力多边形规则确定出的是合力的大小与方向，其作用点仍在汇交点。

上述力多边形规则，以数学公式表示，为

$$\boldsymbol{F}_R = \boldsymbol{F}_1 + \boldsymbol{F}_2 + \cdots + \boldsymbol{F}_n = \sum_{i=1}^{n} \boldsymbol{F}_i = \sum \boldsymbol{F}_i {}^{*} \tag{2-1}$$

如力系中各力的作用线都沿同一直线，则称此力系为共线力系，它是汇交力系的特殊情况，它的力多边形在同一直线上。若规定沿直线的某一指向为正，相反为负，则力系合力的大小与方向决定于各分力的代数和，即

* 为了书写方便，以后常用$\sum$代替$\sum\limits_{i=1}^{n}$

$$F_R = \sum_{i=1}^{n} F_i = \sum F_i \qquad (2\text{-}2)$$

三、汇交力系平衡的几何条件

由于汇交力系可用其合力来代替，显然，汇交力系平衡的必要和充分条件是：该力系的合力等于零。若用数学公式表示，为

$$\sum \boldsymbol{F}_i = \boldsymbol{0} \qquad (2\text{-}3)$$

这反映在力多边形上，为力多边形中最后一分力的尾与第一个分力首重合，此时的力多边形称为力多边形自行封闭。于是，可得如下结论：汇交力系平衡的几何（必要和充分）条件是：该力系的力多边形自行封闭。

用几何法求汇交力系的合成和平衡，可用尺和量角器等绘图工具，按比例画出各已知量，然后在图上量得所要求的未知量。也可根据图形的几何关系，用几何里的公式（特别是三角公式）计算出所要求的未知量。现在求解采用后者较多。

平面汇交力系是汇交力系的特殊情况，如何用几何法求解平面汇交力系的平衡问题，下面举例说明。

例 2-1 支架的横梁 AB 与斜杆 CD 彼此以铰链 C 相连接，并各以铰链 A、D 连接于铅直墙上，如图 2-3(a)所示。已知 $AC=CB$；杆 DC 与水平成 45°角；载荷 $P=10\text{kN}$，作用于 B 处。设梁和杆的重量忽略不计，求铰链 A 的约束反力和杆 DC 所受的力。

解： 选横梁 AB 为研究对象。横梁在 B 处受载荷 P 作用。DC 为二力杆，它对横梁 C 处的约束反力 $\boldsymbol{F}_C$ 的作用线必沿两铰链 D、C 中心的连线。铰链 A 的约束反力 $\boldsymbol{F}_A$ 的作用线可根据三力平衡汇交定理确定，即通过另两力的交点 E，如图 2-3(c)所示。

根据平面汇交力系平衡的几何条件，这三个力应组成一封闭的力三角形。取比例如图，先画出已知力矢 $\vec{ab}=\boldsymbol{P}$，再由点 a 作直线平行于 AE，由点 b 作直线平行 CE，这两直线相交于点 d，如图 2-3(d)。由力三角形 abd 自行封闭，可知图(c)中所画 $\boldsymbol{F}_A$、$\boldsymbol{F}_C$ 的方向为正确方向。

在力三角形中，线段 bd 和 da 分别表示力 $\boldsymbol{F}_C$ 和 $\boldsymbol{F}_A$ 的大小，量出它们的

长度,按比例换算得

$$F_C = 28.3 \text{ kN} \qquad F_A = 22.4 \text{ kN}$$

同样,也可以画出封闭力三角形如图 2-3(e)所示,求得 $\boldsymbol{F}_C$ 与 $\boldsymbol{F}_A$。

此结果也可由三角公式(正弦定理)计算而得,读者可以一试。

根据作用力和反作用力的关系,可知二力杆 DC 承受压力。

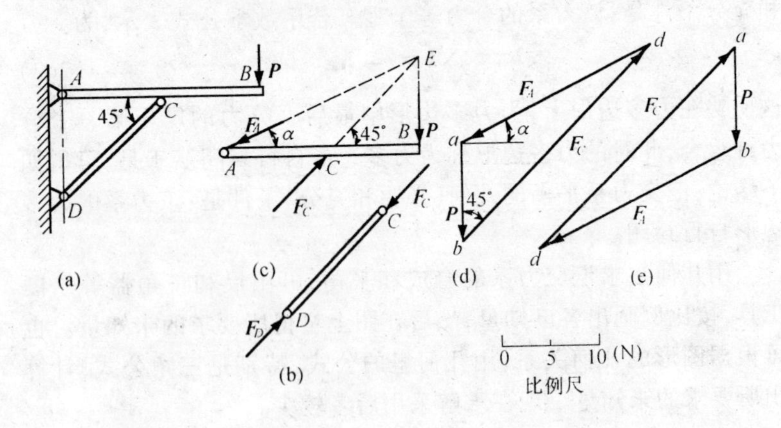

图 2-3

注意力多边形规则对空间、平面汇交力系都是成立的。对空间中最简单的汇交于一点的三个正交分力,其合力如图 2-4 (a)所示,显然可由图 2-4(b)所示的力四边形 $abcd$ 中求得,但此四边形

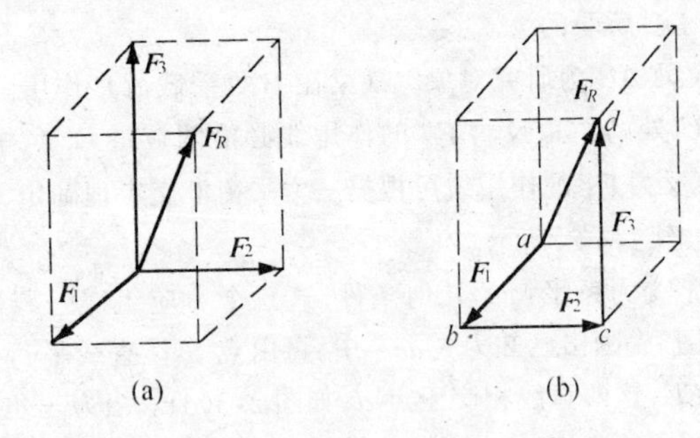

图 2-4

是一空间的四边形。对一 n 个任意汇交于一点的空间汇交力系，在理论上其力多边形是可以画出的,但实际做起来将很不方便与难以想象,所以用几何法求空间汇交力系的合力在实际上就遇到了困难。同理,对空间汇交力系的平衡情况,其封闭的力多边形也很难做出。就是对平面的情况,当力比较多时,合成与平衡的求解也不太方便。所以,对汇交力系的合成与平衡问题,人们又采用下面一节介绍的解析法。

§2-2 汇交力系合成与平衡的解析法

解析法是通过力矢在坐标轴上的投影来完成力系合成与平衡的方法。力矢(矢量)在坐标轴上的投影是解析法计算的基础。在正常情况下,学习本课程的读者已具备矢量投影的知识,但考虑到读者水平的不一和力矢投影的基础(重要)性,现给予简单讲述。

一、力在直角坐标轴上的投影

如图 2-5 所示,若已知力 $\boldsymbol{F}$ 与正交坐标系 $Oxyz$ 三轴间的夹角为 α、β、γ,则力 $\boldsymbol{F}$ 在三个轴上的投影为

$$X = F\cos\alpha \quad Y = F\cos\beta \quad Z = F\cos\gamma \tag{2-4}$$

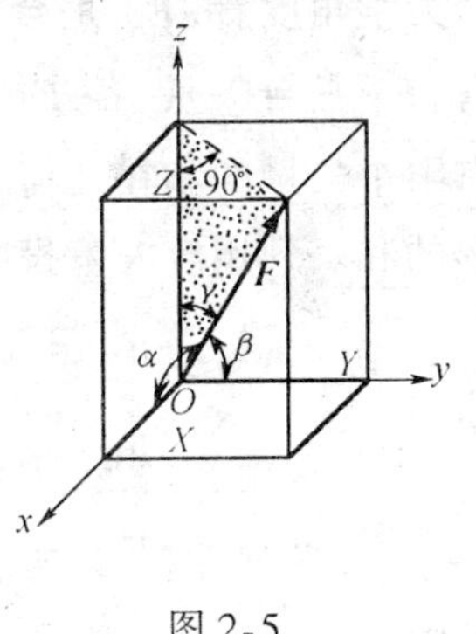

图 2-5

即力在某轴上的投影,等于力的模乘以力与投影轴正向间夹角的余弦。力在轴上的投影为代数量,当力与轴间夹角为锐角时,其值为正;当夹角为钝角时,其值为负;当夹角为直角时,其值为零。而且在相互平行的坐标系内,力的投影与坐标原点的选择无关。

如图 2-6 所示,若已知力 $\boldsymbol{F}$ 和角 γ 与 φ,力 $\boldsymbol{F}$ 与 Ox、Oy 轴的

夹角未知或不易求出时，可先把力 $\boldsymbol{F}$ 投影到坐标平面 Oxy 上，得到力 $\boldsymbol{F}_{xy}$，然后再把这个力投影到 x、y 轴上，得力 $\boldsymbol{F}$ 在三个轴上的投影为

$$X = F\sin\gamma\cos\varphi \quad Y = F\sin\gamma\sin\varphi$$
$$Z = F\cos\gamma \qquad (2\text{-}5)$$

这种确定力在坐标轴上投影的方法一般称为二次投影法，相应的第一种方法称为直接投影法或一次投影法。

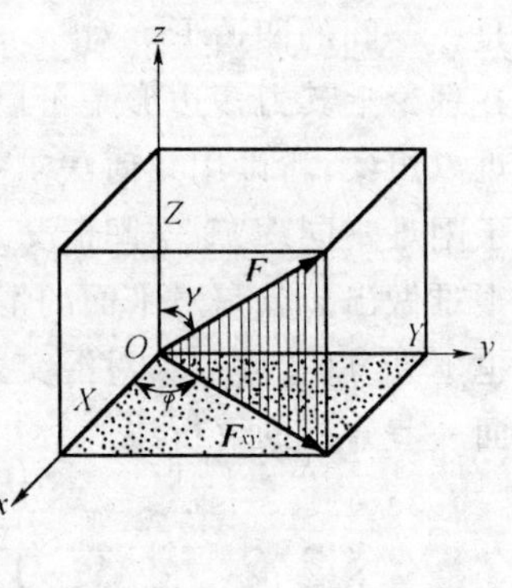

图 2-6

二、汇交力系合成的解析法

由上节所讲，力多边形法则由数学公式可以表示为

$$\boldsymbol{F}_R = \sum \boldsymbol{F}_i$$

从力学角度看，$\boldsymbol{F}_R$ 是合力矢量，各 $\boldsymbol{F}_i$ 是分力矢量。从数学角度看，$\boldsymbol{F}_R$ 是合矢量，各 $\boldsymbol{F}_i$ 是分矢量。数学里讲过合矢量投影定理：有限个矢量的和在任何轴上的投影等于各个分矢量在同轴上的投影的和。利用合矢量投影定理，在各分力已知的情况下，有

$$F_{Rx} = \sum F_{ix} = \sum X_i = \sum X$$
$$F_{Ry} = \sum F_{iy} = \sum Y_i = \sum Y$$
$$F_{Rz} = \sum F_{iz} = \sum Z_i = \sum Z$$

其中 F_{Rx}、F_{Ry}、F_{Rz} 为合力 $\boldsymbol{F}_R$ 在 x、y、z 轴上的投影，F_{ix}、F_{iy}、F_{iz}（X_i、Y_i、Z_i）为各分力在 x、y、z 轴上的投影，为以后书写方便，记为 X、Y、Z，若把合矢量投影定理里的矢量赋于力的概念，则称为合力投影定理。由此可得合力的大小和方向余弦为

$$
\left.\begin{aligned}
F_R &= \sqrt{(\sum X)^2 + (\sum Y)^2 + (\sum Z)^2} \\
\cos(\boldsymbol{F}_R, \boldsymbol{i}) &= \frac{\sum X}{F_R} \quad \cos(\boldsymbol{F}_R, \boldsymbol{j}) = \frac{\sum Y}{F_R} \\
\cos(\boldsymbol{F}_R, \boldsymbol{k}) &= \frac{\sum Z}{F_R}
\end{aligned}\right\} \tag{2-6}
$$

力的作用点仍在汇交点。这就是汇交力系合成的解析法公式。若为平面汇交力系,取力系所在平面为 Oxy 平面,有

$$
\left.\begin{aligned}
F_R &= \sqrt{(\sum X)^2 + (\sum Y)^2} \\
\cos(\boldsymbol{F}_R, \boldsymbol{i}) &= \frac{\sum X}{F_R} \quad \cos(\boldsymbol{F}_R, \boldsymbol{j}) = \frac{\sum Y}{F_R}
\end{aligned}\right\} \tag{2-7}
$$

力的作用点仍在汇交点。这就是平面汇交力系合成的解析法公式。

对平面汇交力系的合成,举一例如下。

例 2-2 求图 2-7 所示平面共点力系的合力。

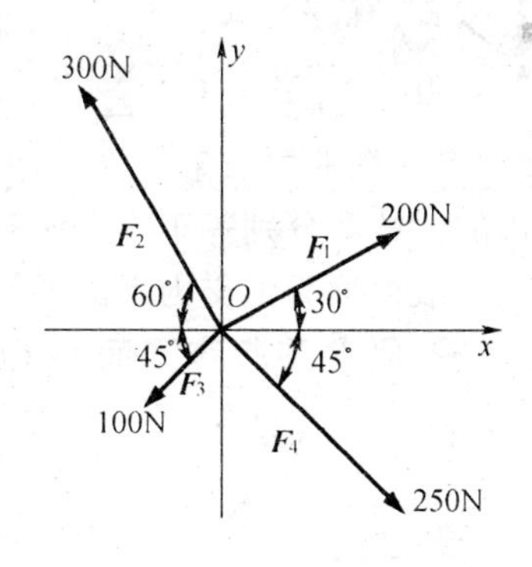

图 2-7

解:用式(2-7)计算

$$
\begin{aligned}
F_{Rx} = \sum X &= F_1\cos30° - F_2\cos60° - F_3\cos45° + F_4\cos45° \\
&= 200\cos30° - 300\cos60° - 100\cos45° + 250\cos45°
\end{aligned}
$$

$$= 129.27\ \text{N}$$

$$F_{Ry} = \sum Y = F_1\cos 60^\circ + F_2\cos 30^\circ - F_3\cos 45^\circ - F_4\cos 45^\circ$$

$$= 200\cos 60^\circ + 300\cos 30^\circ - 100\cos 45^\circ - 250\cos 45^\circ$$

$$= 112.32\ \text{N}$$

$$F_R = \sqrt{F_{Rx}^2 + F_{Ry}^2} = \sqrt{(129.27)^2 + (112.32)^2} = 171.25\ \text{N}$$

$$\cos\alpha = \frac{F_{Rx}}{F_R} = \frac{129.27}{171.25} = 0.755$$

$$\cos\beta = \frac{F_{Ry}}{F_R} = \frac{112.32}{171.25} = 0.656$$

则合力 $\boldsymbol{F}_R$ 与 x、y 轴的夹角分别为

$$\alpha = 40.99^\circ \quad \beta = 49.01^\circ$$

合力 $\boldsymbol{F}_R$ 的作用线通过汇交点 O。

三、汇交力系平衡的解析条件(平衡方程)

如同几何法,由于汇交力系可用其合力来代替,显然汇交力系平衡的必要和充分条件是:该力系的合力等于零。即 $F_R=0$,这反映在解析法上,由(2-6)式,有

$$\sum X = 0 \quad \sum Y = 0 \quad \sum Z = 0 \tag{2-8}$$

于是可得结论,汇交力系平衡的解析条件为:该力系中所有各力在三个坐标轴上的投影的代数和分别等于零。该条件以方程形式反映出来即为(2-8)式,一般也称为汇交力系的平衡方程。

对于平面汇交力系,取力系所在平面为 Oxy 平面,则方程 $\sum Z=0$ 将失去使用价值,所以有

$$\sum X = 0 \quad \sum Y = 0 \tag{2-9}$$

这就是平面汇交力系的平衡方程。

下面举例说明解析法在解决空间汇交力系与平面汇交力系平衡问题中的应用。

例 2-3 如图 2-8 所示,用起重杆吊起重物。起重杆的 A 端用球铰链固定在地面上,而 B 端则用绳 CB 和 DB 拉住,两绳分别系在墙上的点 C 和

D,连线 CD 平行于 x 轴。已知:$CE = EB = DE$,$\alpha = 30°$,物重 $P = 10$ kN。如起重杆的重量不计,求起重杆所受的压力和绳子的拉力。

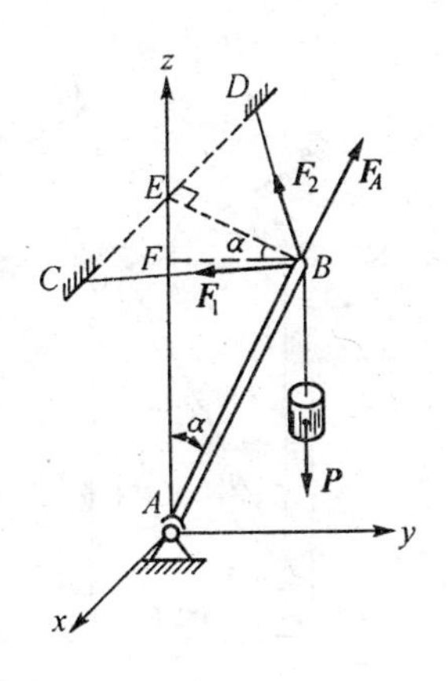

图 2-8

解:取起重杆 AB 与重物为研究对象。因为起重杆的重量不计,又只在两端受力,所以起重杆为二力构件,球铰 A 对起重杆 AB 的反力 F_A 必沿 AB 直线,杆在 B 端受绳拉力 F_1、F_2 作用及重力 P 作用,这四个力组成一个空间汇交力系。

取坐标轴如图所示。由已知条件知:$\angle CBE = \angle DBE = 45°$,列平衡方程,得

$$\sum X = 0, F_1 \sin 45° - F_2 \sin 45° = 0 \tag{1}$$

$$\sum Y = 0, F_A \sin 30° - F_1 \cos 45° \cos 30° - F_2 \cos 45° \cos 30° = 0 \tag{2}$$

$$\sum Z = 0, F_1 \cos 45° \sin 30° + F_2 \cos 45° \sin 30° + F_A \cos 30° - P = 0 \tag{3}$$

求解上面的三个平衡方程,得

$$F_1 = F_2 = 3.54 \text{ kN}$$

$$F_A = 8.66 \text{ kN}$$

F_A 为正值,说明图中所设 $\boldsymbol{F}_A$ 的方向为实际受力方向,起重杆承受压力作用。

例 2-4 如图 2-9(a)所示,重物 $P = 20$ kN,用钢丝绳挂在支架的滑轮 B 上,钢丝绳的另一端缠绕在铰车 D 上。杆 AB 与 BC 铰接,并以铰链 A、C 与墙连接。如两杆和滑轮的自重不计,并忽略轴承摩擦和滑轮的大小,求平衡时杆 AB 和 BC 所受的力。

解:(1)取研究对象。由于 AB、BC 两杆都是二力杆,假设杆 AB 受拉力、杆 BC 受压力,如图 2-9(b)所示。为了求出这两个未知力,可通过求两杆对滑轮的约束反力来解决。因此选取滑轮 B 为研究对象。

(2)画受力图。滑轮受到钢丝绳的拉力 $\boldsymbol{F}_1$ 和 $\boldsymbol{F}_2$,杆 AB 和 BC 对滑轮的约束反力 $\boldsymbol{F}_{BA}$ 和 $\boldsymbol{F}_{BC}$,如图 2-9(c)所示。由于滑轮的大小忽略不计,故这些力可看作是汇交力系。

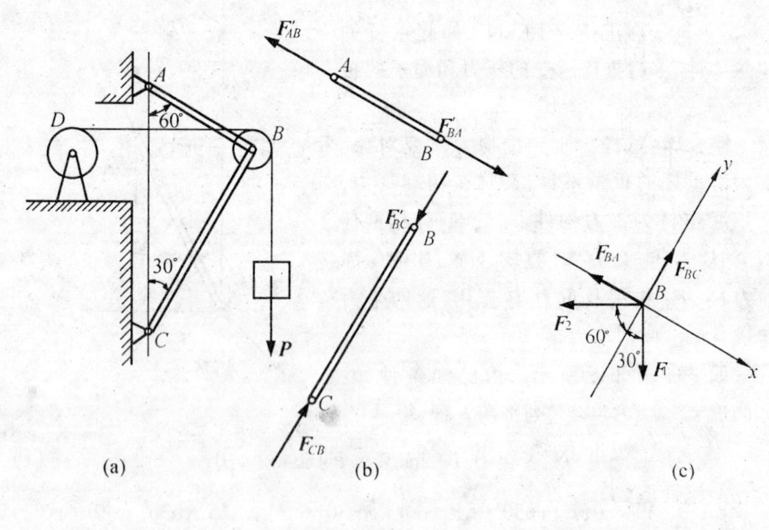

图 2-9

(3)列平衡方程。选取坐标轴如图所示。为使每个未知力只在一个轴上有投影,在另一轴上的投影为零,坐标轴应尽量取在与未知力作用线相垂直的方向。这样在一个平衡方程中只有一个未知数,不必解联立方程,即

$$\sum X = 0, - F_{BA} + F_1 \cos 60^\circ - F_2 \cos 30^\circ = 0 \quad (1)$$

$$\sum Y = 0, F_{BC} - F_1 \cos 30^\circ - F_2 \cos 60^\circ = 0 \quad (2)$$

(4)求解方程。

由式(1)得 $F_{BA} = -0.366P = -7.32\ \text{kN}$

由式(2)得 $F_{BC} = 1.366P = 27.32\ \text{kN}$

所求结果,F_{BC} 为正值,表示这力的假设方向与实际方向相同,即杆 BC 受压。F_{BA} 为负值,表示这力的假设方向与实际方向相反,即杆 AB 也受压力。

例 2-5 图 2-10 所示的压榨机中,杆 AB 和 BC 的长度相等,自重忽略不计,零件 DB 的重量也忽略不计。A、B、C 处为铰链连接。已知活塞 D 上受到油缸内的总压力为 $P = 3\,000$ N,$h = 200$ mm,$l = 1\,500$ mm。求压块 C 加于工件的压力。

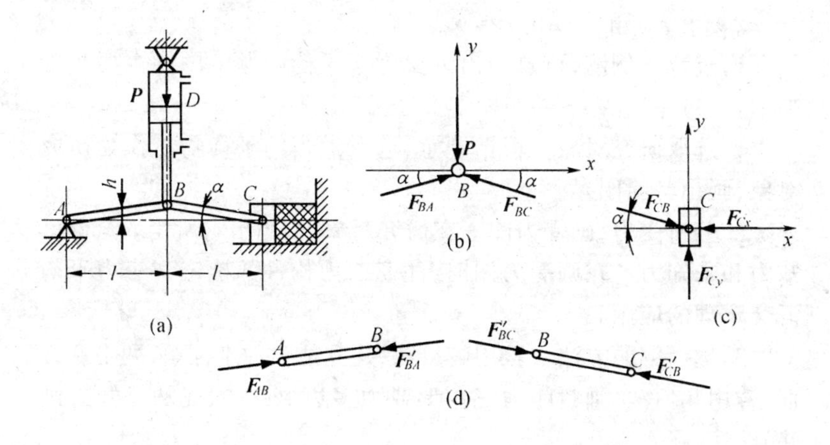

图 2-10

解:为求压块 C 加于工件的力,取压块为研究对象,受力图如图 2-10(c)。平面汇交力系有两个平衡方程,现在有三个未知数,所以不能求解。考虑到 AB、BC 杆均为二力杆,力 P 可沿着活塞杆传递到 B 点,三个力在 B 点形成一个汇交力系,且力 P 已知,所以取销钉 B 为研究对象,其受力图如图 2-10(b),由

$$\sum X = 0 \quad F_{BA}\cos\alpha - F_{BC}\cos\alpha = 0$$

$$\sum Y = 0 \quad F_{BA}\sin\alpha + F_{BC}\sin\alpha - P = 0$$

解得
$$F_{BC} = F_{BA} = \frac{P}{2\sin\alpha}$$

由于解得 F_{BC}、F_{BA} 均为正值,所以 BC、AB 两杆均承受压力,如图 2-10(d)所示。

对图(c)列平衡方程,有

$$\sum X = 0 \quad F_{CB}\cos\alpha - F_{Cx} = 0, \text{且 } F_{CB} = F_{BC}$$

解得
$$F_{Cx} = \frac{P}{2}\cot\alpha = \frac{Pl}{2h}$$

由此式可知,压力 F_{Cx} 的大小与主动力 P、几何尺寸 l 及 h 有关,若想增大此压力,可以考虑这些因素。对此题目,代入已知数值得 $F_{Cx} = 11.25$ kN。压块对工件的压力就是力 F_{Cx} 的反作用力,也等于 11.25 kN。

若要求 F_{Cy},由$\sum Y=0$,可得 F_{Cy}。

通过以上例题,可总结出汇交力系平衡问题解题的主要步骤如下:

1.选取研究对象。根据题意,选取适当的平衡物体作为研究对象,画出其简图。

2.分析受力,画受力图。在研究对象上,画出它所受的全部已知力和未知力。在画受力图时,注意二力构件的确定和三力平衡汇交定理的应用。

3.选择解题方法。若用解析法,建立适当的坐标系,列平衡方程;若用几何法,画封闭力三角形或力多边形(一般先从已知力画起)。

4.求出未知量。解析法须通过平衡方程求出未知量;几何法可利用三角公式求出或用尺、量角器在图上量出未知量。

这些解题步骤实际上是求解静力学平衡问题的一般步骤,初学者应给以一定的注意。

小　结

1.用几何法求汇交力系合成的规则是力多边形规则,将各分力依次首尾相接,从第一个力的首向最后一个力的尾相连即得合力的大小与方向,作用点为力的汇交点。

2.汇交力系平衡的必要和充分的几何条件是,力多边形自行封闭。画封闭力多边形一般先从已知力开始。此方法适用于比较简单的平面汇交力系。

3.汇交力系合成与平衡的解析法的基础是力在轴上的投影,可以分为:

(1)直接投影法　已知力 $\boldsymbol{F}$ 和夹角 α、β、γ,如图 2-5 所示,则力 $\boldsymbol{F}$ 在三个轴上的投影为

$$X = F\cos\alpha \quad Y = F\cos\beta \quad Z = F\cos\gamma$$

(2)间接投影法(二次投影法) 已知力 $\boldsymbol{F}$ 和夹角 γ、φ,如图 2-6 所示,则力 $\boldsymbol{F}$ 在三个轴上的投影为

$$X = F\sin\gamma\cos\varphi \quad Y = F\sin\gamma\sin\varphi \quad Z = F\cos\gamma$$

4. 用解析法求汇交力系合成的公式是

$$F_R = \sqrt{(\sum X)^2 + (\sum Y)^2 + (\sum Z)^2}$$

$$\cos\alpha = \frac{\sum X}{F_R} \quad \cos\beta = \frac{\sum Y}{F_R} \quad \cos\gamma = \frac{\sum Z}{F_R}$$

此公式确定出的是合力的大小与方向,作用点仍在力的汇交点。

5. 汇交力系平衡的解析条件(平衡方程)为

$$\sum X = 0 \quad \sum Y = 0 \quad \sum Z = 0$$

即汇交力系中所有各力在三个坐标轴上的投影的代数和分别等于零。

思 考 题

2-1 图 2-11 所示两个力三角形中三个力的关系是否一样?

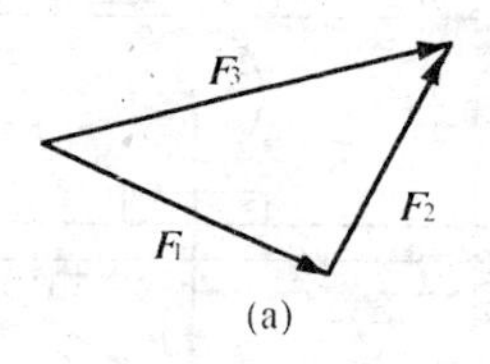

(a)

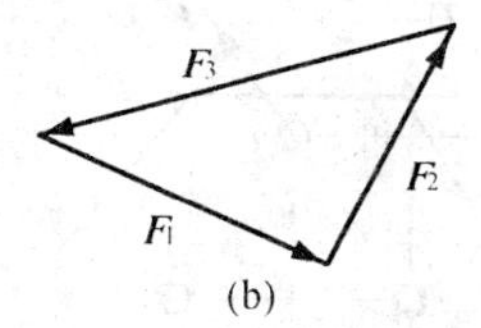

(b)

图 2-11

2-2 由力的解析表达式 $\boldsymbol{F} = X\boldsymbol{i} + Y\boldsymbol{j}$ 能确定力的大小和方向吗? 能确定力的作用线(点)位置吗?

2-3 用解析法求汇交力系的合力时,若取不同的直角坐标轴,所求得的合力是否相同? 为什么?

2-4 某平面汇交力系满足方程 $\sum X = 0$,问此力系合成后,可能是什么结果?

2-5 用解析法求解平面汇交力系的平衡问题时,x 与 y 两轴是否一定

要相互垂直？当 x 与 y 轴不垂直时，建立的平衡方程

$$\sum X = 0 \qquad \sum Y = 0$$

能满足力系的平衡条件吗？对空间汇交力系呢？

2-6　两电线杆之间的电线总是下垂，能不能将电线拉成直线？又输电线跨度 l 相同时，电线下垂量 h 越小，电线越易于拉断，为什么？

习　题

2-1　铆接薄板在孔心 A、B 和 C 处受三力作用，如图所示。$F_1 = 100$ N，沿铅直方向；$F_3 = 50$ N，沿水平方向，并通过点 A；$F_2 = 50$ N，力的作用线也通过点 A。求力系的合力。

答案：$F_R = 161.2$ N，$\angle(\boldsymbol{F}_R, \boldsymbol{F}_1) = 29°44'$。

2-2　电动机重 $P = 5\,000$ N，放在水平梁 AC 的中央，如图所示。梁的 A 端以铰链固定，另一端以撑杆 BC 支持，撑杆与水平梁的交角为 30°。如忽略梁和撑杆的重量，求撑杆 BC 的内力及铰支座 A 处的约束反力。

答案：$F_{BC} = 5\,000$ N(压)，$F_A = 5\,000$ N。

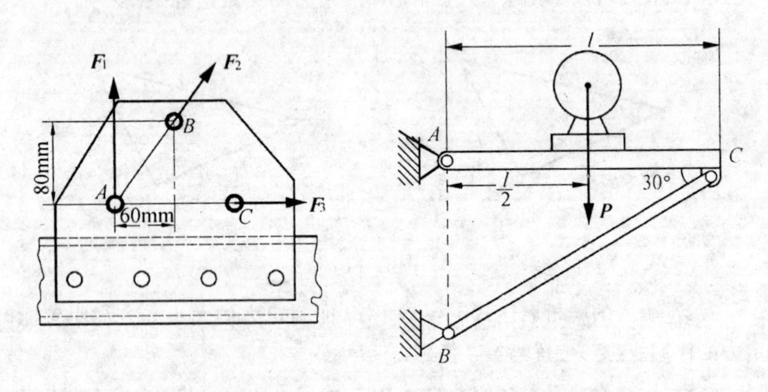

题 2-1 图　　　　题 2-2 图

2-3　物体重 $P = 20$ kN，用绳子挂在支架的滑轮 B 上，绳子的另一端接在铰车 D 上，如图所示。转动铰车，物体便能升起。设滑轮的大小及轴承的摩擦略去不计，杆重不计，A、B、C 三处均为铰链连接。当物体处于平衡状

态时，求拉杆 AB 和支杆 CB 所受的力。

答案：$F_{AB}=54.64$ kN(拉)，$F_{BC}=74.64$ kN(压)。

2-4　如图所示，输电线 ACB 架在两电线杆之间，形成一下垂曲线，下垂距离 $CD=f=1$ m，两电线杆间距离 $AB=40$ m。电线 ACB 段重 $P=400$ N，可近似认为沿 AB 直线均匀分布，求电线的中点和两端的拉力。

答案：$F_c=2\,000$ N，$F_A=F_B=2\,010$ N。

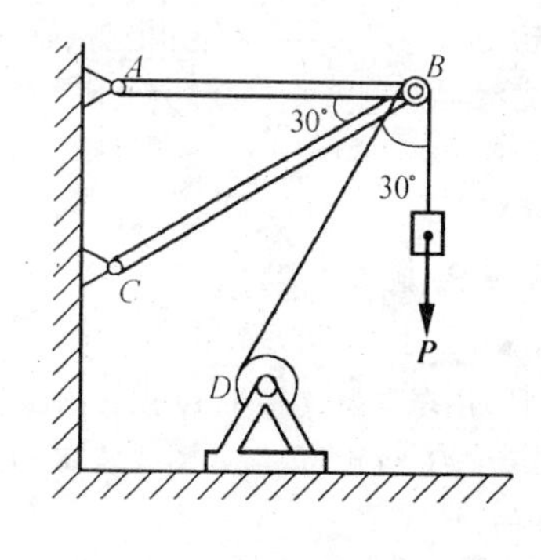

题 2-3 图

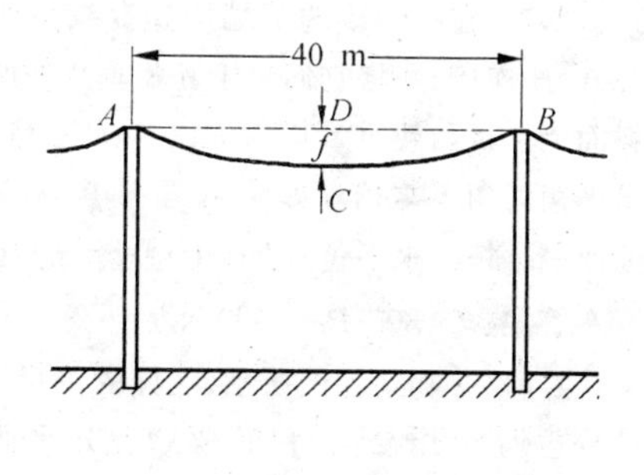

题 2-4 图

2-5　图示为一拔桩装置。在木桩的点 A 上系一绳，将绳的另一端固定在点 C，在绳的点 B 系另一绳 BE，将它的另一端固定在点 E。然后在绳的点 D 用力向下拉，并使绳的 BD 段水平，AB 段铅直；DE 段与水平线、CB 段与铅直线间成等角 $\alpha=0.1$ rad(弧度)(当 α 很小时，$\tan\alpha\approx\alpha$)。如向下的拉力 $F=800$ N，求绳 AB 作用于桩上的拉力。

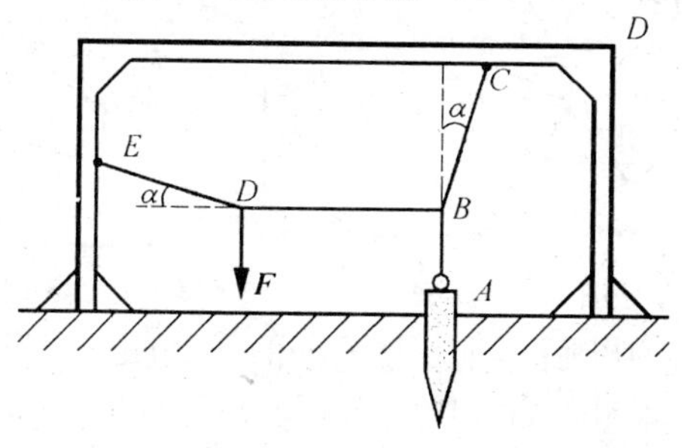

题 2-5 图

答案：$F_{AB}=80\ \text{kN}$。

2-6 图示液压夹紧机构中，D 为固定铰链，B、C、E 为活动铰链，各构件自重不计。已知力 F，机构平衡时角度如图，求此时工件 H 所受的压紧力。

答案：$F_H=\dfrac{F}{2\sin^2\theta}$

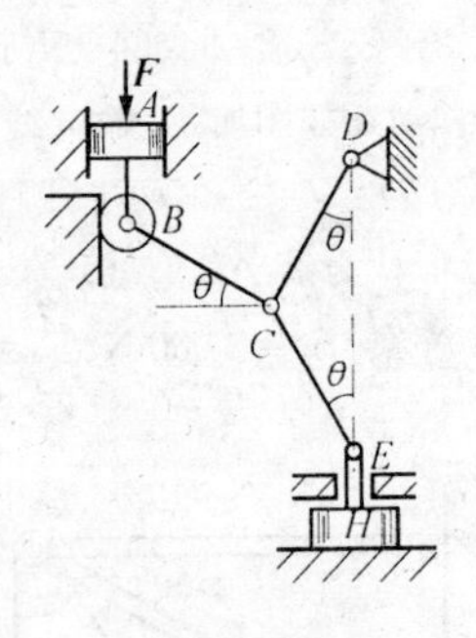

题 2-6 图

2-7 在杆 AB 的两端用光滑铰与两轮中心 A、B 连接，并将它们置于互相垂直的两光滑斜面上。设两轮重量均为 P，杆 AB 重量不计，求平衡时角 θ 之值。如轮 A 重量 $P_A=300\ \text{N}$，欲使 AB 杆在水平位置（$\theta=0$）平衡，轮 B 重量 P_B 应为多少？

答案：$\theta=30^\circ$；$P_B=100\ \text{N}$。

2-8 挂物架如图所示，三杆的重量不计，用球铰链连接于 O 点，A、B、C 处也均为球铰链。平面 BOC 是水平面，且 $OB=OC$，角度如图。若在 O 点挂一重物 G，其重为 1 000 N，求三杆所受的力。

答案：$F_{OA}=-1\,414\ \text{N}$（压），$F_{OB}=F_{OC}=707\ \text{N}$（拉）。

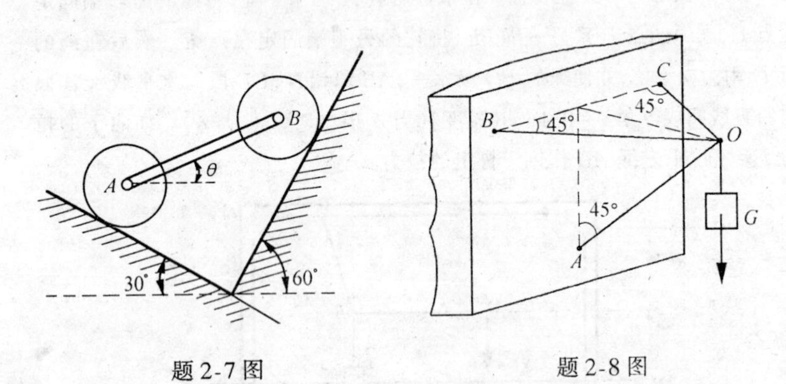

题 2-7 图　　　　题 2-8 图

2-9 图示空间构架由三根无重直杆组成，在 D 端用球铰链连接，如图所示。A、B 和 C 端用球铰链固定在水平地板上。如果挂在 D 端的物重 $P=10\ \text{kN}$，求三杆所受的力。

答案：$F_{AD}=F_{BD}=-26.39\ \text{kN}$（压），$F_{CD}=33.46\ \text{kN}$（拉）。

2-10　在图示起重机中，已知：$AB=BC=AD=AE$；点 A、B、D 和 E 等均为球铰链连接，如三角形 ABC 的投影为 AF 线，AF 与 y 轴夹角为 α，如图。求铅直支柱和各斜杆的内力与 α 角的关系。

答案：$F_{CA}=-\sqrt{2}P$（压），$F_{BD}=P(\cos\alpha-\sin\alpha)$，$F_{BE}=P(\cos\alpha+\sin\alpha)$，

$F_{AB}=-\sqrt{2}P\cos\alpha$。

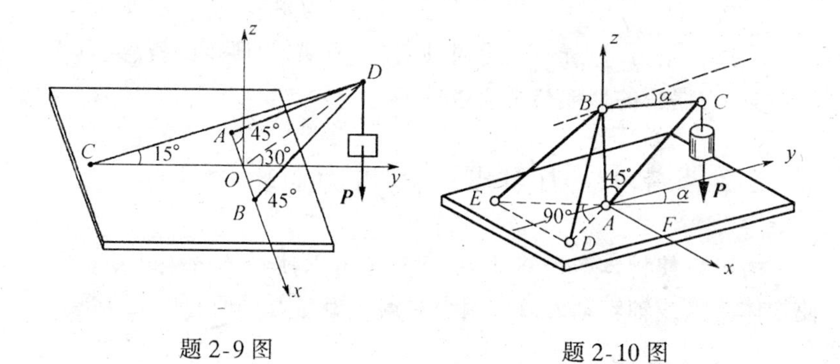

题 2-9 图　　　　题 2-10 图

第三章　力矩和力偶

本章介绍力对点的矩、力对轴的矩，力偶、力偶矩的概念，力偶的性质，力偶系的合成与平衡条件。

§3-1　力对点的矩与力对轴的矩

力可以使物体产生移动(平动)，也可以使物体产生转动。力使物体绕点或轴转动的效应用力对点的矩与力对轴的矩来度量。

一、平面问题中力对点的矩

力对点的矩的概念和计算在物理里已经讲过，但物理里一般讲的是平面问题中力对点的矩，现给予复习如下。

人们从实践中知道，力除了能使物体移动(平动)外，还能使物体绕某一点转动。我国很早就发明了杠杆、滑轮等简单机械，用到了力的转动效应。在公元前的著作《墨经》中，已有关于力矩的论述。如古代汲水用的桔槔(*jié gāo*)，图 3-1，就是利用杠杆原理，利用重力 $\boldsymbol{W}$ 有使杠杆绕悬挂点 O 转动的效果将水桶提起。用扳手拧螺母时，人们知道作用力 $\boldsymbol{F}$ 应该靠近端部并与扳手

图 3-1

垂直，如图 3-2(a)所示，而决不会采取图 3-2(c)的用力方法。当力 **F** 的大小相同时，图 3-2(b)的转动效果不如图 3-2(a)所示的转动效果理想，而且很明显，力 **F** 使扳手绕 O 点转动的方向不同，作用效果也不同(图 3-2(d))。在这些例子中，力都在某一确定的平面内作用，在此平面内有一点 O(称为矩心)，则在此平面内力使物体转动的效果用力对点的矩来度量，这称为平面问题中力对点的矩。

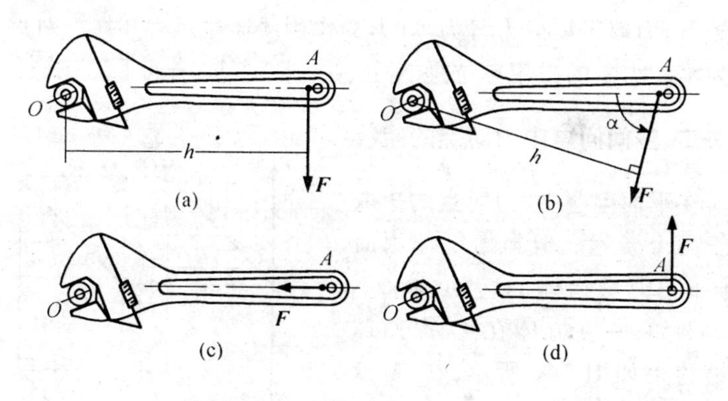

图 3-2

由此，人们得到平面问题中力对点的矩的概念并给予了定义。

在某确定的平面内作用一力 **F**，在此平面内任取一点 O，称点 O 为矩心，此作用面为力矩作用面，如图 3-3 所示。在此平面内，力 **F** 使物体绕 O 点转动的效果，完全由下列两个要素决定：

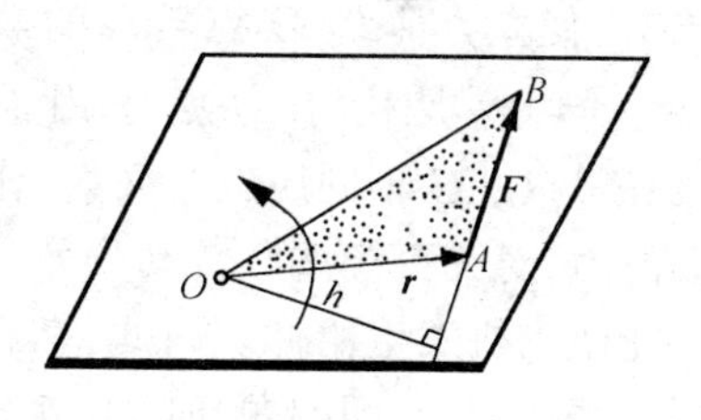

图 3-3

1. 力的大小与力臂(矩心到力的作用线的距离)的乘积 $F \cdot h$；

2. 力使物体绕 O 点转动的方向。

这两个要素可用一个代数量包括，这个代数量称为平面问题

中力对点的矩。即平面问题中力对点的矩的定义如下:

在平面问题中,力对点的矩是一个代数量,它的绝对值等于力的大小与力臂的乘积,它的正负习惯按下法确定:力使物体绕矩心逆时针转向转动为正,反之为负。

平面问题中,力 $\boldsymbol{F}$ 对于点 O 的矩以符号 $M_O(\boldsymbol{F})$ 表示,其计算公式为

$$M_O(\boldsymbol{F}) = \pm Fh \tag{3-1}$$

显然,当力等于零或力臂为零(力的作用线通过矩心)时,力对点的矩为零。力矩的常用单位是 N·m(牛·米)或 kN·m(千牛·米)。

二、空间问题中力对点的矩

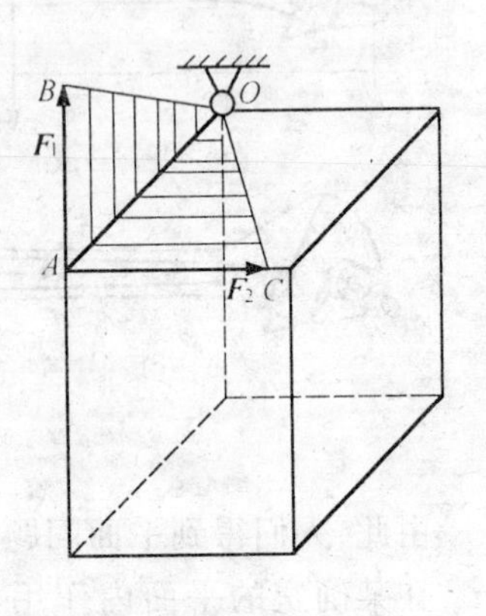

图 3-4

在平面问题中,力对点的矩取决于两个要素。但当力矩作用面不同时,力对物体的转动效果不同。例如,一立方体在 O 点用球铰链约束如图 3-4 所示,在 A 点作用有力 $\boldsymbol{F}_1$ 与 $\boldsymbol{F}_2$,$\boldsymbol{F}_1$ 与 $\boldsymbol{F}_2$ 的大小相同,作用点相同,但显然力 $\boldsymbol{F}_1$ 与 $\boldsymbol{F}_2$ 使立方体绕 O 点转动的效果不同,这是由于力矩作用面 OAB 与 OAC 不同所致。又如,作用在飞机尾部铅垂舵和水平舵上的力,对飞机绕重心转动的效果不同,前者能使飞机转弯,而后者能使飞机发生俯仰。因此,在各力作用线与取矩点(矩心)不在同一平面内(空间问题)时,力 $\boldsymbol{F}$ 对 O 点的矩取决于三个要素:

1. 在力矩作用面内,力 $\boldsymbol{F}$ 的大小与力臂的乘积,即力矩的大小;

2. 在力矩作用面内,力 $\boldsymbol{F}$ 使物体绕 O 点转动的方向,即力矩的转向;

3. 力矩的作用面。

由矢量叉乘的定义，如图 3-5 所示，此三要素可用下式表示

$$\boldsymbol{M}_0(\boldsymbol{F}) = \boldsymbol{r} \times \boldsymbol{F} \quad (3\text{-}2)$$

此即力对点的矩的矢积表达式。也即，空间问题中力对点的矩的定义为：在空间问题中，力对点的矩是一个矢量，此矢量的大小与方向由矩心到该力作用点的矢径与该力的矢量积表示，且该矢量是一定位矢量。

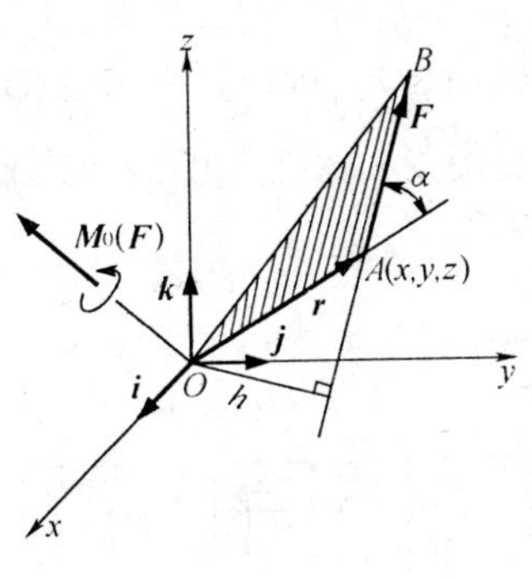

图 3-5

对平面问题，由于力矩作用面已经确定，故力对点的矩可以看作是一个代数量，但也可用矢量叉乘积($\boldsymbol{r} \times \boldsymbol{F}$)来表示，如图 3-3 所示。

由此可知，力有三要素(大小、方向、作用点或作用线)，力对点的矩也有三要素(大小、转向、作用面)，所以，均以矢量来表示。

三、力对轴的矩

如果一个物体可绕某一轴转动，则作用于该物体的力一般可使该物体的转动状态发生改变，为了度量这种改变，引进力对轴的矩的概念。

以门为例，如图 3-6 所示，当力 $\boldsymbol{F}$ 与门轴 z 平行、正交或斜交图(3-6(a)、(b)、(c))时，根据经验可知，这些力不会使门产生转动。在图 3-6(d)所示的情况下，把力 $\boldsymbol{F}$ 分解为平行于 z 轴的分力 $\boldsymbol{F}_z$ 与垂直于 z 轴的平面内的分力 $\boldsymbol{F}_{xy}$，由经验知，只有分力 $\boldsymbol{F}_{xy}$ 才能使门绕 z 轴转动，且力使门转动的效果与图 3-3 所示的效果相同，也即和平面问题中力对点的矩的转动效果相同。将类似的现象加以概括和抽象，定义力对轴的矩的概念如下：力对轴的矩是力使刚体绕该轴转动效应的度量，是一个代数量。绝对值等于该力

在垂直于该轴的平面上的投影对于这个平面与该轴的交点的矩的大小；正负号习惯规定为，从 z 轴正向来看，若力使物体绕该轴逆时针向转动，则取正号，反之取负号，也可按右手螺旋规则来确定其正负号，如图 3-6(e)所示，拇指指向与 z 轴一致为正，反之为负。

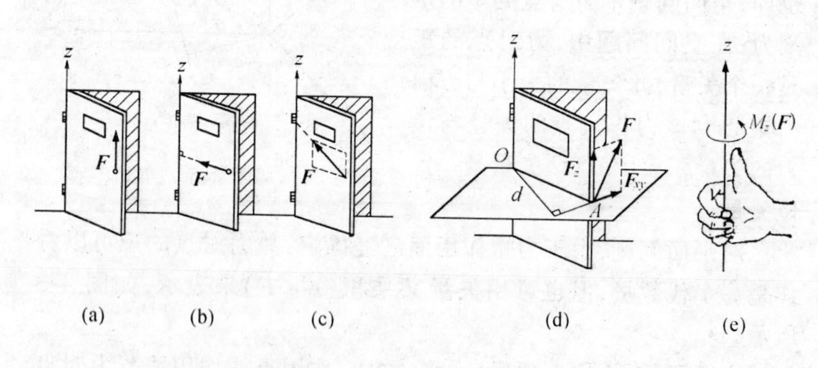

图 3-6

用符号 $M_Z(\boldsymbol{F})$表示力 $\boldsymbol{F}$ 对 z 轴的矩，有

$$M_z(\boldsymbol{F}) = M_O(\boldsymbol{F}_{xy}) = \pm F_{xy}h \qquad (3\text{-}3)$$

显然，当力与轴相交或与轴平行时，力对该轴的矩等于零，或者说，当力与轴在同一平面内时，力对该轴的矩等于零。

力对轴的矩也可用解析式表示，设力 $\boldsymbol{F}$ 在三个坐标轴上的投影分别为 X、Y、Z，力作用点坐标为 x、y、z，如图 3-7 所示，根据合力矩定理*得

$$M_z(\boldsymbol{F}) = M_O(\boldsymbol{F}_{xy}) = M_O(\boldsymbol{F}_x) + M_O(\boldsymbol{F}_y)$$
$$= -Xy + Yx$$

同理可得 $M_x(\boldsymbol{F})$、$M_y(\boldsymbol{F})$，将此三式合写，为

$$M_x(\boldsymbol{F}) = yZ - zY \quad M_y(\boldsymbol{F}) = zX - xZ$$

* 在第四章给予证明

$$M_z(\boldsymbol{F}) = xY - yX \tag{3-4}$$

此即计算力对轴的矩的解析表达式。

四、力对点的矩与力对通过该点的轴的矩的关系

在直角坐标系内，若力 $\boldsymbol{F}$ 在三个坐标轴上的投影 X、Y、Z 已知，力作用点的坐标 x、y、z 已知(图 3-7)，此力可以对 O 点取矩，

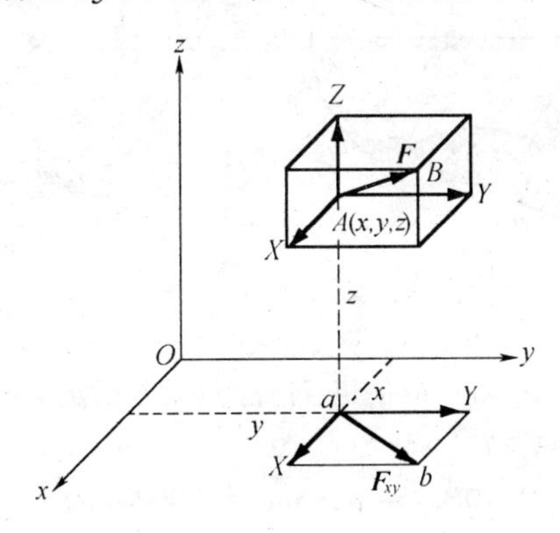

图 3-7

也可以对三个轴取矩。此力对坐标原点 O 的矩为

$$\boldsymbol{M}_O(\boldsymbol{F}) = \boldsymbol{r} \times \boldsymbol{F} = (x\boldsymbol{i} + y\boldsymbol{j} + z\boldsymbol{k}) \times (X\boldsymbol{i} + Y\boldsymbol{j} + Z\boldsymbol{k})$$

$$= \begin{vmatrix} \boldsymbol{i} & \boldsymbol{j} & \boldsymbol{k} \\ x & y & z \\ Y & Y & Z \end{vmatrix} = (yZ - zY)\boldsymbol{i} + (zX - xZ)\boldsymbol{j} + (xY - yX)\boldsymbol{k} \tag{3-5}$$

此力对过 O 点的三个轴的矩如(3-4)式所示。比较(3-5)与(3-4)式，可得

$$[\boldsymbol{M}_O(\boldsymbol{F})]_x = M_x(\boldsymbol{F}) \quad [\boldsymbol{M}_O(\boldsymbol{F})]_y = M_y(\boldsymbol{F}) \quad [\boldsymbol{M}_O(\boldsymbol{F})]_z = M_z(\boldsymbol{F}) \tag{3-6}$$

这些式子说明，力对点的矩矢在通过该点的某轴上的投影，等于力对该轴的矩。这就是力对点的矩与力对过该点的轴的矩的关系。

例 3-1 如图 3-8(a)所示圆柱直齿轮,受到啮合力 $\boldsymbol{P}_n$ 的作用,$P_n=1\,400$ N。压力角 $\alpha=20°$,齿轮的节圆(啮合圆)的半径 $r=60$ mm,计算力 $\boldsymbol{P}_n$ 对于轴心 O 的力矩。

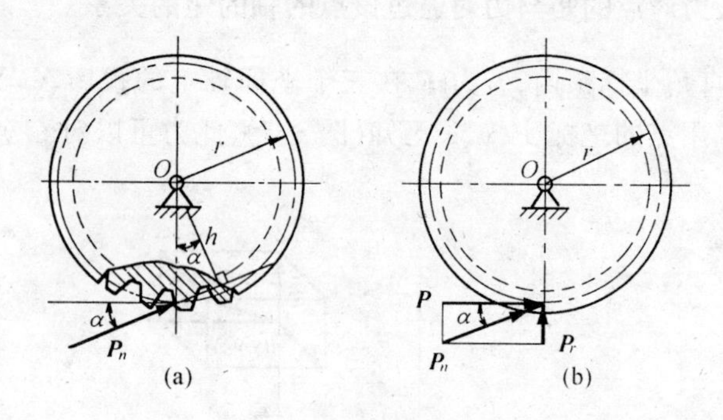

图 3-8

解:计算力 $\boldsymbol{P}_n$ 对点 O 的矩,可直接按力矩的定义求得(图 3-8(a)),即其力臂 $h=r\cos\alpha$,故

$$M_O(\boldsymbol{P}_n)=P_n r\cos\alpha=1\,400\times60\times\cos20°$$
$$=78.93\ \text{N}\cdot\text{m}$$

我们也可根据合力矩定理,求得力 $\boldsymbol{P}_n$ 对点 O 的矩。即将力 $\boldsymbol{P}_n$ 分解为圆周力 $\boldsymbol{P}$ 和径向力 $\boldsymbol{P}_r$(图 3-8(b)),则

$$M_O(\boldsymbol{P}_n)=M_O(\boldsymbol{P})+M_O(\boldsymbol{P}_r)$$

由于径向力 $\boldsymbol{P}_r$ 通过矩心 O,故

$$M_O(\boldsymbol{P}_r)=O$$

于是得

$$M_O(\boldsymbol{P}_n)=M_O(\boldsymbol{P})=P_n\cos\alpha\cdot r=78.93\ \text{N}\cdot\text{m}$$

由此可见,以上两种方法的计算结果是相同的。

例 3-2 水平梁 AB 受按三角形分布的载荷作用,如图 3-9 所示。载荷的最大值为 q,梁长 l。求合力作用线的位置。

解:在梁上距 A 端为 x 的长度 $\mathrm{d}x$ 上,作用力的大小为 $q'\mathrm{d}x$,其中 q' 为该处的载荷强度。由图可知,$q'=\dfrac{x}{l}q$。因此分布载荷的合力的大小为

$$F_R=\int_0^l q'\mathrm{d}x=\frac{1}{2}ql$$

设合力 F_R 的作用线距A 端的距离为h，可应用合力矩定理求出。

在长度 dx 上的作用力对点 A 的矩为$q'dx\cdot x$，全部载荷对点 A 的矩的代数和可用积分求出，根据合力矩定理可写成

$$F_R \cdot h = \int_0^l q'x\mathrm{d}x$$

将 q'和F_R 的值代入，并积分上式，得

$$h = \frac{2}{3}l$$

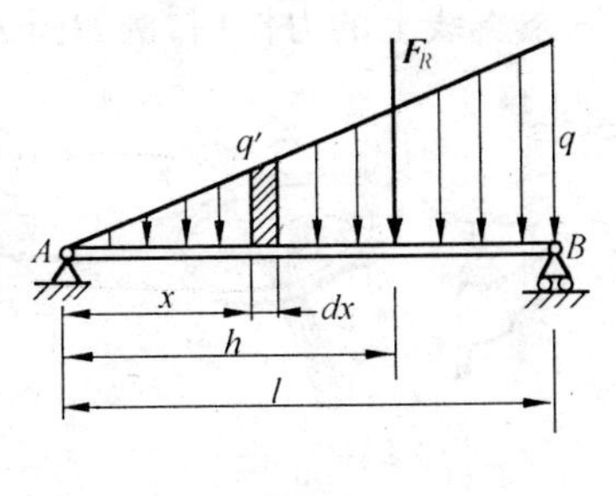

图 3-9

例 3-3 手柄 $ABCE$ 在平面 Axy 内，在 D 处作用一个力 F，如图 3-10 所示，它在垂直于 y 轴的平面内，偏离铅直线的角度为 α。如果 $CD=a$，杆 BC 平行于 x 轴，杆 CE 平行于 y 轴，AB 和 BC 的长度都等于l，求力 $\boldsymbol{F}$ 对x、y 和 z 三轴的矩。

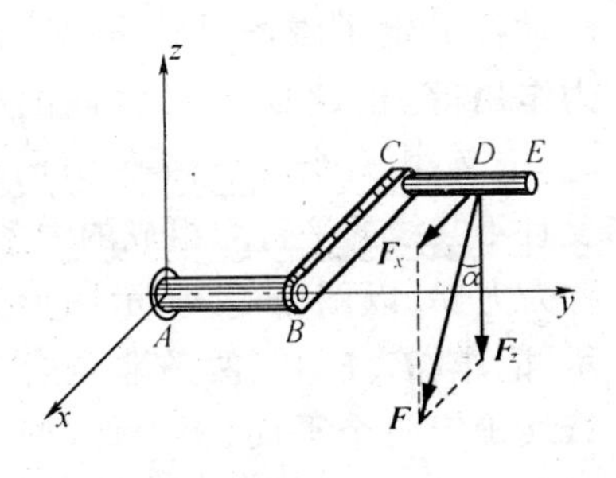

图 3-10

解：将力 $\boldsymbol{F}$ 沿坐标轴分解为 $\boldsymbol{F}_x$ 和 $\boldsymbol{F}_z$ 两个分力，其中 $F_x = F\sin\alpha$，$F_z = F\cos\alpha$。根据合力矩定理，力 $\boldsymbol{F}$ 对轴的矩等于分力 $\boldsymbol{F}_x$ 和 $\boldsymbol{F}_z$ 对同一轴的矩的代数和。注意到力对平行自身的轴的矩为零，于是有

$$M_x(\boldsymbol{F}) = M_x(\boldsymbol{F}_z) = -F_z(AB + CD) = -F(l + a)\cos\alpha$$

$$M_y(\boldsymbol{F}) = M_y(\boldsymbol{F}_z) = -F_zBC = -Fl\cos\alpha$$

$$M_z(\boldsymbol{F}) = M_z(\boldsymbol{F}_x) = -F_x(AB + CD) = -F(l + a)\sin\alpha$$

§3-2 力偶·力偶矩·力偶的性质

一、力偶与力偶矩

在实际中，常见物体受两个大小相等、方向相反、平行但不在

一条直线上的力作用，例如图 3-11 所示的拧水龙头，转动方向盘，

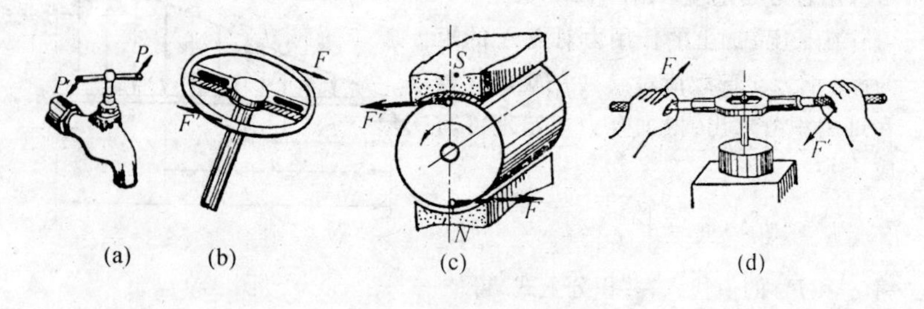

图 3-11

电动机的定子磁场对转子的电磁力作用等。由此抽象出力偶的概念，定义：由两个大小相等、方向相反且不共线的平行力组成的力系，称为力偶，以图 3-12 所示图形表示，记作($\boldsymbol{F}$、$\boldsymbol{F}'$)。两条非重合平行线确定一个平面，由力偶(两个非重合平行力)所形成的平面称为力偶的作用面，力偶两力之间的距离 d 称为力偶臂。

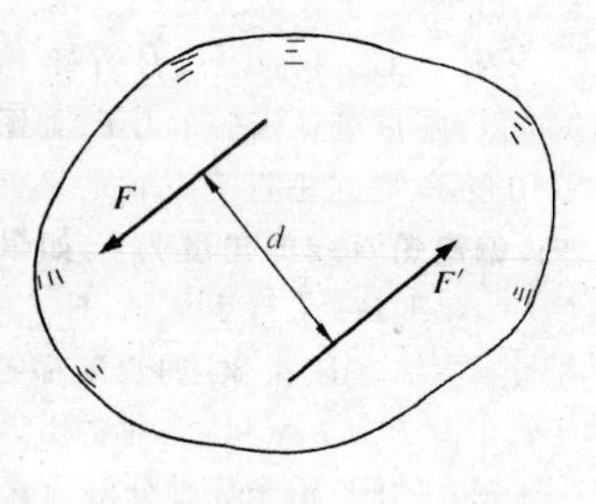

图 3-12

由力偶的定义知，力偶中两力矢相加其和为零，但由于它们不共线不满足二力平衡公理，因此力偶不是平衡力系。事实上，由以上实例可知，只受一个力偶作用的物体，一定产生转动效果，而不可能处于平衡状态。既然力偶不是一个平衡力系，它是否有不为零的合力呢？这是不可能的。因为，如果力偶有不为零的合力，就可以用此合力(一个力)来等效替换，则此合力在不与合力作用线垂直的任意轴上的投影不为零，但是，力偶是等值、反向、平行的两个力，其在任意轴上投影的代数和必然为零。合力投影不为零，分力投影之和为零，这是不可能的。因此，力偶没有合力，不能用一个力来等效替换，力偶也不能用一个力来平衡。因此，力偶和力一

样,也是力学中的一个基本要素。

由实践知,力偶对物体作用的效果是使物体的转动状态发生改变,那么,如何度量力偶对物体的转动效应呢?如同力使物体产生转动引出力矩的概念一样,力偶使物体转动的效果用力偶矩来度量。

从实际经验知道,力偶使物体转动的效果也与三个要素有关,即:

1. 在力偶作用面内,力偶中力的大小与力偶臂的乘积,称为力偶矩的大小;

2. 在力偶作用面内,力偶使物体转动的方向,称为力偶的转向;

3. 力偶的作用面。

如图 3-13 所示,由矢量叉乘的定义,此三要素可用下式表示

$$\boldsymbol{M} = \boldsymbol{r}_{BA} \times \boldsymbol{F} \tag{3-7}$$

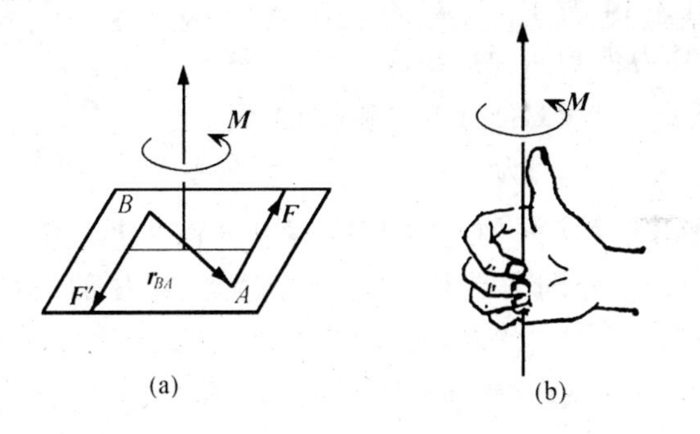

图 3-13

此即力偶矩的矢积表达式,也即力偶矩的定义为:力偶矩是一个矢量,大小与方向等于力偶中任一力作用线上一点到另一力作用线上一点的矢径与力的矢量积,也即,其大小等于力偶的力与力偶臂的乘积,转向符合右手螺旋法则,力偶矩矢垂直于力偶作用面。

由此可知，力有三要素（大小、方向、作用点或作用线），力对点的矩有三要素（大小、转向、作用面），力偶矩也有三要素（大小、转向、作用面），所以均以矢量来表示。

二、力偶的性质

1. 力偶在任何坐标轴上的投影为零。

2. 力偶没有合力，即不能用一个力代替，因而也不能用一个力来平衡，力偶只能由力偶来平衡。

在后面各章列力的投影方程时，注意力偶的第一条性质，即不用考虑力偶中力在坐标轴上的投影。同样，在解题时，也要注意力偶的第二条性质。

力偶还有以下几条性质。

3. 力偶对任意点取矩都等于力偶矩，不因矩心的改变而改变。

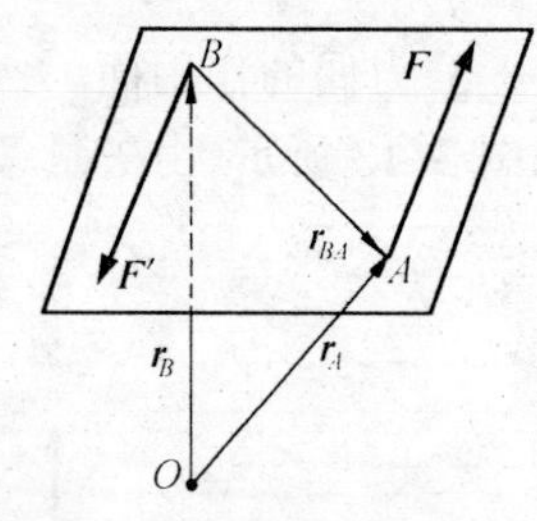

图 3-14

如图 3-14 所示，力 $\boldsymbol{F}$ 与 $\boldsymbol{F}'$ 组成一个力偶，其力偶矩为 $\boldsymbol{M}=\boldsymbol{r}_{BA}\times\boldsymbol{F}$，此两个力对任意一点 O 的力矩之和（即力偶对任意一点的力矩）为

$$\boldsymbol{M}_O(\boldsymbol{F},\boldsymbol{F}')=\boldsymbol{M}_O(\boldsymbol{F})+\boldsymbol{M}_O(\boldsymbol{F}')=\boldsymbol{r}_A\times\boldsymbol{F}+\boldsymbol{r}_B\times\boldsymbol{F}'$$

式中 $\boldsymbol{r}_A$ 与 $\boldsymbol{r}_B$ 分别为点 O 到二力作用点 A、B 的矢径，因 $\boldsymbol{F}'=-\boldsymbol{F}$，故

$$\begin{aligned}\boldsymbol{M}_O(\boldsymbol{F},\boldsymbol{F}')&=\boldsymbol{r}_A\times\boldsymbol{F}+\boldsymbol{r}_B\times\boldsymbol{F}'\\&=(\boldsymbol{r}_A-\boldsymbol{r}_B)\times\boldsymbol{F}=\boldsymbol{r}_{BA}\times\boldsymbol{F}=\boldsymbol{M}\end{aligned}$$

由此可见，力偶对任意一点的力矩都等于力偶矩，不因矩心的改变而改变。而力矩则不同，力矩与矩心的位置有关，因此，力矩符号 $\boldsymbol{M}_O(\boldsymbol{F})$ 中有一下标 O，而力偶矩符号 $\boldsymbol{M}$ 则无下标。

4. 只要保持力偶矩不变，力偶可在其作用面内任意移转，且可以同时改变力偶中力的大小与力偶臂的长短，对刚体的作用效果不变。

如图 3-15 所示，在刚体上作用一力偶($\boldsymbol{F}_1$、$\boldsymbol{F}_1{}'$)，其力偶矩为 $\boldsymbol{M}(\boldsymbol{F}_1、\boldsymbol{F}_1{}')=\boldsymbol{r}_{BA}\times\boldsymbol{F}_1$，图示平面为力偶作用面，力偶矩矢垂直纸面向外。现在在 B、A 两点各加一力 $\boldsymbol{F}_2{}'$、$\boldsymbol{F}_2$，图(b)，$\boldsymbol{F}_2{}'$ 与 $\boldsymbol{F}_2$ 等值、反向、共线，为一平衡力系。再根据平行四边形公理，把 $\boldsymbol{F}_1$、$\boldsymbol{F}_2$ 合成为一力 $\boldsymbol{F}_R$，$\boldsymbol{F}_1{}'$、$\boldsymbol{F}_2{}'$ 合成为一力 $\boldsymbol{F}_R{}'$，显然 $\boldsymbol{F}_R$、$\boldsymbol{F}_R{}'$ 形成一新力偶($\boldsymbol{F}_R$，$\boldsymbol{F}_R{}'$)，此新力偶与原力偶共面。由加减平衡力系公理与平行四边形公理，(a)、(b)两图中的力系等效。再根据力的可传性，$\boldsymbol{F}_R$、$\boldsymbol{F}_R{}'$ 可传递到作用线上任意点，则(a)、(c)图中的两力偶等效。

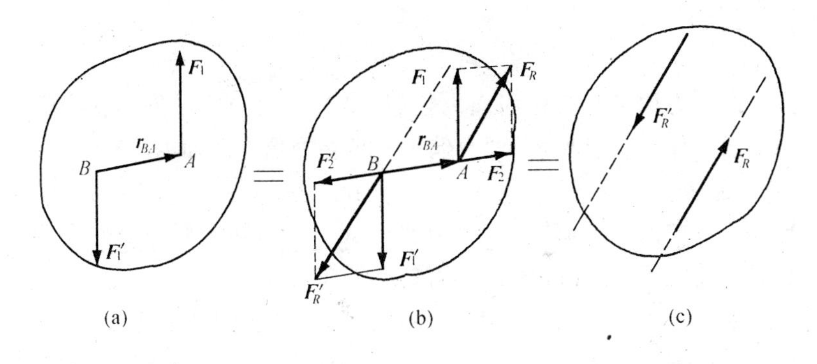

图 3-15

由于新力偶($\boldsymbol{F}_R$、$\boldsymbol{F}_R{}'$)中 $\boldsymbol{F}_R$、$\boldsymbol{F}_R{}'$ 的任意性，所以力偶可在其作用面内任意移转，且新力偶($\boldsymbol{F}_R$，$\boldsymbol{F}_R{}'$)中力的大小、作用位置与方向、力偶臂的长短都发生了改变，但新旧两个力偶等效。再看看新的力偶的力偶矩，为

$$\begin{aligned}\boldsymbol{M}(\boldsymbol{F}_R,\boldsymbol{F}_R{}')&=\boldsymbol{r}_{BA}\times\boldsymbol{F}_R=\boldsymbol{r}_{BA}\times(\boldsymbol{F}_1+\boldsymbol{F}_2)\\&=\boldsymbol{r}_{BA}\times\boldsymbol{F}_1+\boldsymbol{r}_{BA}\times\boldsymbol{F}_2=\boldsymbol{r}_{BA}\times\boldsymbol{F}_1=\boldsymbol{M}(\boldsymbol{F}_1,\boldsymbol{F}_1{}')\end{aligned}$$

即力偶矩没有改变。

图 3-16 所示驾驶员给方向盘的三种施力方式，图中 $F_1=F_1{}'$

$= F_2 = F_2{}'$,即是说明此性质的一个实例。

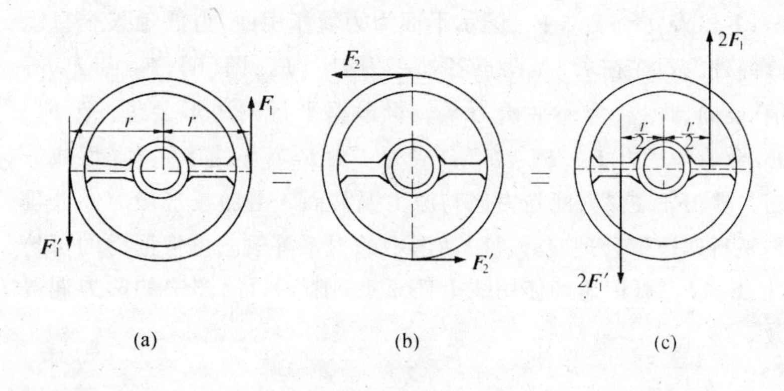

图 3-16

由于力偶可在其作用面内任意移转,所以力偶矩矢画在力偶作用面内任意一点均可,即力偶矩矢可在力偶作用面内平行移动,"搬来搬去"。

5. 只要保持力偶矩不变,力偶可从一平面移至另一与此平面平行的任一平面,对刚体的作用效果不变。

如图 3-17 所示,设有力偶($\boldsymbol{F}_1$,$\boldsymbol{F}_1{}'$)作用于刚体的平面Ⅰ内,力偶臂长为 A_1B_1。作于平面Ⅰ平行的任一平面Ⅱ,并在该平面内取线段 A_2B_2,使其与 A_1B_1 平行且相等。在 A_2、B_2 两点各加一对平衡力 $\boldsymbol{F}_2$、$\boldsymbol{F}_3{}'$和 $\boldsymbol{F}_2{}'$、$\boldsymbol{F}_3$,各力与原力偶的两个力平行且大小相等,即 $F_1 = F_2 = F_3 = F_1{}' = F_2{}' = F_3{}'$。由加减平衡力系公理,知(a)、(b)两图中的力系等效。连接 A_1、A_2 及 B_1、B_2 得平行四边形 $A_1B_1B_2A_2$,对角线 A_1B_2 与 B_1A_2 相交于中点 O。将作用于 A_1、B_2 两点的力 $\boldsymbol{F}_1$、$\boldsymbol{F}_3$ 合成得一合力 $\boldsymbol{F}_R$,且 $F_R = 2F_1$,其作用线过 O 点。将作用于 B_1、A_2 两点的力 $\boldsymbol{F}_1$、$\boldsymbol{F}_3{}'$合成得一合力 $\boldsymbol{F}_R{}'$,且 $F_R{}' = 2F_1{}'$,作用线也过 O 点。由于力 $\boldsymbol{F}_R$ 与 $\boldsymbol{F}_R{}'$为一对平衡

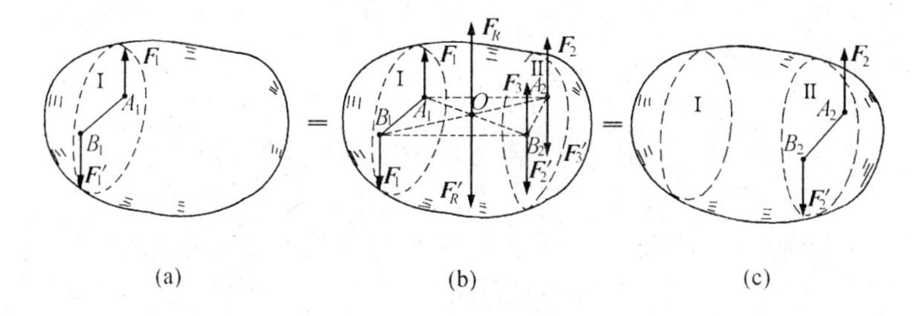

图 3-17

力可取去，而剩下作用于 A_2、B_2 点的力 $\boldsymbol{F}_2$ 与 $\boldsymbol{F}_2{}'$，两力构成一新力偶（$\boldsymbol{F}_2$，$\boldsymbol{F}_2{}'$），图(c)。显然，图(a)、(c)中两力偶等效，力偶矩相同，但已从平面Ⅰ移至另一与之平行的任一平面Ⅱ内。

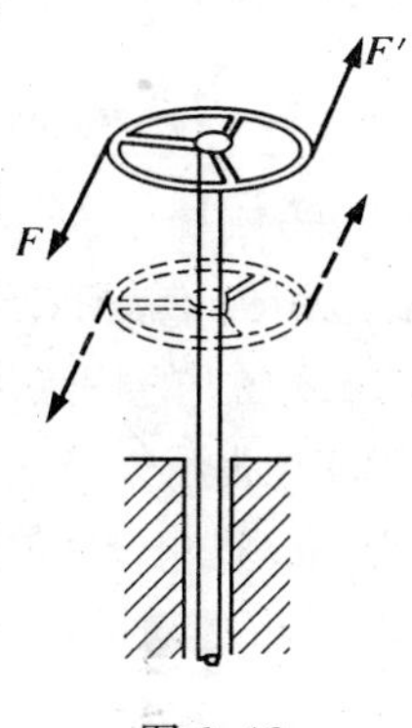

图 3-18

图 3-18、3-19 所示，是说明此性质的两个实例。

力偶可以在同一平面内搬移，又可以从某一平面滑移到另一平行平面内，所以，只要不改变力偶矩 $\boldsymbol{M}$ 的模和方向，力偶矩矢不仅可以平行移动（搬来搬去），而且可以滑动（滑来

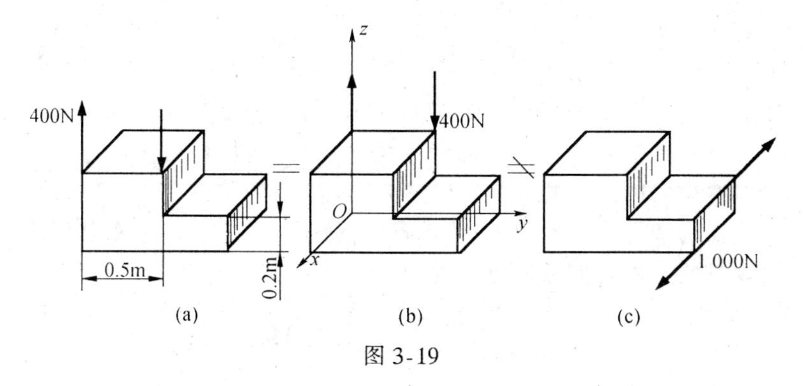

图 3-19

滑去)，不论将 $\boldsymbol{M}$ 画在刚体上的什么地方都一样，即力偶矩是自由矢量。因此，性质4与性质5也可以用一句话来概括，即力偶矩相等的力偶等效。

§3-3 力偶系的合成与平衡

纯粹由一群力偶组成的力系称为力偶系。若各力偶的作用面均位于同一平面内，称为平面力偶系，否则称为空间力偶系。力偶系能否用一个简单力系等效代替，若平衡，应满足什么条件？这就是下面要讨论的力偶系的合成与平衡问题。

一、力偶系的合成

设刚体上有 n 个力偶作用，形成一个力偶系，把每一个力偶的矩用矢量表示，然后根据力偶矩矢是自由矢量，可以"搬来搬去，滑来滑去"的特点，将这些力偶矩矢汇聚到一点，形成一个空间汇交的力偶矩矢系。可以证明，这些汇交于一点的空间力偶矩矢系如同汇交于一点的空间汇交力系一样，可以按照平行四边形公理(或三角形规则)，把 n 个力偶矩矢合成为一个力偶矩矢量。即，如同空间汇交力系 $\boldsymbol{F}_R=\sum_{i=1}^{n}\boldsymbol{F}_i=\sum\boldsymbol{F}_i$ 一样，汇交于一点的 n 个空间力偶矩矢系可以合成为

$$\boldsymbol{M}=\sum_{i=1}^{n}\boldsymbol{M}_i=\sum\boldsymbol{M}_i \tag{3-8}$$

称 $\boldsymbol{M}$ 为合力偶，各 $\boldsymbol{M}_i$ 为分力偶(如同称 $\boldsymbol{F}_R$ 为合力，各 $\boldsymbol{F}_i$ 为分力一样)，则空间力偶系可以合成为一个合力偶，合力偶矢等于各分力偶矩矢的矢量和。

在已知各分力偶矩矢，需求合力偶矩矢的情况下，采用解析法比较方便。由合矢量投影定理，有

$$M_x=\sum_{i=1}^{n}M_{ix}=\sum M_{ix}$$

$$M_y = \sum_{i=1}^{n} M_{iy} = \sum M_{iy}$$

$$M_z = \sum_{i=1}^{n} M_{iz} = \sum M_{iz} \tag{3-9}$$

即,合力偶矩矢在 x、y、z 轴上的投影等于各分力偶矩矢在相应轴上投影的代数和,则

$$\left.\begin{aligned} M &= \sqrt{(\sum M_{ix})^2 + (\sum M_{iy})^2 + (\sum M_{iz})^2} \\ \cos\alpha &= \frac{\sum M_{ix}}{M} \quad \cos\beta = \frac{\sum M_{iy}}{M} \quad \cos\gamma = \frac{\sum M_{iz}}{M} \end{aligned}\right\} \tag{3-10}$$

其中 α、β、γ 为合力偶矩矢 $\boldsymbol{M}$ 与 x、y、z 轴正向的夹角。这就是求空间力偶系合力偶矩矢大小与方向的解析法公式。

对于平面力偶系,取力偶所在平面为 oxy 平面,则各分力偶矩矢均垂直于此平面,有 $\sum M_{ix} = 0$、$\sum M_{iy} = 0$,则

$$M = \sum M_{iz} = \sum M_i \tag{3-11}$$

即平面力偶系合力偶矩矢的大小等于各分力偶矩的代数和,方向由右手螺旋法则确定,规定从 z 轴正向看去,逆时针转向为正,反之为负。

例 3-4 工件如图 3-20(a)所示,它的四个面上同时钻五个孔,每个孔所受的切削力偶矩均为8 N·m。求工件所受合力偶的矩在 x、y、z 轴上的投影 M_x、M_y、M_z,并求合力偶矩矢的大小和方向。

解:先将作用在四个面上的力偶用力偶矩矢量表示,并将它们平行移到点 A,如图 3-20(b)所示。根据式(3-9)得

$$M_x = \sum M_{ix} = -M_3 - M_4\cos45^\circ - M_5\cos45^\circ = -19.31\ \text{N}\cdot\text{m}$$

$$M_y = \sum M_{iy} = -M_2 = -8\ \text{N}\cdot\text{m}$$

$$M_z = \sum M_{iz} = -M_1 - M_4\cos45^\circ - M_5\cos45^\circ = -19.31\ \text{N}\cdot\text{m}$$

再根据(3-10)求得合力偶矩矢的大小和方向,为

$$M = \sqrt{M_x^2 + M_y^2 + M_z^2} = 28.46\ \text{N}\cdot\text{m}$$

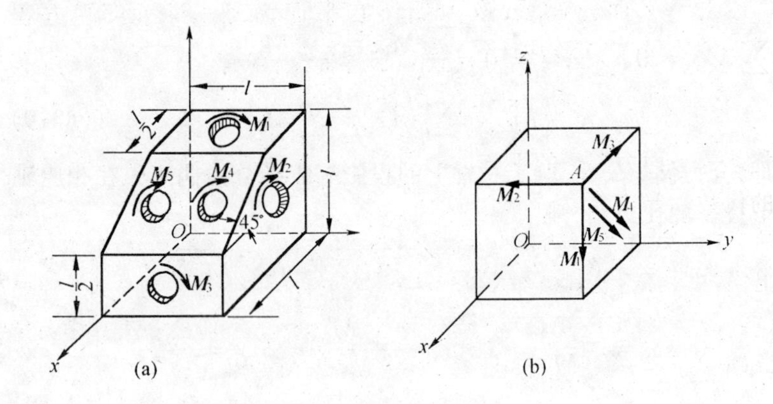

图 3-20

$$\cos\alpha = \frac{M_x}{M} = -0.678\,6$$

$$\cos\beta = \frac{M_y}{M} = -0.281$$

$$\cos\gamma = \frac{M_z}{M} = -0.678\,6$$

二、力偶系的平衡条件和平衡方程

由于力偶系可以用一个合力偶来代替，因此，力偶系平衡的必要和充分条件是：该力偶系的合力偶矩等于零，亦即各分力偶矩矢的矢量和等于零，即

$$\boldsymbol{M} = \sum \boldsymbol{M}_i = 0 \tag{3-12}$$

由 $M = \sqrt{(\sum M_{ix})^2 + (\sum M_{iy})^2 + (\sum M_{iz})^2}$

欲使上式为零，必须同时满足

$$\sum M_{ix} = 0 \quad \sum M_{iy} = 0 \quad \sum M_{iz} = 0 \tag{3-13}$$

称此为力偶系的平衡方程，即该力偶系中所有各分力偶矩矢在三个坐标轴上投影的代数和分别等于零。

对于平面力偶系，取力偶所在平面为 Oxy 平面，则方程 $\sum M_{ix}=0$、$\sum M_{iy}=0$ 已失去求解价值，则有

$$\sum M_{iz}=\sum M_i=0 \tag{3-14}$$

称此为平面力偶系的平衡方程，即平面力偶系中所有各分力偶矩的代数和等于零。

例 3-5 图 3-21 所示为一正立方体，悬挂在 A_1A_2 和 B_1B_2 两根直杆上，A_2B_2 为该立方体顶部表面的对角线。在此立方体上作用着两个力偶 $(\boldsymbol{F}_1,\boldsymbol{F}_1')$ 和 $(\boldsymbol{F}_2,\boldsymbol{F}_2')$，$CD\parallel A_2E$。不计立方体和直杆的自重，球铰链为光滑。求立方体平衡时力 F_1 与 F_2 的关系及两杆所受力。

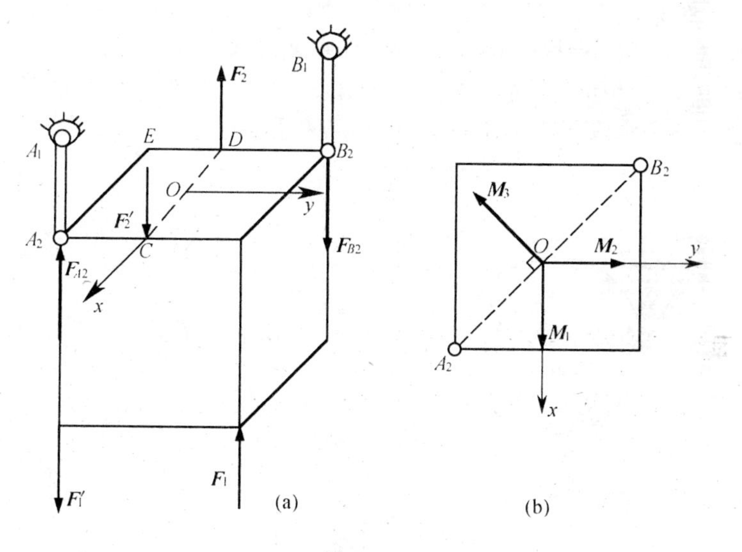

图 3-21

解：取正立方体为研究对象，其受力图如图 3-21(a)所示。根据力偶只能由力偶来平衡的性质，$\boldsymbol{F}_{A2}$ 与 $\boldsymbol{F}_{B2}$ 也应形成一力偶，则正立方体在三个力偶作用下平衡，为一力偶系。以 $\boldsymbol{M}_1$、$\boldsymbol{M}_2$、$\boldsymbol{M}_3$ 分别表示力偶 $(\boldsymbol{F}_1,\boldsymbol{F}_1')$、$(\boldsymbol{F}_2$、$\boldsymbol{F}_2')$、$(\boldsymbol{F}_{A2}$、$\boldsymbol{F}_{B2})$ 的力偶矩矢，因为力偶矩矢是自由矢量，故可以把其都移到 O 点(图(b))，由力偶系的平衡方程，有

$$\sum M_{ix} = 0 \qquad M_1 - M_3\cos45^\circ = 0$$

$$\sum M_{iy} = 0 \qquad M_2 - M_3\sin45^\circ = 0$$

可解得 $$M_1 = M_2$$

设正立方体边长为 a，有 $F_1 a = F_2 a$

解得 $$F_1 = F_2$$

而 $$M_3 = \sqrt{2}a \cdot F_{A2}$$

解得 $$F_{A2} = F_{B2} = F_1 = F_2$$

因此，欲使正立方体保持平衡，必须使 $F_1 = F_2$，且两直杆对正方体的作用力 $F_{A2} = F_{B2} = F_1 = F_2$，$A_1A_2$ 杆受拉，B_1B_2 杆受压。

例 3-6 图 3-22(a)所示机构的自重忽略不计，圆轮上的销子 A 放在摇杆 BC 上的光滑导槽内，圆轮上作用一力偶 M_1，其矩为 $M_1 = 2\ \text{kN}\cdot\text{m}$，$OA = r = 0.5\ \text{m}$。图示位置时 OA 与 OB 垂直，$\alpha = 30^\circ$，系统平衡，求作用于摇杆 BC 上的力偶的矩 M_2 及铰链 O、B 处的约束反力。

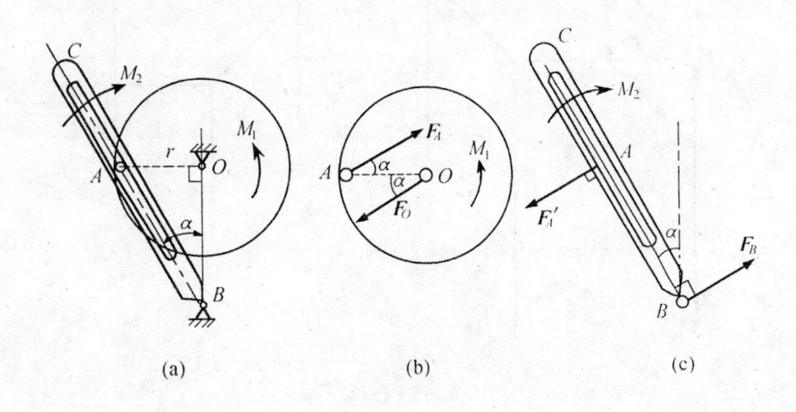

图 3-22

解：先取圆轮为研究对象，受力图如图 3-22(b)所示，其中 $\boldsymbol{F}_A$ 为光滑导槽对销子 A 的作用力，由于力偶必须由力偶来平衡，因而 $\boldsymbol{F}_O$ 与 $\boldsymbol{F}_A$ 必组成一力偶。此为一平面力偶系，由力偶平衡方程，有

$$\sum M_i = 0 \quad M_1 - F_O \cdot r\sin\alpha = 0$$

解得 $$F_O = F_A = 8\ \text{kN}$$

再取摇杆 BC 为研究对象,受力图如图 3-22(c)所示,此也为一平面力偶系,列平衡方程,有

$$\sum M_i = 0 \quad F_A{}' \cdot AB - M_2 = 0$$

因 $$F_A{}' = F_A$$

解得 $$M_2 = 8\ \text{kN·m}$$

且 $$F_B = F_A{}' = F_A = F_O = 8\ \text{kN}$$

小　结

1. 力对点的矩与力对轴的矩均是力对物体产生转动效应的度量。

2. 平面内力 $\boldsymbol{F}$ 对点 O 的矩有两要素(大小、转向),是代数量,记为 $M_O(\boldsymbol{F})$,且

$$M_O(\boldsymbol{F}) = \pm Fh$$

式中 F 为力的大小,h 为力臂,以逆时针转向为正,反之为负。

3. 空间中力 $\boldsymbol{F}$ 对点 O 的矩有三要素(大小、转向、作用面),是矢量,记为 $\boldsymbol{M}_O(\boldsymbol{F})$,且

$$\boldsymbol{M}_O(\boldsymbol{F}) = \boldsymbol{r} \times \boldsymbol{F}$$

式中 $\boldsymbol{r}$ 为矩心 O 到力 $\boldsymbol{F}$ 作用点(线)的矢径。

4. 力 $\boldsymbol{F}$ 对轴(如 z 轴)的矩有两要素(大小、转向),记为 $M_z(\boldsymbol{F})$,且

$$M_z(\boldsymbol{F}) = \pm F_{xy}h$$

式中 F_{xy} 为力 $\boldsymbol{F}$ 在垂直于 z 轴的平面 xoy 上的投影,h 为力臂,从 z 轴正向看去,逆时针转向为正,反之为负。力对直角坐标系中 x、y、z 轴的矩也可按下式计算

$$M_x(\boldsymbol{F}) = yZ - zY$$

$$M_y(\boldsymbol{F}) = zX - xZ$$

$$M_z(\boldsymbol{F}) = xY - yX$$

式中 x、y、z 为力作用点的坐标，X、Y、Z 为力在坐标轴上的投影。

5. 力 $\boldsymbol{F}$ 对点 O 的矩在过该点的某轴 l 上的投影，等于该力对该轴的矩，即

$$[\boldsymbol{M}_O(\boldsymbol{F})]_l = M_l(\boldsymbol{F})$$

6. 力偶和力偶矩

由两个等值、反向、不共线的平行力组成的力系叫力偶。力偶对物体的转动产生影响，这种影响用力偶矩来度量。力偶矩有三要素（大小、转向、作用面），是矢量，记为 $\boldsymbol{M}$，且

$$\boldsymbol{M} = \boldsymbol{r}_{BA} \times \boldsymbol{F}$$

式中 $\boldsymbol{r}_{BA}$ 为力偶中任一力作用线上一点到另一力作用线上一点的矢径。

7. 力偶的性质

(1)力偶在任何坐标轴上的投影为零。在计算力在坐标轴上的投影时，不用考虑力偶的投影。

(2)力偶没有合力，力偶不能用一个力代替，力偶只能由力偶来平衡。

(3)力偶对任意点取矩都等于力偶矩，不因矩心的改变而改变。

(4)力偶矩相等的力偶等效。即，只要力偶矩不变，力偶可在其作用而内任意移转，可以同时改变力偶中力的大小与力偶臂的长短，可从一平面移至另一与此平面平行的任一平面内，对刚体的作用效果不变。所以，力偶矩矢是一自由矢量。

8. 力偶系可以合成为一合力偶。空间力偶系的合力偶矩矢等于力偶系中各个分力偶矩矢的矢量和，即

$$\boldsymbol{M} = \sum \boldsymbol{M}_i$$

平面力偶系的合力偶矩等于力偶系中各分力偶矩的代数和，即

$$M = \sum M_i$$

9. 力偶系的平衡条件是合力偶矩等于零。空间力偶系的平衡方程是

$$\sum M_{ix} = 0 \quad \sum M_{iy} = 0 \quad \sum M_{iz} = 0$$

式中 M_{ix}、M_{iy}、M_{iz} 为各分偶矩矢 $\boldsymbol{M}_i$ 在 x、y、z 轴上的投影。平面力偶系的平衡方程是

$$\sum M_i = 0$$

即各分力偶矩的代数和等于零。

思　考　题

3-1　建立力对点的矩的概念时，是否考虑了加力时物体的运动状态？是否考虑了加力时物体上有无其它力作用？图 3-23 所示圆轮上，于 A 点加一力 $\boldsymbol{F}$。(a)加力时圆轮静止；(b)加力时圆轮以角速度 ω 转动；(c)加力时 A 点还受另外一力作用。问在这三种情况下，力 $\boldsymbol{F}$ 对转轴 O 的矩是否相同？

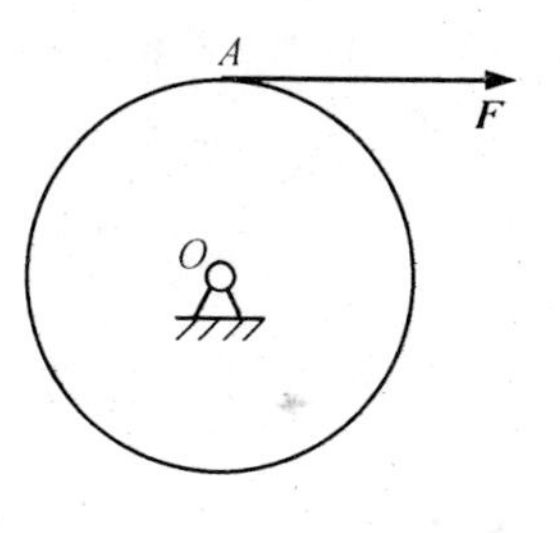

图 3-23

3-2　力矩和力偶矩有什么相同？又有什么区别？

3-3　图 3-24 中，四个力的大小都是 100 N，尺寸 $a = 100$ mm，问哪个力对哪个坐标轴的矩等于零？又力 $\boldsymbol{F}_1$、$\boldsymbol{F}_3$ 对 x、y、z 轴的矩及 $\boldsymbol{F}_2$、$\boldsymbol{F}_4$ 对 O 点的矩分别为多少？

3-4　用矢量积 $\boldsymbol{r}_A \times \boldsymbol{F}$ 计算力 $\boldsymbol{F}$ 对点 O 之矩，当力沿作用线移动，改变了力作用点的坐标 x、y、z 时(图 3-25)，其计算结果有否变化？

3-5　刚体上 A、B、C、D 四点组成一个平行四边形，在其四个顶点作用有四个力，此四力沿四个边恰好组成封闭的力多边形，如图 3-26 所示，此刚体是否平衡？若 $\boldsymbol{F}_2$、$\boldsymbol{F}_2'$ 都改变方向，此刚体是否平衡？

3-6　从力偶理论知道，一力不能与力偶平衡。但是为什么螺旋压榨机

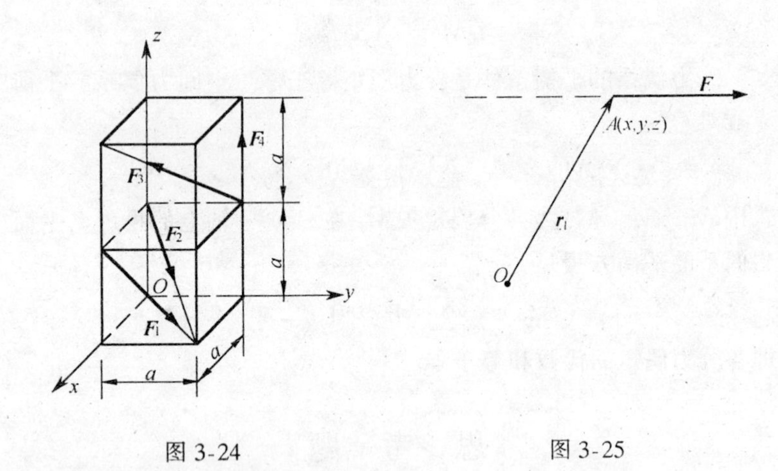

图 3-24　　　　图 3-25

上，力偶却似乎可以用被压榨物体的反抗力 $\boldsymbol{F}_N$ 来平衡（图 3-27(a)）？为什么图 3-27(b)所示的轮子上的力偶矩 M 似乎与重物的力 P 相平衡呢？这种说法错在哪里？

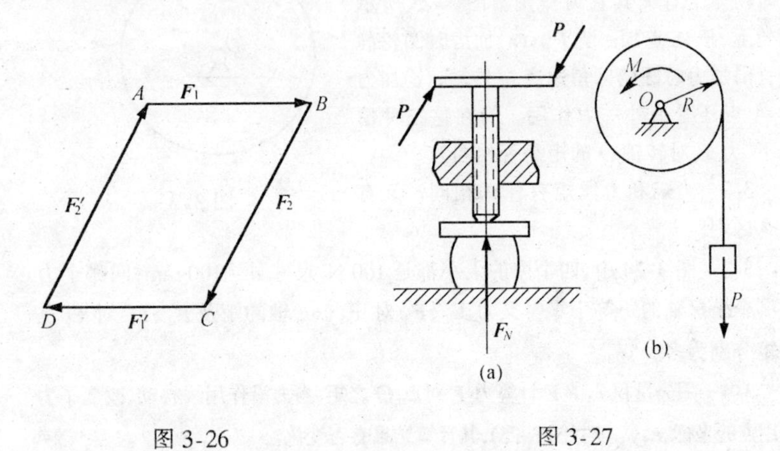

图 3-26　　　　图 3-27

3-7　图 3-28 所示的两种机构，图(a)中销钉 E 固结于杆 CD 而插在杆 AB 的滑槽中；图(b)中销钉 E 固结于杆 AB 而插在杆 CD 的滑槽中。不计构件自重及摩擦，$\alpha=45°$，如在杆 AB 上作用有矩为 M_1 的力偶，上述两种情况下平衡时，A、C 处的约束反力和杆 CD 上作用的力偶 M_2 是否相同？

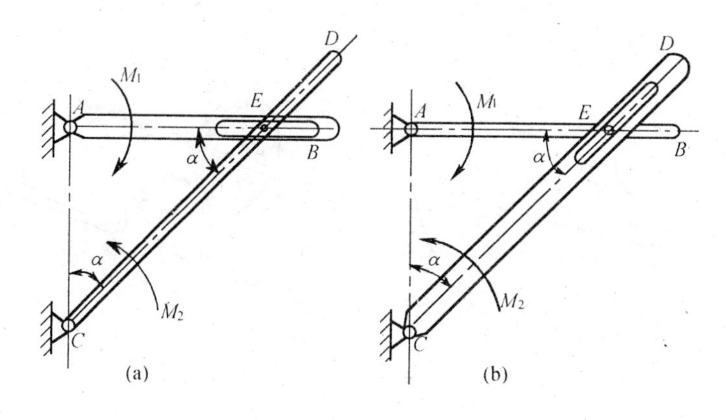

图 3-28

3-8　四连杆机构如图 3-29 所示，作用于曲柄 O_1A 的力偶矩为 M_1，作用于摇杆 O_2B 的力偶矩为 M_2，若 $M_1 = -M_2$，此四连杆机构是否平衡？

3-9　在图 3-30 中，$F = 30\ \text{N}$，$M = 30\ \text{N·m}$，若刚体可绕 B 点顺时针方向转动，B 点应在什么范围内？如果适当地改变力 $\boldsymbol{F}$ 的大小、方向和作用点，有可能使刚体处于平衡状态吗？能否将此力与力偶等效变换为一力？若能，求此力的大小、方向和作用线位置。

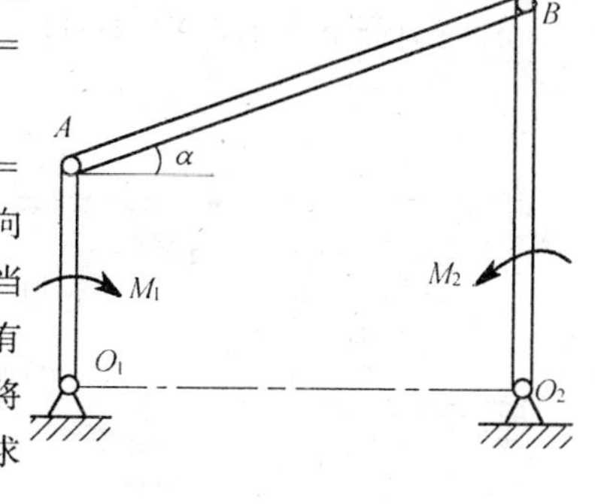

图 3-29

3-10　轴 AB 上作用一主动力偶，矩为 M_1，齿轮的啮合半径 $R_2 = 2R_1$，如图 3-31 所示。问当研究轴 AB 和 CD 的平衡问题时，(1)能否根据力偶矩矢是自由矢量为理由，将作用在轴 AB 上的力偶搬移到轴 CD 上？(2)若在轴 CD 上作用矩为 M_2 的力偶，使两轴平衡，问两力偶的矩的大小是否相等？转向是否应该相反？为什么？

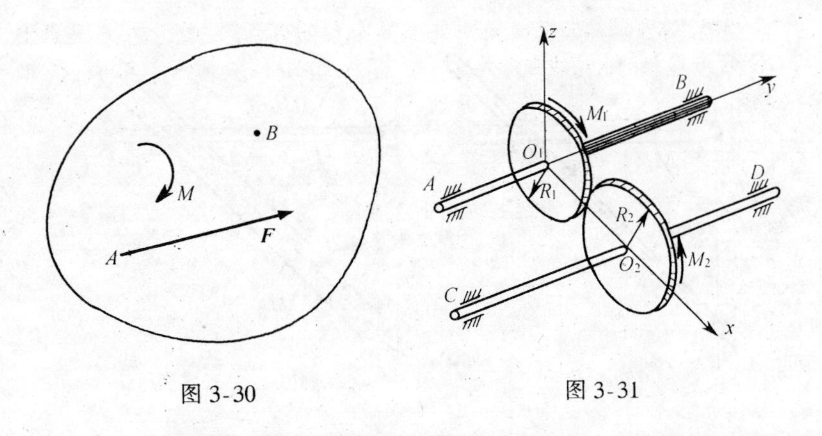

图 3-30　　　　图 3-31

习　题

3-1　计算下列各图中力 $\boldsymbol{F}$ 对点 O 的矩。

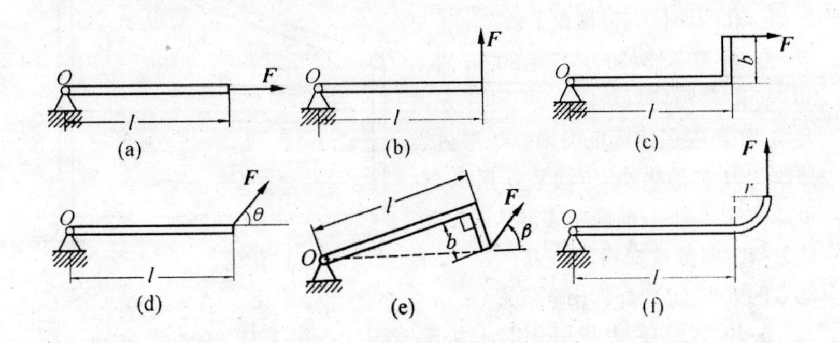

题 3-1 图

答案：(a)$M_O(\boldsymbol{F})=0$；(b)$M_O(\boldsymbol{F})=Fl$；(c)$M_O(\boldsymbol{F})=-Fb$；

(d)$M_O(\boldsymbol{F})=Fl\sin\theta$；(e)$M_O(\boldsymbol{F})=F\sqrt{l^2+b^2}\sin\beta$；

(f)$M_O(\boldsymbol{F})=F(l+r)$。

3-2　求图示力 $F=1\,000$ N 对于 z 轴的力矩 M_z。

答案：$M_z(\boldsymbol{F})=-101.4$ N·m。

3-3 水平圆盘的半径为 r，外缘 C 处作用有已知力 $\boldsymbol{F}$。力 $\boldsymbol{F}$ 垂直于 OC，且与 C 处圆盘切线夹角为 60°，其它尺寸如图所示。求力 $\boldsymbol{F}$ 对 x、y、z 轴的矩。

答案：$M_x(\boldsymbol{F})=\dfrac{F}{4}(h-3r)$；$M_y(\boldsymbol{F})=\dfrac{\sqrt{3}}{4}F(r+h)$；

$M_z(\boldsymbol{F})=-\dfrac{1}{2}Fr$。

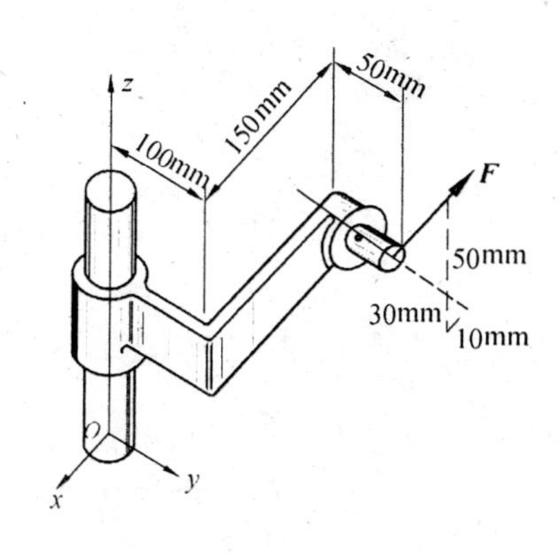

题 3-2 图

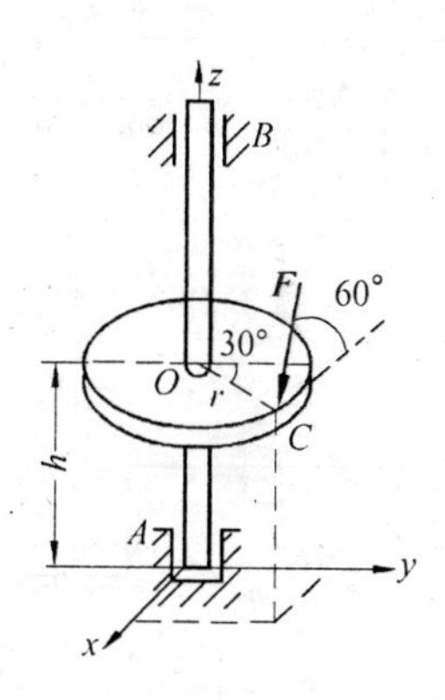

题 3-3 图

3-4 图示 A、B、C、D 均为滑轮，绕过 B、D 两滑轮的绳子两端的拉力为 $F_1=F_2=400$ N，绕过 A、C 两滑轮的绳子两端的拉力 $F_3=F_4=300$ N，$\alpha=30°$。求该两力偶的合力偶矩的大小和转向。滑轮大小忽略不计。

答案：$M=247.1$ N·m(↑)。

3-5 铰接四连杆机构 $OABO_1$ 在图示位置平衡。已知：$OA=0.4$ m，$O_1B=0.6$ m，作用在 OA 上的力偶的力偶矩 $M_1=1$ N·m。求力偶矩 M_2 的大小和杆 AB 所受的力 F。各杆的重量不计。

答案：$M_2=3$ N·m(↑)；$F_{AB}=5$ N(拉)。

3-6 在图 3-6 所示结构中，各直角构件的自重不计。在构件 AB 上作用一力偶矩为 M 的力偶，求支座 A 和 C 的约束反力。

答案：$F_A=F_C=\dfrac{M}{2\sqrt{2}a}$

3-7 两齿轮的半径分别为 r_1、r_2，作用于轮 Ⅰ 上的主动力偶的力偶矩

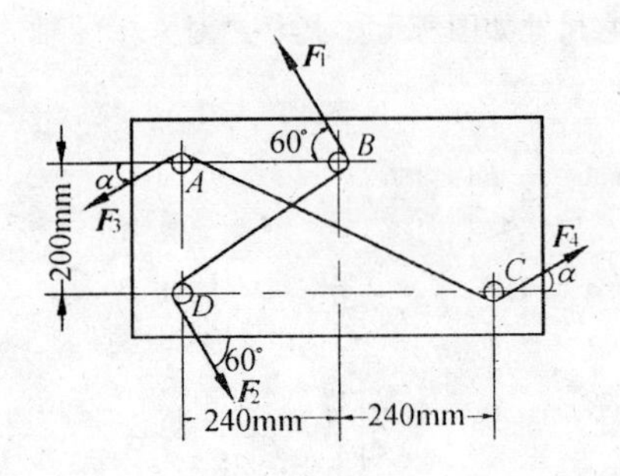

题 3-4 图

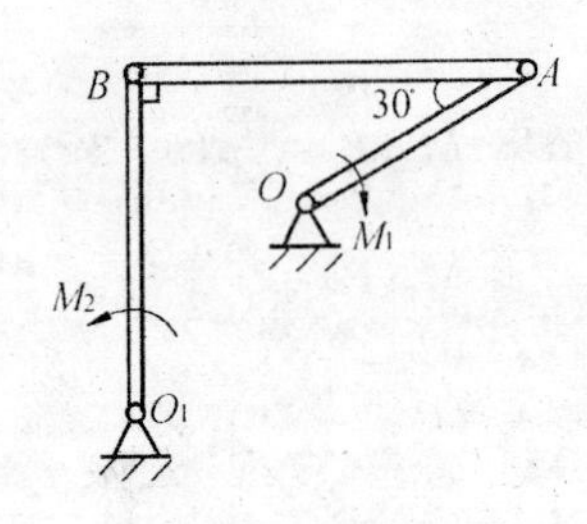

题 3-5 图

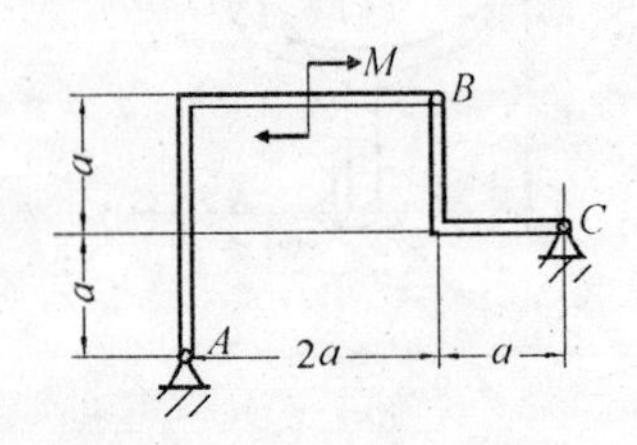

题 3-6 图

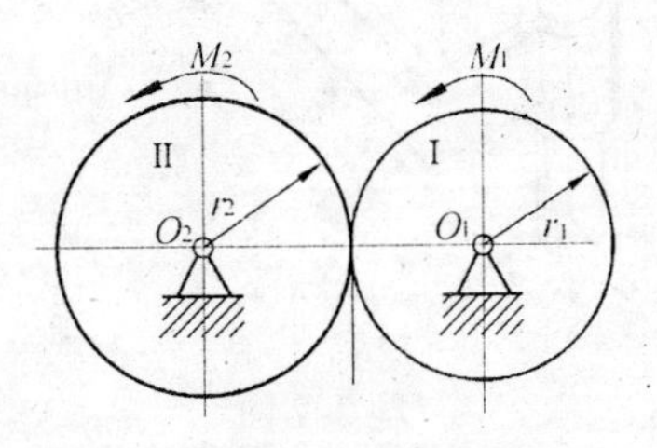

题 3-7 图

为 M_1,齿轮的压力角为 α,不计两齿轮的重量。求使二轮维持匀速转动时齿轮Ⅱ的阻力偶之矩 M_2 及轴承 O_1、O_2 的约束反力的大小和方向。

答案:$M_2=\frac{r_2}{r_1}M_1$;$F_{O_1}=\frac{M_1}{r_1\cos\alpha}\swarrow$,$F_{O_2}=\frac{M_1}{r_1\cos\alpha}\nearrow$。

3-8 直角弯杆 $ABCD$ 与直杆 DE 及 EC 铰接如图,作用在 DE 杆上力偶的矩 $M=40\ \text{kN·m}$,不计各杆自重,不考虑摩擦,尺寸如图。求支座 A、B 处的约束反力及 EC 杆受力。

答案:$F_A=\frac{20}{\sqrt{3}}\text{kN}\swarrow$,$F_B=\frac{20}{\sqrt{3}}\text{kN}\nearrow$,$F_{EC}=10\sqrt{2}\ \text{kN}$(压)。

3-9 曲柄连杆活塞机构的活塞上受力 $F=400\ \text{N}$,不计所有构件的重量,问在曲柄上应加多大的力偶矩 M 能使机构在图示位置平衡?

答案:$M=60\ \text{N·m}$

3-10 在图示机构中,曲柄 OA 上作用一力偶,其矩为 M;另在滑块 D

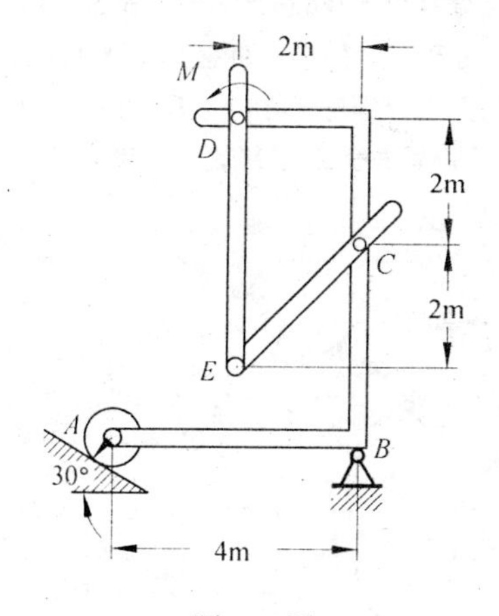

题 3-8 图

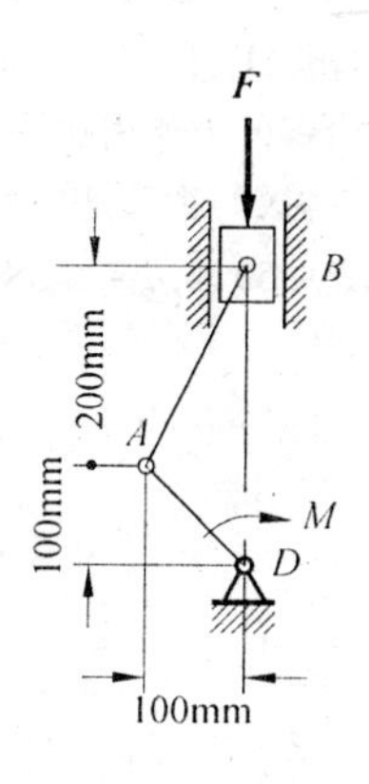

题 3-9 图

上作用水平力 F,机构尺寸如图所示,各杆重量不计。求当机构平衡时,力 F 与力偶矩 M 的关系。

答案:$F=\dfrac{M}{a}\cot2\theta$

3-11　三根轴联接在齿轮箱上,A 轴在水平位置,B、C 轴在铅垂的 xz 平面内,各轴上所受到的力偶矩大小与方向如图示,求合力偶矩矢量在各坐标轴上的投影。

答案:$M_x=0$　$M_y=3.6\ \text{kN·m}$　$M_Z=7.71\ \text{kN·m}$。

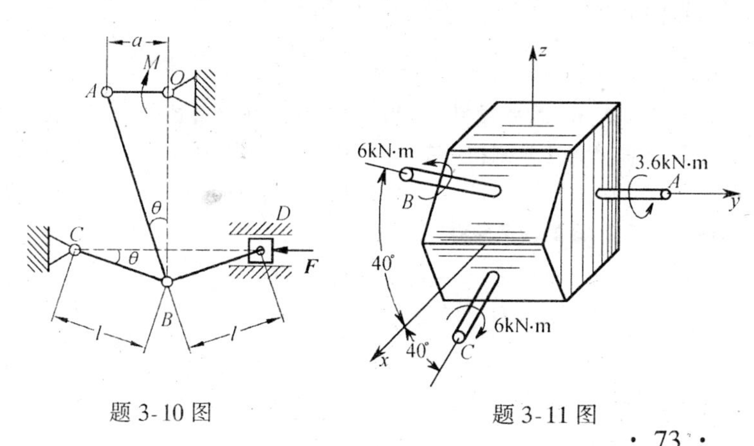

题 3-10 图　　　　题 3-11 图

3-12　图示三圆盘 A、B 和 C 的半径分别为 150 mm、100 mm 和 50 mm。轴 OA、OB 和 OC 在同一平面内，$\angle AOB$ 为直角。在这三圆盘上分别作用力偶，组成各力偶的力作用在轮缘上，它们的大小分别等于 10 N、20 N 和 P。如这三圆盘所构成的物系是自由的，求能使此物系平衡的力 $\boldsymbol{P}$ 的大小和角 α。

答案：$P = 50\ \text{N}, \alpha = 143°8'$。

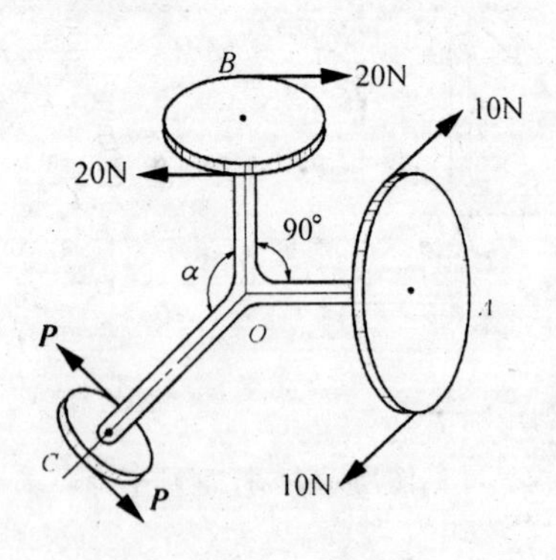

题 3-12 图

3-13　不计自重的曲杆 $ABCD$ 有两个直角，$\angle ABC = \angle BCD = 90°$，且平面 ABC 与平面 BCD 垂直。杆的 D 端铰支，另一 A 端受轴承支持，如图所示。在曲杆的 AB、BC 和 CD 段上作用三个力偶，力偶所在平面分别垂直于 AB、BC 和 CD 三线段。若 $AB = a$，$BC = b$，$CD = c$，且已知力偶矩 M_2 和 M_3，求使曲杆处于平衡的力偶矩 M_1 和支座反力。

答案：$F_{Dy} = F_{Ay} = \dfrac{M_3}{a}, F_{DZ} = F_{AZ} = \dfrac{M_2}{a}, M_1 = \dfrac{b}{a}M_2 + \dfrac{c}{a}M_3$。

3-14　O_1 和 O_2 圆盘与水平轴 AB 固连，盘面 O_1 垂直于 z 轴，盘面 O_2 垂直于 x 轴，盘面上分别作用有力偶（$\boldsymbol{F}_1, \boldsymbol{F}_1'$）、（$\boldsymbol{F}_2, \boldsymbol{F}_2'$），如题图所示。如两盘半径均为 200 mm，$F_1 = 3\ \text{N}$，$F_2 = 5\ \text{N}$，$AB = 800\ \text{mm}$，不计构件自重，计算轴承 A 和 B 处的约束反力。

答案：$X_A = 1.5\ \text{N}, X_B = 1.5\ \text{N}; Z_A = 2.5\ \text{N}, Z_B = 2.5\ \text{N}$。

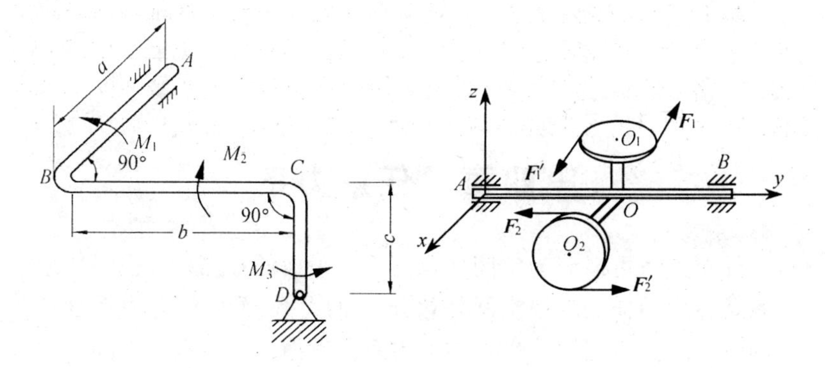

题 3-13 图

题 3-14 图

第四章　任意力系

任意力系可以分为空间任意力系与平面任意力系。空间任意力系是各力的作用线在空间任意分布 的力系，平面任意力系是各力的作用线分布在同一平面内的力系。平面任意力系是空间任意力系的特殊情况。本章主要研究任意力系的简化、平衡条件及平衡条件的应用。

§4-1　任意力系向一点的简化·主矢和主矩

在空间或在一平面内分布一个任意力系，能否用一个简单的力系来等效代替，这就是任意力系的简化问题。为了讲述任意力系的简化问题，首先要介绍一个定理——力的平移定理。

一、力的平移定理

对刚体来说，力的三要素为大小、方向、作用线。那么，能否保持此力的大小、方向不变，把作用线任意平移一段距离呢？力的平移定理可以回答这个问题。

力的平移定理：可以把作用在刚体上点 A 的力 $\boldsymbol{F}$ 平行移到任一点 B，但必须同时附加一个力偶，这个附加力偶的矩等于原来的力 $\boldsymbol{F}$ 对新作用点 B 的矩。

证明： 图 4-1(a)中的力 $\boldsymbol{F}$ 作用于刚体的点 A，在刚体上任取一点 B，并在 B 点加上两个等值、反向、共线的力 $\boldsymbol{F}'$ 和 $\boldsymbol{F}''$，使它们与力 $\boldsymbol{F}$ 平行，且 $F = F' = F''$，如图 4-1(b)所示。显然，三个力 $\boldsymbol{F}$、$\boldsymbol{F}'$、$\boldsymbol{F}''$组成的新力系与原来的一个力等效。这三个力可以看作是

一个作用在点 B 的力 $\boldsymbol{F}'$ 和一个力偶 $(\boldsymbol{F},\boldsymbol{F}'')$，此力偶的力偶矩为 $\boldsymbol{M}=\boldsymbol{r}\times\boldsymbol{F}$，刚好等于力 $\boldsymbol{F}$ 对点 B 的力矩 $\boldsymbol{M}_B(\boldsymbol{F})=\boldsymbol{r}\times\boldsymbol{F}$，可用图 4-1(c)来表示。这样，图 4-1(a)中的一个力就与图 4-1(c)中的一个力与一个力偶等效，即，把作用于点 A 的力 $\boldsymbol{F}$ 平移到另一点 B，必须同时附加上一个相应的力偶，这个力偶称为附加力偶，其力偶矩 $\boldsymbol{M}$ 等于力 $\boldsymbol{F}$ 对点 B 的矩，定理得证。

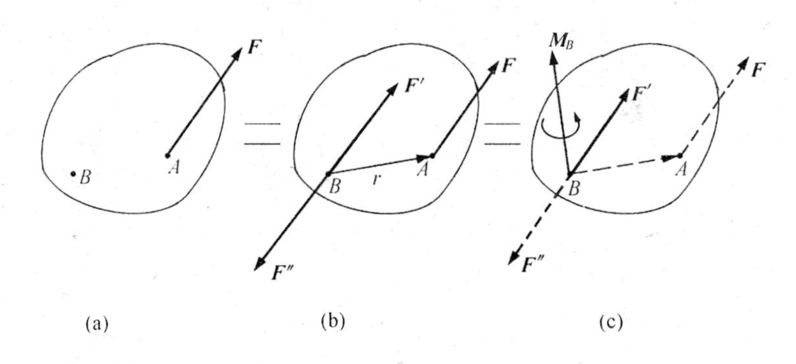

图 4-1

反过来，力的平移定理的逆定理也是存在的，即图 4-1(c)所示的一个力和一个力偶组成的力系可以简化成图 4-1(a)所示的一个力。

力的平移定理不仅是任意力系向一点简化的依据，而且可以用来解释一些现象与问题。例如，打乒乓球时，球拍若给球的力擦在球边上，这相当于在球心加一力与一力偶(图 4-2)，乒乓球在此力作用下向前运动，而在此力偶作用下旋转。又如图 4-3(a)所示厂房立柱受载荷 $\boldsymbol{P}$ 作用，在不考虑凸出部分变形的情况下，其作用效果和作用在立柱轴线上的力 $\boldsymbol{P}'$ 与矩为 M 的力偶等效(图 4-3(b))。在材料力学里可知，力 $\boldsymbol{P}'$ 使立柱压缩，而矩为 M 的力偶将使立柱弯曲。读者还可以考虑图 4-4 所示用丝锥攻螺纹时，为什么要求用两只手且作用在把手上的二力要相等？用一只手可以不可以使其转动？这样做行不行？另外一点要注意，在研究变形问题时，力是不能平移的。如图 4-5(a)所示，在梁端 B 受一力 $\boldsymbol{F}$ 作用，若将此力平移至 A 点成为 $\boldsymbol{F}'$ 并附加一矩为 M 的力偶(图 4-5(b))，变形效果是不同的。

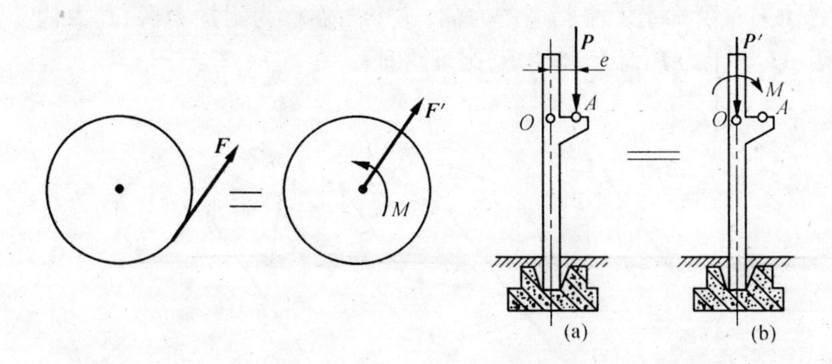

图 4-2　　图 4-3

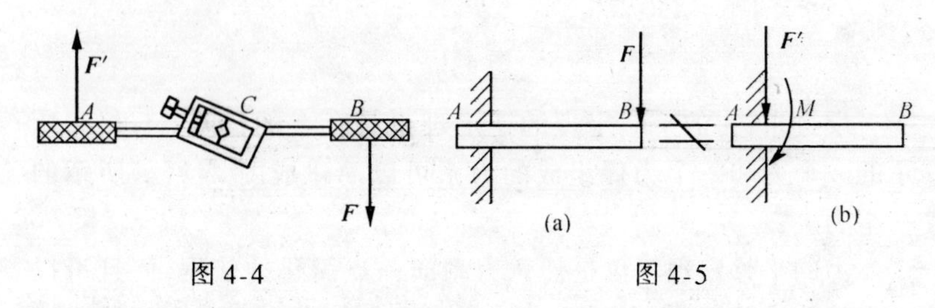

图 4-4　　图 4-5

二、空间任意力系向一点的简化·主矢和主矩

设刚体上有一空间分布的任意力系 $\boldsymbol{F}_1$、$\boldsymbol{F}_2$……$\boldsymbol{F}_n$ 作用，称其为各分力，如图 4-6(a)所示。在刚体上任选一点 O 称为简化中心，用力的平移定理，把各力都平移到点 O，同时附加一个相应的力偶。这样，原来的任意力系就被一空间汇交力系与一空间力偶系等效代替，如图 4-6(b)所示，其中

$$\boldsymbol{F}_1{}' = \boldsymbol{F}_1, \boldsymbol{F}_2{}' = \boldsymbol{F}_2, \cdots \boldsymbol{F}_n{}' = \boldsymbol{F}_n$$

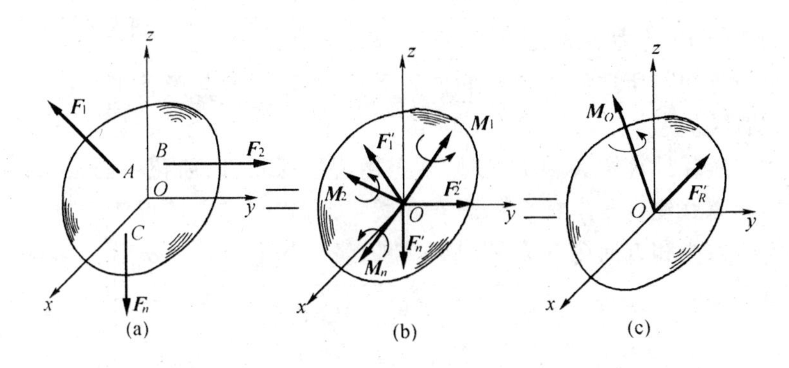

图 4-6

$$\boldsymbol{M}_1 = \boldsymbol{M}_O(\boldsymbol{F}_1), \boldsymbol{M}_2 = \boldsymbol{M}_O(\boldsymbol{F}_2), \cdots\cdots \boldsymbol{M}_n = \boldsymbol{M}_O(\boldsymbol{F}_n)$$

作用于点 O 的汇交力系可以合成为一力 $\boldsymbol{F}_R{}'$(图 4-6(c)),此力的作用线通过点 O,大小和方向为

$$\boldsymbol{F}_R{}' = \sum \boldsymbol{F}_i{}' = \sum \boldsymbol{F}_i = \sum X_i\boldsymbol{i} + Y_i\boldsymbol{j} + Z_i\boldsymbol{k} \qquad (4\text{-}1)$$

此力不能与原力系等效,所以不能称其为原力系的合力,而称其为原力系的主矢。可以看出,若选不同的点为简化中心,对主矢的大小与方向没有影响。

力偶系 $\boldsymbol{M}_1$、$\boldsymbol{M}_2$、$\cdots\cdots \boldsymbol{M}_n$ 可以合成为一力偶(图 4-6(c)),由于此力偶不能与原力系等效,所以不能称其为原力系的合力偶,而称为原力系的主矩。又由于各力偶分别等于各力对所选 O 点的力矩,当取不同的点为简化中心时,各力的力矩将有改变,所以,主矩一般与简化中心的选择有关。因此,以 $\boldsymbol{M}_O$(而不以 $\boldsymbol{M}$)来表示主矩,且

$$\boldsymbol{M}_O = \sum \boldsymbol{M}_i = \sum \boldsymbol{M}_O(\boldsymbol{F}_i) = \sum \boldsymbol{r}_i \times \boldsymbol{F}_i \qquad (4\text{-}2)$$

综上,可得结论如下:任意力系向任一点 O 简化,一般可得一力(主矢)和一力偶(主矩),它们对刚体的作用效果与原力系等效。这个力(主矢)的大小与方向等于原力系各分力的矢量和,作用线通过简化中心 O;这个力偶(主矩)的大小和方向等于原力系各分

力对点 O 的力矩的矢量和,作用于简化中心 O。而且,主矢的大小与方向与所选简化中心的位置无关,主矩一般与简化中心的位置有关。

实际计算主矢和主矩时,常采用解析形式,以简化中心 O 为坐标原点建直角坐标系如图 4-6 所示,由式(4-1),可得该力系主矢的大小和方向余弦为(为书写方便,略去下标 i)

$$\left.\begin{aligned} &F_R{}' = \sqrt{(\sum X)^2 + (\sum Y)^2 + (\sum Z)^2} \\ &\cos(\boldsymbol{F}_R{}', \boldsymbol{i}) = \frac{\sum X}{F_R{}'} \quad \cos(\boldsymbol{F}_R{}', \boldsymbol{j}) = \frac{\sum Y}{F_R{}'} \\ &\cos(\boldsymbol{F}_R{}', \boldsymbol{k}) = \frac{\sum Z}{F_R{}'} \end{aligned}\right\} \tag{4-3}$$

由式(4-2),以 M_{ox}、M_{oy}、M_{oz} 表示主矩 $\boldsymbol{M}_O$ 在三个坐标轴上的投影,再由力对 O 点的矩与力对 x、y、z 轴的矩的关系,有

$$\begin{aligned} M_{ox} &= [\sum \boldsymbol{M}_O(\boldsymbol{F}_i)]_x = \sum M_x(\boldsymbol{F}) = \sum M_x \\ M_{oy} &= [\sum \boldsymbol{M}_O(\boldsymbol{F}_i)]_y = \sum M_y(\boldsymbol{F}) = \sum M_y \\ M_{oz} &= [\sum \boldsymbol{M}_O(\boldsymbol{F}_i)]_z = \sum M_z(\boldsymbol{F}) = \sum M_z \end{aligned}$$

则该力系主矩的大小和方向余弦为

$$\left.\begin{aligned} &M_O = \sqrt{(\sum M_x)^2 + (\sum M_y)^2 + (\sum M_z)^2} \\ &\cos(\boldsymbol{M}_O, \boldsymbol{i}) = \frac{\sum M_x}{M_O} \\ &\cos(\boldsymbol{M}_O, \boldsymbol{j}) = \frac{\sum M_y}{M_O} \\ &\cos(\boldsymbol{M}_O, \boldsymbol{k}) = \frac{\sum M_z}{M_O} \end{aligned}\right\} \tag{4-4}$$

下面通过作用在飞机上的力系说明空间力系简化结果的实际意义。飞机在飞行时受到重力、升力、推力和阻力等力组成的空间

任意力系的作用。通过其重心 O 作直角坐标系 $Oxyz$，如图 4-7 所示。将力系向飞机的重心 O 简化，可得一力 $\boldsymbol{F}_R'$ 和一力偶，力偶矩矢为 $\boldsymbol{M}_O$。如果将这力和力偶矩矢向上述三坐标轴分解，则得到三个作用于重心 O 的正交分力 $\boldsymbol{F}_{Rx}'$、$\boldsymbol{F}_{Ry}'$、$\boldsymbol{F}_{Rz}'$ 和三个绕坐标轴的力偶矩 $\boldsymbol{M}_{ox}$、$\boldsymbol{M}_{oy}$、$\boldsymbol{M}_{oz}$。可以看出它们的意义是：

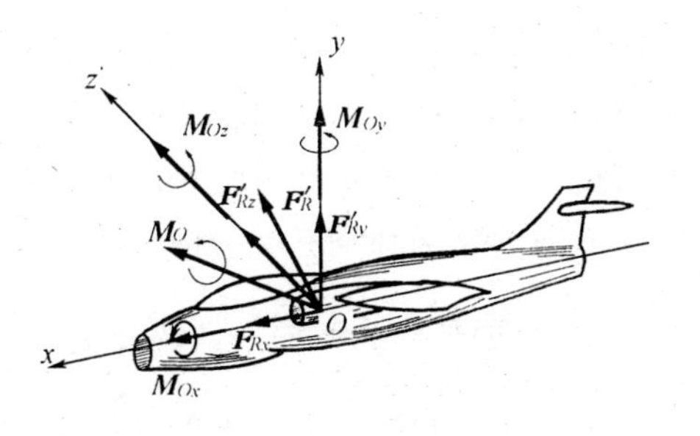

图 4-7

$\boldsymbol{F}_{Rx}'$——有效推进力；　　$\boldsymbol{M}_{ox}$——滚转力矩；

$\boldsymbol{F}_{Ry}'$——有效升力；　　$\boldsymbol{M}_{oy}$——偏航力矩；

$\boldsymbol{F}_{Rz}'$——侧向力；　　$\boldsymbol{M}_{oz}$——俯仰力矩。

空间任意力系简化的又一实例是固定端(插入端)约束对被约束物体的约束反力。烟囱、水塔、电线杆等受到地基的约束，这种约束被称为固定端(插入端)约束。约束给被约束物体的力是空间任意分布的，如图 4-8(a)所示。对这些约束反力的实际分布很难搞清楚。我们利用力系简化理论来考虑其总体效应。把这个力系向 A 点简化，得到一个力 $\boldsymbol{F}_{RA}$ 和一个力偶 $\boldsymbol{M}_A$，如图 4-8(b)所示。

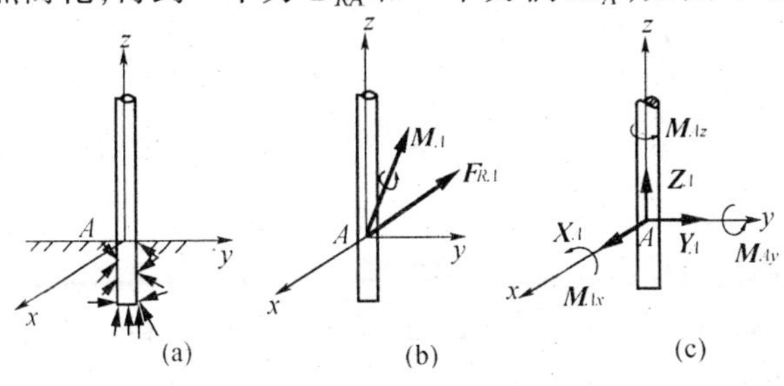

图 4-8

一般情况下，$\boldsymbol{F}_{RA}$、$\boldsymbol{M}_A$ 的大小、方向均未知，习惯用它们的正交分量 $\boldsymbol{X}_A$、$\boldsymbol{Y}_A$、$\boldsymbol{Z}_A$ 和 M_{Ax}、M_{Ay}、M_{Az} 表示，如图 4-8(c)所示。固定端约束反力的这六个正交分量所起的作用是分别阻止物体沿三个坐标轴方向的移动和绕三个坐标轴的转动。

三、平面任意力系向一点的简化·主矢和主矩

平面任意力系是空间任意力系的特例。当作用在物体上的力的作用线都分布在同一平面内，或近似分布在同一平面内且任意分布时，可作为平面任意力系问题处理。当物体有一几何对称面，且所受的载荷也对称于此平面时，也可以作为平面任意力系问题来处理。

对平面任意力系，取力系所在平面为 oxy 平面，则有

$$\sum Z = 0 \quad \sum M_x = 0 \quad \sum M_y = 0$$

主矢在力系所在平面内，主矩也在力系所在平面内（或主矩矢量垂直于力系所在平面）。则主矢与主矩的计算公式为

$$\left.\begin{aligned}
F'_R &= \sqrt{(\sum X)^2 + (\sum Y)^2} \\
\cos(\boldsymbol{F}_R{}', \boldsymbol{i}) &= \frac{\sum X}{F_R{}'} \\
\cos(\boldsymbol{F}_R{}', \boldsymbol{j}) &= \frac{\sum Y}{F_R{}'} \\
M_O &= \sqrt{(\sum M_Z)^2} = \sum M_Z = \sum M_O
\end{aligned}\right\} \tag{4-5}$$

对阳台、烟囱、水塔、电线杆等固定端约束，当主动力都分布在一个平面内时，约束反力也必定分布在同一平面内，简化到 A 点得一力 $\boldsymbol{F}_{RA}$ 与一力偶 M_A，通常也将力 $\boldsymbol{F}_{RA}$ 用正交分力 $\boldsymbol{X}_A$、$\boldsymbol{Y}_A$ 表示。平面力系问题中，固定端有三个约束反力 $\boldsymbol{X}_A$、$\boldsymbol{Y}_A$、M_A，分别阻止物体沿 x、y 轴方向的移动和在力系平面内绕 A 点的转动，见图 4-9。

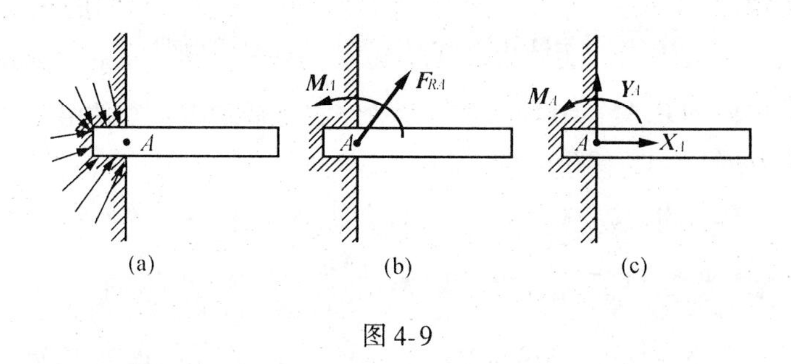

图 4-9

§4-2 任意力系简化的最后结果·合力矩定理

任意力系向一点简化以后得到一个力(主矢)和一个力偶(主矩),在此基础上,还可以进一步简化,得到简化的最后结果或者说简化到最简单的力系。下面对主矢主矩所可能出现的各种情况列表 4-1 予以讨论。

表 4-1

主矢		主矩	最后结果	与简化中心的关系
$\boldsymbol{F}_R{}' \neq 0$	1.	$\boldsymbol{M}_O = 0$	合力	合力作用线通过简化中心
	2.	$\boldsymbol{M}_O \neq 0 \quad \boldsymbol{F}_R{}' \perp \boldsymbol{M}_O$	合力	合力作用线距简化中心为 $d = \dfrac{\lvert \boldsymbol{M}_O \rvert}{F'_R}$
	3.	$\boldsymbol{M}_O \neq 0 \quad \boldsymbol{F}_R{}' /\!/ \boldsymbol{M}_O$	力螺旋	力螺旋中心轴过简化中心
	4.	$\boldsymbol{M}_O \neq 0$ $\boldsymbol{F}_R{}'$、$\boldsymbol{M}_O$ 成 α 角	力螺旋	力螺旋中心轴距简化中心为 $d = \dfrac{M_O \sin\alpha}{F_R{}'}$
$\boldsymbol{F}_R{}' = 0$	5.	$\boldsymbol{M}_O \neq 0$	合力偶	与简化中心无关
	6.	$\boldsymbol{M}_O = 0$	平衡	与简化中心无关

一、空间任意力系简化为合力的情形·合力矩定理

1. $\boldsymbol{F}_R{}' \neq 0, \boldsymbol{M}_O = 0$。这时，一个力 $\boldsymbol{F}_R{}'$ 与原力系等效，力系简化为一合力，合力通过简化中心 O。

2. $\boldsymbol{F}_R{}' \neq 0, \boldsymbol{M}_O \neq 0, \boldsymbol{F}_R{}' \perp \boldsymbol{M}_O$。这时，如图 4-10(a)所示。因 $\boldsymbol{F}_R{}'$、$\boldsymbol{M}_O$ 均不为零，以 $F_R{}'$ 除 $|\boldsymbol{M}_O|$ 得 $d = \dfrac{|\boldsymbol{M}|_O}{F_R{}'}$，在(a)图上量取 $OO' = d$，且令 $F_R = F_R{}' = F_R{}''$，则(b)图所示力系与(a)图所示情形等效，再由二力平衡公理和加减平衡力系公理，可知(c)图中一力 $\boldsymbol{F}_R$ 与(b)图所示力系等效，则 $\boldsymbol{F}_R$ 与原力系等效，力系简化为一合力，且 $\boldsymbol{F}_R = \boldsymbol{F}_R{}'$，合力作用线离简化中心 O 的距离为 $d = \dfrac{|\boldsymbol{M}_O|}{F_R}$，由此式及图中可看出

$$\boldsymbol{M}_O = \boldsymbol{d} \times \boldsymbol{F}_R = \boldsymbol{M}_O(\boldsymbol{F}_R)$$

又 $\quad \boldsymbol{M}_O = \sum \boldsymbol{M}_O(\boldsymbol{F}_i)$，则 $\boldsymbol{M}_O(\boldsymbol{F}_R) = \sum \boldsymbol{M}_O(\boldsymbol{F}_i)$

此式表达的意思是：空间任意力系的合力对于任意一点的矩等于各分力对同一点的矩的矢量和，这被称为空间任意力系的合力矩定理。又由对点的矩与对过该点的轴的矩的关系，可知对轴的合力矩定理也成立。

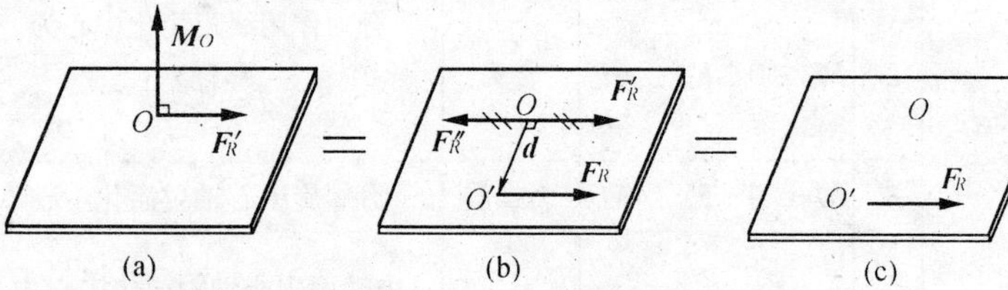

(a) (b) (c)

图 4-10

二、空间任意力系简化为力螺旋的情形

3. $\boldsymbol{F}_R{}' \neq 0, \boldsymbol{M}_O \neq 0, \boldsymbol{F}_R{}' /\!/ \boldsymbol{M}_o$。这时，如图 4-11(a)，(b)所示。这种结果称为力螺旋。所谓力螺旋就是由一力和一力偶组成的力

系，且此力垂直于力偶的作用面。钻孔时钻头对工件的作用，用螺丝刀松紧螺钉的作用，都是力螺旋作用的情形。

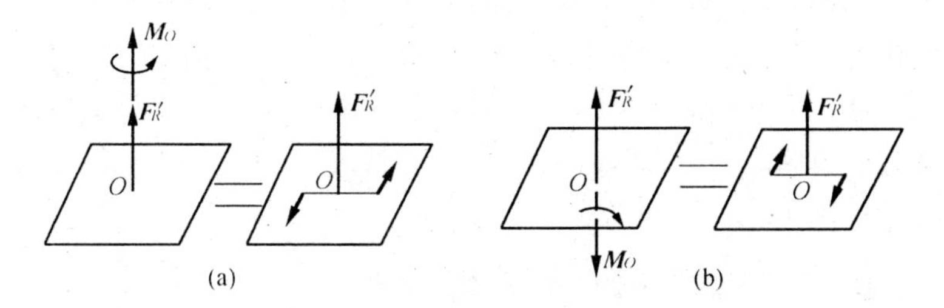

图 4-11

力螺旋是由力学中两个基本要素力和力偶组成的最简单的力系之一，不能再进一步合成。力偶的转向和力的指向符合右手螺旋规则的称为右螺旋（图 4-11（a）），反之称为左螺旋（图 4-11(b)）。力螺旋中力的作用线称为该力螺旋的中心轴。在 $\boldsymbol{F}'_R \parallel \boldsymbol{M}_O$ 的情况下，力螺旋的中心轴过简化中心。

4. $\boldsymbol{F}'_R \neq 0$ 时，$\boldsymbol{M}_O \neq 0$，$\boldsymbol{F}'_R$ 与 $\boldsymbol{M}_O$ 既不垂直、又不平行，两者成任意 α 角。这时，如图 4-12(a)所示。此时可将 $\boldsymbol{M}_O$ 分解为两个分力偶 $\boldsymbol{M}_O''$与 $\boldsymbol{M}_O'$，它们分别垂直于 $\boldsymbol{F}_R'$和平行于 $\boldsymbol{F}_R'$，如图 4-12(b)所示，则 $\boldsymbol{M}_O''$和 $\boldsymbol{F}_R'$可用作用于点 O'的力 $\boldsymbol{F}_R$ 来代替。这时，可以证明 $\boldsymbol{M}_O'$为自由矢量，故可将 $\boldsymbol{M}_O'$平行移动，使之与 $\boldsymbol{F}_R$ 共线。这样就得到一力螺旋，中心轴不在简化中心 O，而是通过另一点 O'，如图 4-12(c)所示，且 OO'两点间的距离为 $d=\frac{|\boldsymbol{M}_O''|}{F_R'}=\frac{M_O\sin\alpha}{F_R'}$。

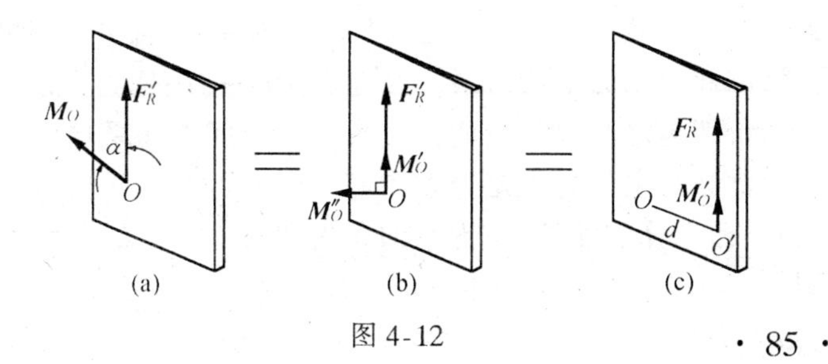

图 4-12

三、空间任意力系简化为合力偶的情形

5. $\boldsymbol{F}_R{}'=0, \boldsymbol{M}_O \neq 0$。这时,一个力偶 $\boldsymbol{M}_O$ 与原力系等效,力系简化为一合力偶。由于主矢与简化中心无关,所以向 O 点简化,$\boldsymbol{F}_R{}'=0$,则向任意点简化,主矢均应为零,所以力系向任意点简化均为一力偶。又由力偶的性质知,此种情况下,简化结果与简化中心的位置无关。

四、空间任意力系为平衡力系的情形

6. $\boldsymbol{F}_R{}'=0, \boldsymbol{M}_O=0$。这时,说明空间力系与零力系等效,空间力系是个平衡力系。将在下节详细讨论。

综上所述,空间任意力系简化的最后结果只可能是合力、力螺旋、合力偶、平衡四种情况。

五、平面任意力系简化的最后结果

对于平面任意力系,由于各力作用线均位于同一平面内,其简化结果不可能出现主矢与主矩平行或成 α 角($\alpha \neq 90°$)的情况,所以平面任意力系简化的最后结果不可能出现力螺旋的情况,而只能是合力、合力偶、平衡三种情况。

§4-3 空间任意力系的平衡条件和平衡方程

由上面所述力系简化理论知,当一空间任意力系向一点简化后,得一与之等效的空间汇交力系与空间力偶系,若主矢与主矩分别为零,则此力系为平衡力系。反过来,当一空间任意力系为一平衡力系时,则与之等效的空间汇交力系与空间力偶系也必为平衡力系,因此必有主矢与主矩分别为零。由此可得空间任意力系平衡的必要和充分条件是,该力系的主矢和对任一点的主矩都等于零,即

$$F_R{}' = 0 \qquad M_O = 0$$

这一平衡条件可以用解析式表示，由式(4-3)与式(4-4)，有

$$\left.\begin{array}{lll} \sum X = 0 & \sum Y = 0 & \sum Z = 0 \\ \sum M_x = 0 & \sum M_y = 0 & \sum M_z = 0 \end{array}\right\} \qquad (4\text{-}6)$$

称此为空间任意力系的平衡方程。此组方程表明：空间任意力系平衡的必要和充分条件是，力系中各力在直角坐标系各坐标轴上投影的代数和以及对各轴力矩的代数和分别等于零。

例 4-1 在图 4-13(a)中，皮带的拉力 $F_2 = 2F_1$，曲柄上作用有铅垂力 $F = 2\,000$ N。已知皮带轮的直径 $D = 400$ mm，曲柄长 $R = 300$ mm，皮带 1 和皮带 2 与铅垂线间夹角分别为 α 和 β，$\alpha = 30°$，$\beta = 60°$(参见图 4-13(b))，其它尺寸如图所示，认为系统处于平衡状态，各构件自重不计。求皮带拉力和轴承反力。

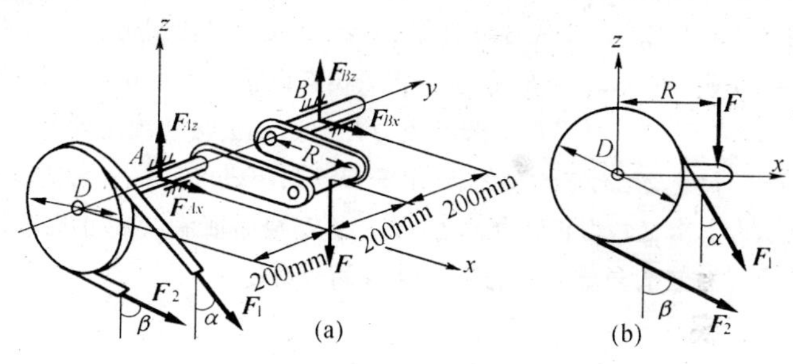

图 4-13

解：以整个轴为研究对象。在轴上作用的力有：皮带拉力 F_1、F_2；作用在曲柄上的力 F；轴承反力 F_{Ax}、F_{Az}、F_{Bx} 和 F_{Bz}。轴受空间任意力系作用，选坐标轴如图所示，列出平衡方程

$$\sum X = 0 \quad F_1 \sin 30° + F_2 \sin 60° + F_{Ax} + F_{Bx} = 0$$

$$\sum Y = 0 \quad 0 = 0$$

$$\sum Z = 0 \quad -F_1 \cos 30° - F_2 \cos 60° - F + F_{AZ} + F_{BZ} = 0$$

$$\sum M_x = 0$$

$$F_1 \cos 30° \times 200 + F_2 \cos 60° \times 200 - F \times 200 + F_{Bz} \times 400 = 0$$

$$\sum M_y = 0 \quad FR - \frac{D}{2}(F_2 - F_1) = 0$$

$$\sum M_z = 0$$

$$F_1 \sin 30^\circ \times 200 + F_2 \sin 60^\circ \times 200 - F_{Bx} \times 400 = 0$$

又有

$$F_2 = 2F_1$$

联立解上述方程，得

$$\underline{F_1 = 3\,000\ \text{N}} \qquad \underline{F_2 = 6\,000\ \text{N}}$$

$$\underline{F_{Ax} = -1\,004\ \text{N}} \qquad \underline{F_{Az} = 9\,397\ \text{N}}$$

$$\underline{F_{Bx} = 3\,348\ \text{N}} \qquad \underline{F_{Bz} = -1\,799\ \text{N}}$$

此题中，平衡方程$\sum Y = 0$成为恒等式，独立的平衡方程只有5个；在题设条件$F_2 = 2F_1$之下，才能解出上述6个未知量。

例4-2 车床主轴如图4-14(a)所示。已知车刀对工件的切削力为：径向切削力$F_x = 4.25$ kN，纵向切削力$F_y = 6.8$ kN，主切削力(切向)$F_Z = 17$ kN，方向如图所示。F_τ与F_r分别为作用在直齿轮C上的切向力和径向力，且$F_r = 0.36\ F_\tau$。齿轮C的节圆半径为$R = 50$ mm，被切削工件的半径为$r = 30$ mm。卡盘及工件等自重不计，其余尺寸如图(单位为mm)，认为系统处于平衡状态。求：(1)齿轮啮合力F_τ及F_r；(2)径向轴承A和止推轴承B的约束反力；(3)三爪卡盘E在O处对工件的约束反力。

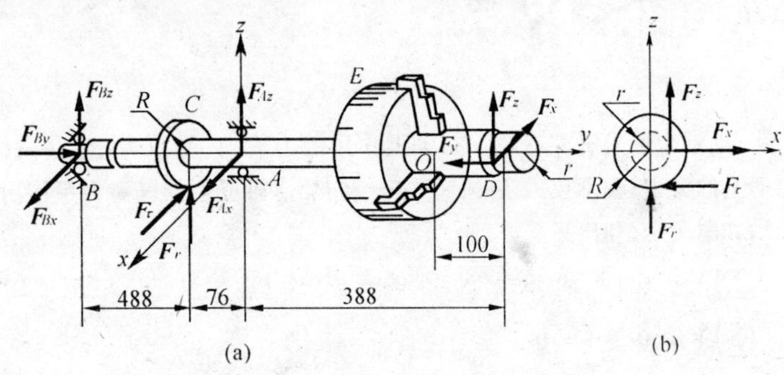

图4-14

解：先取主轴、卡盘、齿轮以及工件系统为研究对象，受力如图4-14(a)所示，为一空间任意力系。取坐标系$Axyz$如图所示，列平衡方程

$$\sum X = 0 \qquad F_{Bx} - F_\tau + F_{Ax} - F_x = 0$$

$$\sum Y = 0 \qquad F_{By} - F_y = 0$$

$$\sum Z = 0 \qquad F_{BZ} + F_r + F_{Az} + F_z = 0$$

$$\sum M_x = 0 \qquad -(488+76)F_{Bz} - 76F_r + 388F_z = 0$$

$$\sum M_y = 0 \qquad F_\tau R - F_z r = 0$$

$$\sum M_z = 0 \qquad (488+76)F_{Bx} - 76F_\tau - 30F_y + 388F_x = 0$$

又,按题意有

$$F_r = 0.36F_\tau$$

以上共有 7 个方程,可解出全部 7 个未知量,得

$F_\tau = 10.2\ \text{kN}$　　$F_r = 3.67\ \text{kN}$

$F_{Ax} = 15.64\ \text{kN}$　　$F_{Az} = -31.87\ \text{kN}$

$F_{Bx} = -1.19\ \text{kN}$　　$F_{By} = 6.8\ \text{kN}$　　$F_{Bz} = 11.2\ \text{kN}$

再取工件为研究对象,其上除受 3 个切削力外,还受到卡盘(空间插入端约束)对工件的 6 个约束反力 F_{Ox}、F_{Oy}、F_{Oz}、M_x、M_y、M_z,如图 4-15 所示。

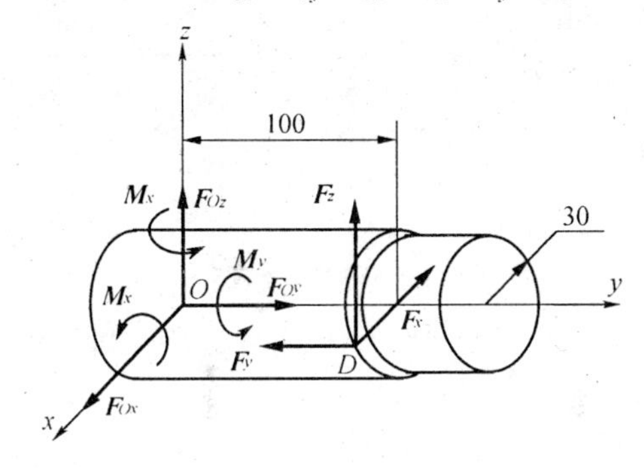

图 4-15

取坐标轴系 $Oxyz$ 如图,列平衡方程

$$\sum X = 0 \qquad F_{Ox} - F_x = 0$$

$$\sum Y = 0 \qquad F_{Oy} - F_y = 0$$

$$\sum Z = 0 \qquad F_{Oz} + F_z = 0$$

$$\sum M_x = 0 \quad M_x + 100F_z = 0$$

$$\sum M_y = 0 \quad M_y - 30F_z = 0$$

$$\sum M_z = 0 \quad M_z + 100F_x - 30F_y = 0$$

求解上述方程，得

$$F_{Ox} = 4.25\ \text{kN}, F_{Oy} = 6.8\ \text{kN}, F_{OZ} = -17\ \text{kN}$$

$$M_x = -1.7\ \text{kN·m}, M_y = 0.51\ \text{kN·m}, M_z = -0.22\ \text{kN·m}。$$

平衡条件与平衡方程不完全是一回事，式(4-6)六个方程只是说明主矢主矩分别为零的一种形式，称其为平衡方程的基本形式。平衡方程还有其它的形式，例如，可用六个取矩方程来代替式(4-6)中的三个投影方程与三个取矩方程，称其为六矩式方程。类似的还有五矩式方程，四矩式方程。在解题时，为使解题方便，每个方程中最好只包含一个未知量，把六元一次方程组转化为六个比较简单的一元一次方程。现对六矩式方程举例如下。

例 4-3 图 4-16 所示均质水平长方板重为 P，用六根无重直杆支承，如直杆两端各用球铰链与板和地面连接，求各杆所受的力。

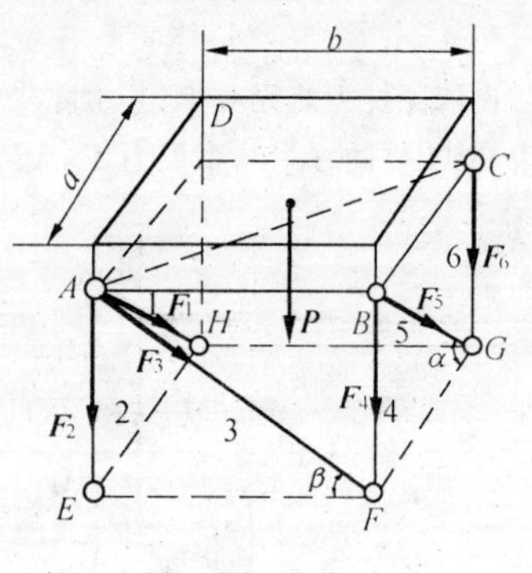

图 4-16

解：取长方板为研究对象，各杆均为二力杆，设它们均受拉力，板的受力如图 4-16 所示。列平衡方程

$$\sum M_{EA} = 0 \quad F_5\cos\alpha \cdot b = 0$$

解得 $F_5 = 0$

$$\sum M_{FB} = 0 \quad -F_1\cos\alpha \cdot b = 0$$

解得 $F_1 = 0$

$$\sum M_{GC} = 0 \quad F_3\cos\beta \cdot a = 0$$

解得 $F_3 = 0$

$$\sum M_{AC}=0 \quad F_4 \cdot \frac{1}{2}\sqrt{a^2+b^2}=0$$

解得 $$F_4=0$$

$$\sum M_{AB}=0 \quad -F_6 \cdot a - P \cdot \frac{a}{2}=0$$

解得 $$F_6=-\frac{P}{2}$$

$$\sum M_{CB}=0 \quad F_2 \cdot b + P \cdot \frac{b}{2}=0$$

解得 $$F_2=-\frac{P}{2}$$

结果为,只有2、6杆受力,大小为$\frac{P}{2}$,且均为压力。读者可考虑,既然其它四杆不受力,可否除去?

此例中用六个力矩方程求得六个杆的内力,一般情况下,力矩方程比较灵活,常可使一个方程只含一个未知量。当然,也可以采用其它形式的平衡方程。

空间任意力系是一个物体受力的最一般情况,其它类型的力系都可以认为是空间任意力系的特殊情况,因而它们的平衡方程都可从式(4-6)中推出。例如,对于空间(平面)汇交力系、空间(平面)平行力系、平面任意力系等。现以空间平行力系为例,推出空间平行力系的平衡方程。下节以平面任意力系为例,推出平面任意力系的平衡方程。

设物体受一空间平行力系作用,如图4-17所示。令z轴与这些力平行,则各力对于z轴的矩等于零。又由于x和y轴都与这些力垂直,所以各力在这两轴上的投影也等于零。因而在平衡方程组(4-6)中,第一、第二和第六个方程失去求解价值。因此,空间平行力系只有三个平衡方程,即

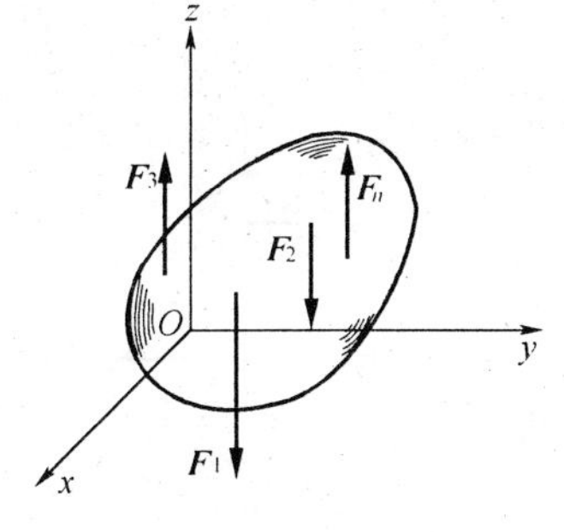

图4-17

$$
\left.\begin{aligned}
\sum Z &= 0 \\
\sum M_x &= 0 \\
\sum M_y &= 0
\end{aligned}\right\} \qquad (4\text{-}7)
$$

例 4-4　一小型起重车(图 4-18(a)),车重 $P_1 = 12.5\ \text{kN}$,重力作用线通过 E 点,起吊重量为 $P_2 = 5\ \text{kN}$。求重物在图示位置时,地面对车轮的反力,尺寸如图 4-18 (b)所示。

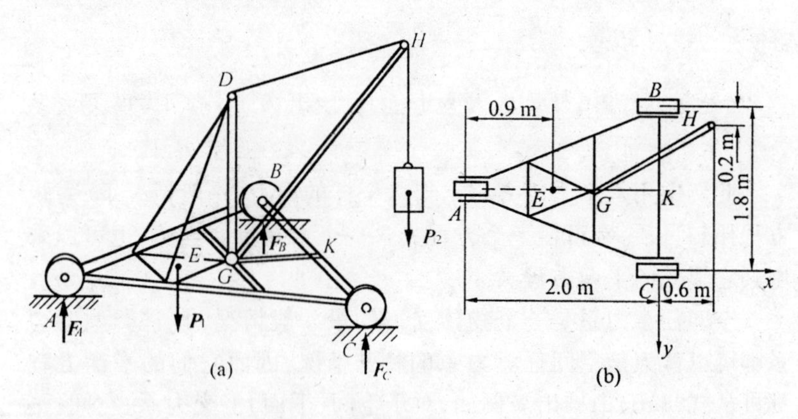

图 4-18

解:取整车为研究对象,作其受力图如图 4-18 (a)所示,其中 $\boldsymbol{F}_A$、$\boldsymbol{F}_B$、$\boldsymbol{F}_C$ 为地面对车轮的反力。整体所受力系为空间平行力系,其平衡方程为

$$\sum M_y = 0 \quad 1.1P_1 - 0.6P_2 - 2F_A = 0$$

解得　$F_A = 5.375\ \text{kN}$

$$\sum M_x = 0 \quad 1.8F_B + 0.9F_A - 0.9P_1 - 1.6P_2 = 0$$

解得　$F_B = 8.01\ \text{kN}$

$$\sum Z = 0 \quad F_A + F_B + F_C - P_1 - P_2 = 0$$

解得　$F_C = 4.115\ \text{kN}$

§4-4　平面任意力系的平衡条件和平衡方程

平面任意力系是空间任意力系的一种重要的特殊情况，平衡的必要和充分条件仍然是该力系的主矢和对任一点的主矩都等于零。取力系所在平面为 oxy 平面，由式(4-5)知，要使主矢和对任一点的主矩都等于零，必须有

$$\sum X = 0 \qquad \sum Y = 0 \qquad \sum M_O = 0 \tag{4-8}$$

称此为平面任意力系的平衡方程。此组方程表明：平面任意力系平衡的必要和充分条件是，力系中各力在直角坐标系各坐标轴上投影的代数和以及对任意一点的矩的代数和等于零。

例 4-5　起重机重 $P_1 = 10$ kN，可绕铅直轴 AB 转动；起重机的挂钩上挂一重为 $P_2 = 40$ kN 的重物，如图 4-19 所示。起重机的重心 C 到转动轴的距离为 1.5 m，其它尺寸如图所示。求在止推轴承 A 和径向轴承 B 处的约束反力。

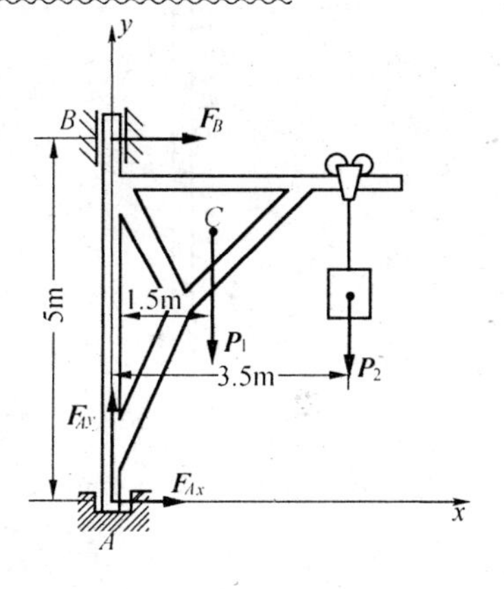

图 4-19

解：取起重机为研究对象，它们受的主动力有 $\boldsymbol{P}_1$ 和 $\boldsymbol{P}_2$。由于起重机的对称性，认为约束反力和主动力都位于同一平面内。止推轴承 A 处有两个约束反力 $\boldsymbol{F}_{Ax}$、$\boldsymbol{F}_{Ay}$，径向轴承 B 处只有一个与转轴垂直的约束反力 $\boldsymbol{F}_B$，受力图如图 4-19 所示。

建坐标系如图所示，列平面任意力系的平衡方程，有

$$\sum X = 0 \qquad F_{Ax} + F_B = 0$$

$$\sum Y = 0 \qquad F_{Ay} - P_1 - P_2 = 0$$

$$\sum M_A = 0 \qquad -5 \cdot F_B - 1.5P_1 - 3.5P_2 = 0$$

解得　$F_B=-31\ \mathrm{kN}$　　$F_{Ax}=31\ \mathrm{kN}$　　$F_{Ay}=50\ \mathrm{kN}$

例 4-6　自重为 $P=100\ \mathrm{kN}$ 的 T 形刚架 ABD，置于铅垂面内，载荷如图 4-20 所示。其中 $M=20\ \mathrm{kN\cdot m}$，$q=20\ \mathrm{kN/m}$，$F=400\ \mathrm{kN}$，$l=1\ \mathrm{m}$。求固定端 A 处的约束反力。

解：取 T 形刚架为研究对象，其上除受主动力外，还受有固定端 A 处的约束反力 $\boldsymbol{F}_{Ax}$、$\boldsymbol{F}_{Ay}$ 和约束反力偶 M_A 的作用。线性分布载荷用集中力 $\boldsymbol{F}_1$ 等效代替，其大小为 $F_1=\dfrac{1}{2}q\cdot 3l=30\ \mathrm{kN}$，作用于三角形分布载荷的几何中心，即距 A 为 l 处，刚架受力图如图 4-20(b)所示。

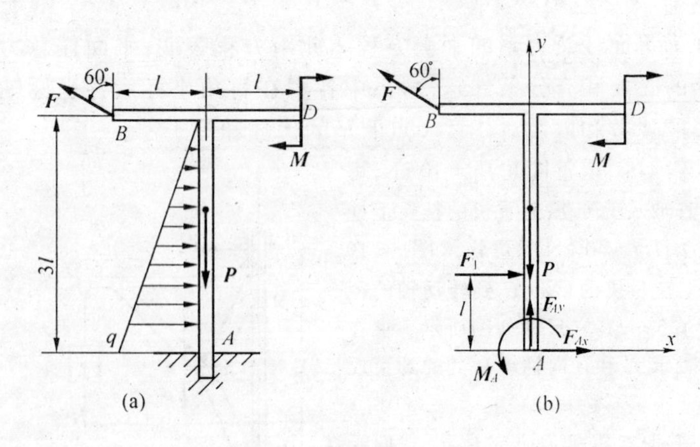

图 4-20

按图示坐标系，列平衡方程，有

$$\sum X=0\quad F_{Ax}+F_1-F\sin 60^\circ=0$$

$$\sum Y=0\quad F_{Ay}-P+F\cos 60^\circ=0$$

$$\sum M_A=0$$

$$M_A-M-F_1 l-F\cos 60^\circ\cdot l+F\sin 60^\circ\cdot 3l=0$$

解得　$F_{Ax}=316.4\ \mathrm{kN}$　$F_{Ay}=-100\ \mathrm{kN}$　$M_A=-789.2\ \mathrm{kN\cdot m}$

平面任意力系平衡的充要条件是该力系的主矢和对任一点的主矩都等于零，式(4-8)是说明主矢和主矩分别为零的一种形式，平面任意力系的平衡方程还有其它两种形式，分别为

$$\sum X = 0 \qquad \sum M_A = 0 \qquad \sum M_B = 0 \tag{4-9}$$

$$\sum M_A = 0 \qquad \sum M_B = 0 \qquad \sum M_C = 0 \tag{4-10}$$

分别称为平面任意力系的二矩式平衡方程与三矩式平衡方程,而式(4-8)则称为平面任意力系的基本式平衡方程。使用二矩式与三矩式方程,分别有一个限制条件,二矩式方程的限制条件为 A、B 两个取矩点的连线不能与投影轴垂直,三矩式方程的限制条件为 A、B、C 三个取矩点不能共线。

现在说明二矩式与三矩式平衡方程(4-9)与(4-10)成立时,平面任意力系的主矢与主矩必为零,也即平面任意力系平衡的充要条件成立。

平面任意力系向一点 A 简化以后,得主矢 $\boldsymbol{F}_R{}'$ 和主矩 M_A(图 4-21(a)),若此力系满足方程 $\sum M_A = 0$,且力系不平衡,则力系应为图 4-21(b)所示,$\boldsymbol{F}_R{}'$ 为力系的合力。若此力系再满足方程 $\sum M_B = 0$,且不平衡,则此时合力只能通过 A、B 两点,以 $\boldsymbol{F}'_{R1}$ 表示,如图 4-21(c)所示。若此力系再满足方程 $\sum X = 0$,且 A、B 两点连线与投影轴不垂直,则合力 $\boldsymbol{F}'_{R1}$ 必为零,如图 4-21(d)所示,此时,主矢和主矩已分别为零,所研究的力系必为平衡力系。

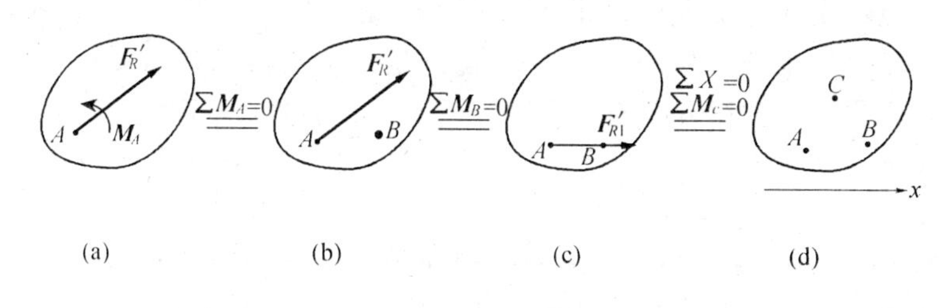

图 4-21

对三矩式方程(4-10),当力系满足方程 $\sum M_A = 0$、$\sum M_B = 0$ 时,若力系不平衡,则如图 4-21(c)所示,若再满足方程 $\sum M_C$

$=0$(A、B、C 三点不在一条直线上),如图 4-21(d)所示,则主矢主矩已分别为零,所研究的力系必为平衡力系。

对于平面任意力系问题,一般说来,上述三组方程(4-8)、(4-9)、(4-10)均为三元一次方程组,都可用来解决平面任意力系的平衡问题,究竟选用哪一组方程,需根据具体条件灵活确定。采用投影方程也好,取矩方程也好,多数情况下可以避免列三元一次方程组,而列出三个比较简单的一元一次方程,这样,可以给解题带来方便。

§4-5　物体系的平衡·静定和静不定问题

上面讨论了空间、平面任意力系的平衡方程,平面任意力系平衡方程有三种形式(基本式、二矩式、三矩式),空间任意力系有基本式、四矩式、五矩式、六矩式几种形式。这里既有投影方程,也有取矩方程。从物理意义上讲,既然一个力系是平衡力系,其沿任意方向(任一轴)投影的代数和均应为零,对任意一点(轴)的力矩之和也应为零。这样,对一个力系来讲,可以列出无数个平衡方程,但是否可以求解无数个未知数呢?这是不对的。如对平面任意力系,不管采用三种形式中的哪一种形式,只要满足了(4-8),(4-9),(4-10)中的三个方程,就已经说明力系是一个零力系,再列其它的方程也肯定是平衡方程,这些方程将是(4-8)、(4-9)、(4-10)中三个方程的线性组合而不再是独立的。所以我们说,平面任意力系独立的平衡方程只有三个,也就是只能求解三个未知数。同样,空间任意力系独立的平衡方程只有六个,也就是只能求解六个未知数。类似的,读者可以得出空间、平面汇交力系,空间、平面平行力系等力系的独立平衡方程的数目。

在工程实际平衡问题中,会遇到由多个物体组成的系统的平衡问题,如组合构架、三铰拱等结构,都是物体系的平衡的例子。当物体系平衡时,组成该系统的每一个物体也都处于平衡状态,因此对于每一个受空间任意力系作用的物体，均可写出六个平衡方程。如物体系由 n 个物体组成，则共有 $6n$ 个独立方程。如系统中有的物体受平面任意力系或其它力系作用，则系统独立的平衡方程数目相应减少。当系统中的未知量数目等于独立平衡方程的数目时，所有的未知数都能由平衡方程求出，这样的问题称为静定问题。显然前面举的各例都是静定问题。在工程实际中，有时为了提高结构的坚固性和安全性，常常增加多余的约束，因而使这些结构的未知量的数目多于平衡方程的数目，未知量就不能全部由平衡方程求出，这样的问题称为静不定问题或超静定问题。对于静不定问题，必须考虑物体因受力作用而产生的变形，加列某些补充方程后才能使方程的数目等于未知量的数目而求解，这将在材料力学、结构力学等学科中研究。

下面举出一些静定和静不定问题的例子。

设用两根绳子悬挂一重物，如图 4-22(a)所示，未知的约束反力有两个，而重物受平面汇交力系作用，共有两个平衡方程，因此是静定的。如用三根绳子悬挂重物，且力的作用线在平面内交于一点，如图 4-22(b)所示，则未知的约束反力有三个，而平衡方程只有两个，因此是静不定的。

设用两个轴承支承一根轴，如图 4-22(c)所示，未知的约束反力有两个，因轴受平面平行力系作用，共有两个平衡方程，因此是静定的。若用三个轴承支承，如图 4-22(d)所示，则未知的约束反力有三个，而平衡方程只有两个，因此是静不定的。

图 4-22(e)和(f)所示的平面任意力系，均有三个平衡方程，图 4-22(e)中有三个未知数，因此是静定的；而图 4-22(f)中有四个未知数，因此是静不定的。图 4-23 所示的梁由两部分铰接组成，每部分有三个平衡方程，共有六个平衡方程。未知量除了图中所画的三个支反力一个反力偶外，尚有铰链 C 处的两个未知力，共计六个。因此，也是静定的。若将 B 处的滚动支座改为固定铰支，则系统共有七个未知数，因此系统是静不定的。

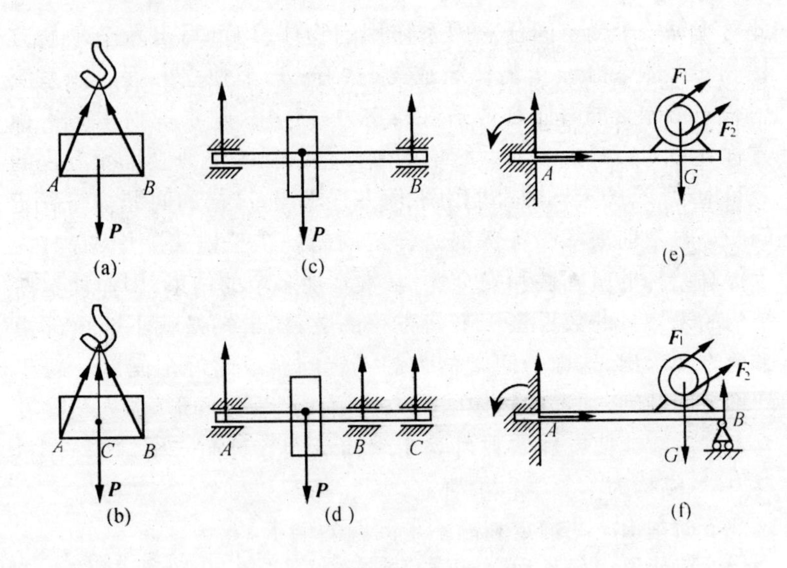

图 4-22

相对于物体系的平衡问题，前面一些平衡问题，如例 4-1、例 4-5、例 4-6，一般称为单个物体的平衡问题。对单个物体的平衡问题，若为空间任意力系，可列出 6 个独立的平衡方程。对物体系的平衡问题，设为 n 个物体组成，若每个物体所受力系均为空间任意力系，则可列出 $6n$ 个独立的平衡方程；若每个物体所受力系均为平面任意力系，则可列出 $3n$ 个独立的平衡方程。解单个物体的平衡问题，有技巧性问题，解物体系的平衡问题，就更有技巧性问题。为了了解同学对平衡方程掌握的程度，考核时一般也以物体系的平衡问题为重点。对空间任意力系问题，若为单个物体，也须列 6 个方程，若为物体系问题，则须列 $6n$ 个方程，这对求解在实质上没有

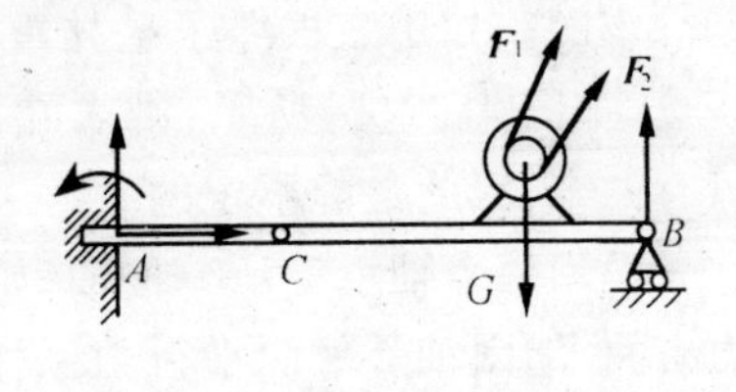

图 4-23

什么困难，但实际求解时运算量很大。所以，物体系的平衡问题一般以平面任意力系为重点。对平面物体系的平衡问题(也包括空间问题)，怎样灵活地选择研究对象，怎样列平衡方程，以使每一个方程中的未知数尽可能少，或在可能的情况下，使每一个方程都是较简单的一元一次方程，以避免求解联立方程，是物体系平衡问题求解的难点和重点。下面举例予以说明。

例 4-7 在例 1-4 的图 1-23(a)中，已知物重为 P，$DC=CE=AC=CB=2l$；定滑轮半径为 R，动滑轮半径为 r，且 $R=2r=l$，$\theta=45°$。求 A、E 支座的约束反力及 BD 杆所受的力。

解: 取整体为研究对象，其受力图如图 4-24(a)所示，共有 $\boldsymbol{F}_A$、$\boldsymbol{F}_{Ex}$、$\boldsymbol{F}_{Ey}$ 三个未知力，且均为要求的力，刚好有三个独立的平衡方程，所以取整体可求得 A、E 处的约束反力。列平衡方程

$$\sum M_E=0 \quad F_A\cdot 2\sqrt{2}l+P\cdot\frac{5}{2}l=0$$

解得 $$F_A=-\frac{5}{8}\sqrt{2}P$$

$$\sum X=0 \quad F_A\cos\theta+F_{Ex}=0$$

解得 $$F_{Ex}=\frac{5}{8}P$$

$$\sum Y=0 \quad F_A\sin\theta+F_{Ey}-P=0$$

解得 $$F_{Ey}=\frac{13}{8}P$$

为求 BD 杆所受的力，从例 1-4 的各受力图中可知，取杆 DCE 为研究对象比较方便，其受力图如图 4-24(b)所示，由

$$\sum M_C=0 \quad F_{DB}\cos45°\cdot 2l+F_k\cdot l-F_{Ex}\cdot 2l=0$$

式中 $$F_k=\frac{P}{2}, F_{Ex}=\frac{5}{8}P$$

解得 $$F_{DB}=\frac{3}{8}\sqrt{2}P\ (DB\text{ 杆受拉})$$

这样，先整体后局部，列出了四个一元一次方程，解出了要求的四个未知力。

例 4-8 图 4-25(a)所示的无重组合梁由 AC 和 CD 在 C 处铰接而成，梁

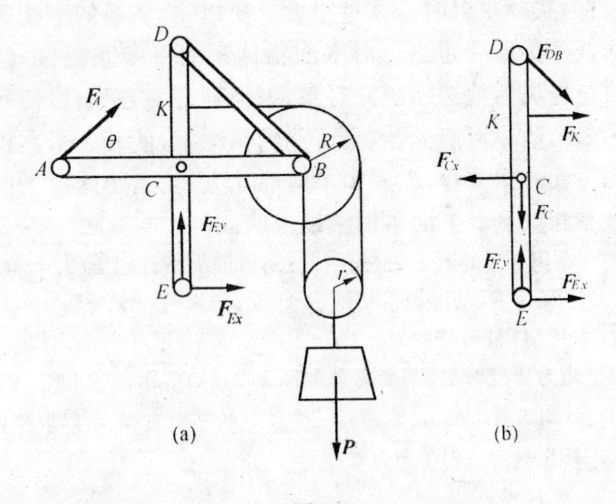

图 4-24

的 A 端插入墙内，B 处用无重杆与基础相连。已知：$F=20$ kN，均布载荷 $q=10$ kN/m，$M=20$ kN·m，$l=1$ m。求固定端 A 处及支撑 B 处的约束反力。

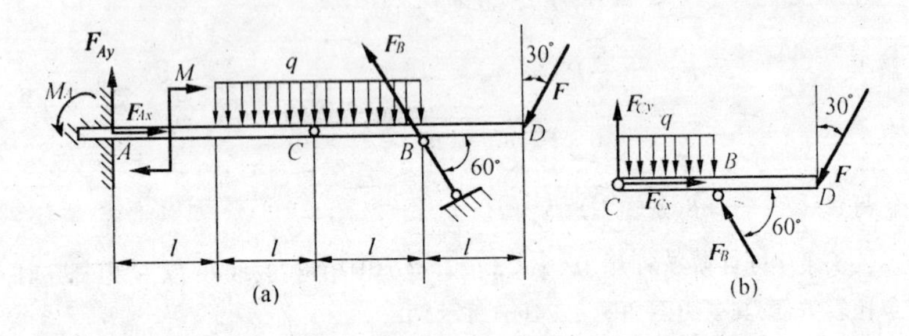

图 4-25

解：取整体为研究对象，其受力图如图 4-25(a)所示，共有 $\boldsymbol{F}_{Ax}$、$\boldsymbol{F}_{Ay}$、M_A、$\boldsymbol{F}_B$ 四个未知力，但此力系只有三个独立的平衡方程，不能完全求解。为此，考虑 CD 梁的受力情况，其受力图如图 4-25(b)所示，共有 $\boldsymbol{F}_{cx}$、$\boldsymbol{F}_{cy}$、$\boldsymbol{F}_B$ 三个未知力，刚好有三个独立的平衡方程，所以可完全求解，但题目没有要求 C 处受力，可以不必求之，由

$$\sum M_C = 0 \quad F_B \sin 60^\circ \cdot l - ql \cdot \frac{l}{2} - F\cos 30^\circ \cdot l = 0$$

解得　$F_B = 45.77\ \text{kN}$

现在对整体来说，有三个独立的平衡方程，刚好有三个待求的未知力，所以可以完全求解。由

$$\sum X = 0 \quad F_{Ax} - F_B\cos60° - F\sin30° = 0$$

解得　$F_{Ax} = 32.89\ \text{kN}$

$$\sum Y = 0 \quad F_{Ay} + F_B\sin60° - 2ql - F\cos30° = 0$$

解得　$F_{Ay} = -2.32\ \text{kN}$

$$\sum M_A = 0 \quad M_A - M - 2ql \cdot 2l + F_B\sin60° \cdot 3l - F\cos30° \cdot 4l = 0$$

解得　$M_A = 10.37\ \text{kN·m}$

对此题，先局部后整体，列出四个一元一次方程，解出了要求的四个未知力。

此题也可以对 CD 梁求得 $\boldsymbol{F}_{cx}$、$\boldsymbol{F}_{cy}$ 后，然后再取 AC 梁为研究对象，求得 A 处约反力，这样需列六个平衡方程，但求解量也并不增大许多，读者可以一试。

例 4-9　图 4-26(a)所示为钢结构拱架，拱架两个相同的钢架 AC 和 BC 用铰链 C 连接，拱脚 A、B 用铰链固结于地基，吊车梁支承在钢架的突出部分 D、E 上。设两钢架各重为 $P = 60\ \text{kN}$，吊车梁重为 $P_1 = 20\ \text{kN}$，其作用线通过点 C，载荷为 $P_2 = 10\ \text{kN}$，风力 $F = 10\ \text{kN}$。尺寸如图所示。D、E 两点在力 P 的作用线上。求固定铰支座 A 和 B 的约束反力。

解：取整体为研究对象，其受力图如图 4-26(a)所示，共有 $\boldsymbol{F}_{Ax}$、$\boldsymbol{F}_{Ay}$、$\boldsymbol{F}_{Bx}$、$\boldsymbol{F}_{By}$ 四个未知力，由整体此四个力不能完全求出，但可以求出 $\boldsymbol{F}_{Ay}$ 与 $\boldsymbol{F}_{By}$，由

$$\sum M_B = 0 \quad -12F_{Ay} - 5F + 10P + 2P + 8P_2 + 6P_1 = 0$$

解得

$$F_{Ay} = 72.5\ \text{kN}$$

由

$$\sum Y = 0 \quad F_{Ay} + F_{By} - P - P - P_1 - P_2 = 0$$

解得

$$F_{By} = 77.5\ \text{kN}$$

此时已用去两个方程，还剩一个方程，但还有两个未知数，所以不能求解。为此，取右边(或左边)钢架为研究对象，其受力图如图 4-26(b)所示，共有 $\boldsymbol{F}_{Bx}$、$\boldsymbol{F}_E$、$\boldsymbol{F}_{Cx}$、$\boldsymbol{F}_{Cy}$ 四个未知力，由分析此图知，若已知 $\boldsymbol{F}_E$，则由 $\sum M_C = 0$ 可求得 $\boldsymbol{F}_{Bx}$，从而由整体可求得 $\boldsymbol{F}_{Ax}$。为求得 $\boldsymbol{F}_E$，取吊车梁为研究对象，其受力图如

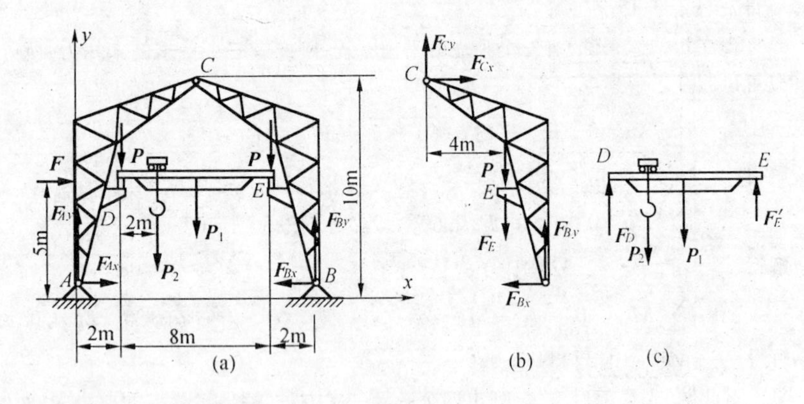

图 4-26

图 4-26(c)所示,由

$$\sum M_D = 0 \quad 8F'_E - 4P_1 - 2P_2 = 0$$

解得　　　　$F'_E = 12.5\ \text{kN}$

对图(b),由

$$\sum M_C = 0 \quad 6F_{By} - 10F_{Bx} - 4(P + F_E) = 0$$

解得　　　　$F_{Bx} = 17.5\ \text{kN}$

从而对图(a),由

$$\sum X = 0 \quad F + F_{Ax} - F_{Bx} = 0$$

解得　　　　$F_{Ax} = 7.5\ \text{kN}$

这样,先由整体求出两个未知力,再由局部求得一个要求的未知力,再由整体求出一个未知力,列出五个一元一次方程,求得了要求的四个未知力。

例 4-10　图 4-27(a)所示的结构由杆件 AB、BC、CD,滑轮 O,软绳及重物 E 构成。B、C、O、D 处为铰链连接,A 处为固定端。物 E 重 P,其它构件自重不计。滑轮半径为 R,尺寸 l。求固定端 A 处的约束反力。

解:取整体为研究对象,其受力图如图 4-27(a)所示,共有 $\boldsymbol{F}_{Ax}$、$\boldsymbol{F}_{Ay}$、M_A、$\boldsymbol{F}_{Dx}$、$\boldsymbol{F}_{Dy}$ 五个未知力。由整体受力图(a)可看出一个未知力也难以求出。但若注意到 BC 杆为二力杆,AB 杆的受力图如图 4-27(b)所示,若当 $\boldsymbol{F}_{BC}$ 已知时,则由图(b)可得题目所求。为求得 $\boldsymbol{F}_{BC}$,画出 CD 杆与滑轮为一体的受力

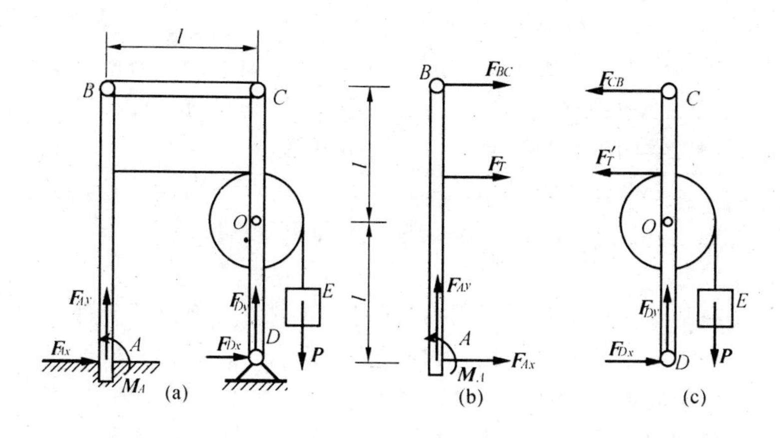

图 4-27

图如图 4-27(c)所示,对此图,由

$$\sum M_D = 0 \quad F_{CB} \cdot 2l + F'_T(l + R) - PR = 0$$

式中 $F'_T = P$

解得 $F_{CB} = -\dfrac{P}{2}$

对图(b),由

$$\sum X = 0 \quad F_{Ax} + F_T + F_{BC} = 0$$

解得 $F_{Ax} = -\dfrac{P}{2}$

$$\sum Y = 0 \quad F_{Ay} = 0$$

解得 $F_{Ay} = 0$

$$\sum M_A = 0 \quad M_A - F_T(l + R) - F_{BC} \cdot 2l = 0$$

解得 $M_A = PR$

对此题,先由整体一个未知力也求不出。考虑到二力杆,利用局部。列出四个一元一次方程,解出了要求的三个未知力。

在这里要说明一点的是,随着计算机的发展与普及,静力学的电算问题也会得到发展与普及。目前,用计算机求解静力学问题,并不需要像人一样思考,需要掌握解题的技巧。但这并不是说我们在学习时不必掌握解题的技巧,实际上,用计算机求解静力学问题,目前还不会很快得到普及。因此,在目前相当长一段时间内,掌握静力学的解题技巧问题,还是有必要的。

§4-6 物体的重心

在地球表面附近的空间内,任何物体的每一微小部分都受到铅垂向下的地球引力作用,习惯称之为重力。这些力严格说来组成一个空间汇交力系,力系的汇交点在地球中心附近。但是,工程中的物体尺寸都远较地球为小,离地心又很远,所以若把地球看作为圆球,可以算出,在地球表面一个长约 31 米的物体,其两端重力之间的夹角不超过 1″。因此,在工程中,把物体各微小部分的重力视为空间平行力系是足够精确的。

物体各微小部分的重力组成一个空间平行力系,此平行力系的合力大小称为物体的重量,此平行力系的中心称为物体的重心,也即物体重力合力的作用点称为物体的重心。如果把此物体看作为刚体,则此物体的重心相对物体本身来说是一个确定的几何点,不因物体的放置方位而变。

物体的重心是力学和工程中一个重要的概念,在许多工程问题中,物体重心的位置对物体的平衡或运动状态起着重要的作用。例如,起重机重心的位置若超出某一范围,起重机工作时就要出事故。高速旋转的轴及其上的各部件的重心若不在转轴轴线上,将引起剧烈的振动而影响机器的寿命甚至出现事故。而飞机、轮船及车辆的重心位置与它们运动的稳定性和可操纵性也有极大的关系。因此,测定或计算出物体重心的位置,在工程中有着重要的意义。下面介绍几种常用的确(测)定或计算物体重心的方法。

一、对称确定法

对某些均质物体，若此物体具有几何对称面、对称轴或对称中心，则重心必定在此对称面、对称轴或对称中心上。读者能否说明一下，这是为什么？这种确定物体重心的方法虽然简单，但方便实用。此时，物体的重心也称为物体的形心（几何中心）。

二、实验测定法

工程中经常遇到形状比较复杂或非均质的物体，此时其重心的位置可用实验方法测定。另外，虽然设计时重心的位置计算的很精确，但由于在制造和装配时产生误差等原因，待产品制成后，也可以用实验的方法来进行重心位置的测定。下面介绍两种常用的实验方法。

1. 悬挂法。对于薄板形物体或具有对称面的薄零件，可将该物体悬挂于任一点 A，如图 4-28(a)所示，根据二力平衡公理，重心必在过悬挂点 A 的铅垂线上，标出此线 AB。再将该物体悬挂于任一点 D，同样标出另一线 DE，则两线段的交点 C，就是该物体的重心。

读者可想一想，若将此物体分为左右两部分Ⅰ与Ⅱ，图 4-28(a)，则此两部分的重量是否一定相等？

2. 称重法。对于形状复杂、体积庞大的物体或者由许多零部件构成的物体系，常用称重法测定重心的位置。如以汽车为例，说明测定重心的称重法。首先称量出汽车的重量 P，测量出汽车前后轮距 l 和车轮半径 r。设汽车是左右对称的，则重心必在此对称面内，只需测定重心 C 距后轮（或前轮）的距离 x_c 和距地面的高度 z_c。为了测定 x_c，将汽车后轮放在地面上，前轮放在磅秤上，使车身保持水平，如图 4-29(a)所示。这时磅秤上的读数为 P_1，因汽车处于平衡状态，有

$$Px_c = P_1 l$$

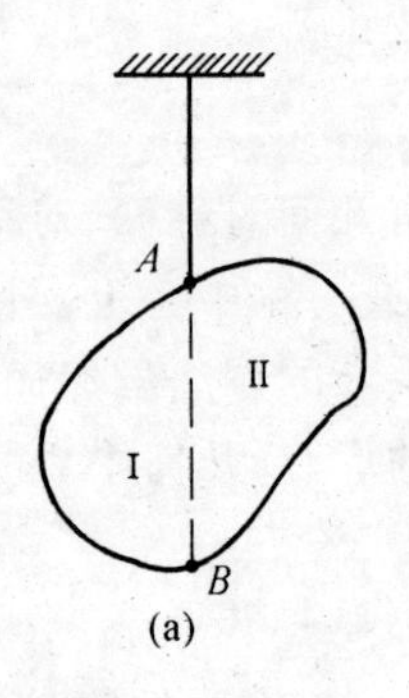

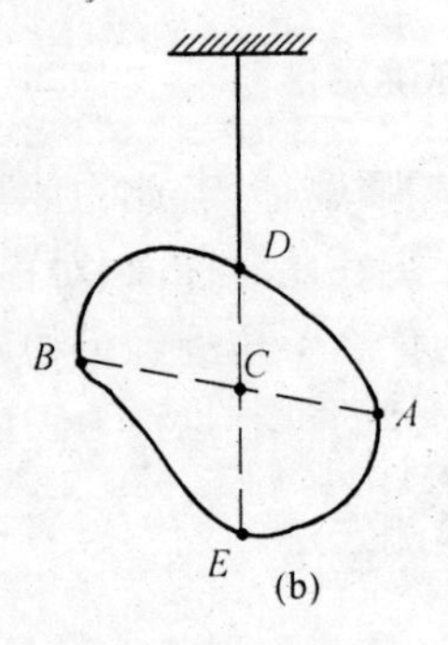

图 4-28

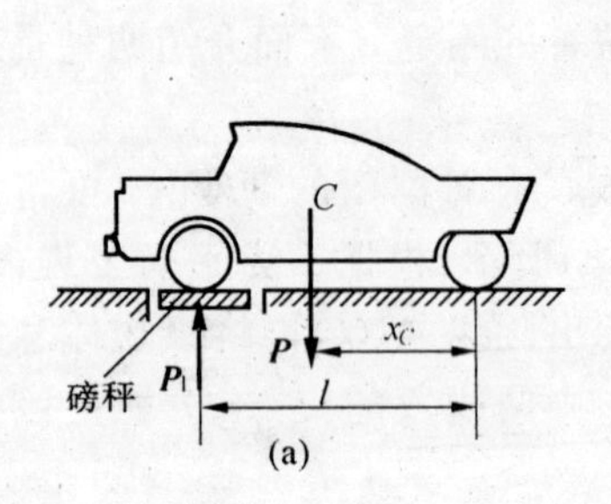

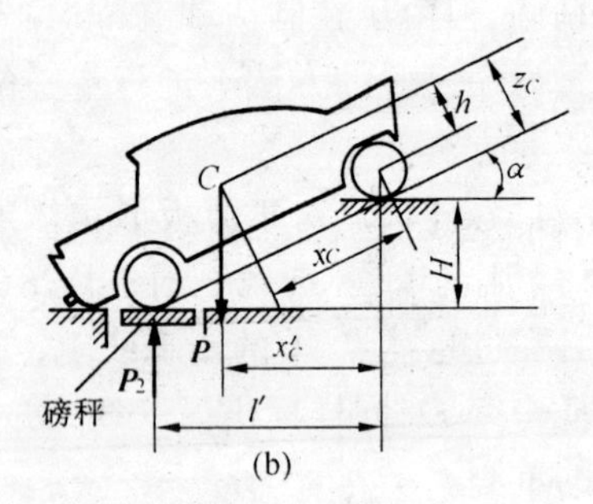

图 4-29

于是得
$$x_c = \frac{P_1 l}{P}$$
欲测定 z_c，将汽车后轮抬到任意高度 H，如图 4-29(b)所示，这时磅秤上的读数为 P_2，同理得
$$x_c{}' = \frac{P_2 l'}{P}$$
由图中的几何关系知
$$l' = \sqrt{l^2 - H^2}$$
$$x_c{}' = x_c \cos\alpha + h \sin\alpha = \frac{x_c}{l}\sqrt{l^2 - H^2} + (z_c - r) \cdot \frac{H}{l}$$

整理以后，得 $$z_c = r + \frac{P_2 - P_1}{P} \cdot \frac{1}{H}\sqrt{l^2 - H^2}$$

式中等号右边均为已测定的数据。

请读者考虑，若汽车左右不对称，如何测出汽车重心距左轮（或右轮）的距离 y_c？

三、解析计算法

重心是空间中的一个点，在空间中确定一个点需要三个坐标。下面给出计算物体重心坐标的公式，这种方法称为解析计算法。

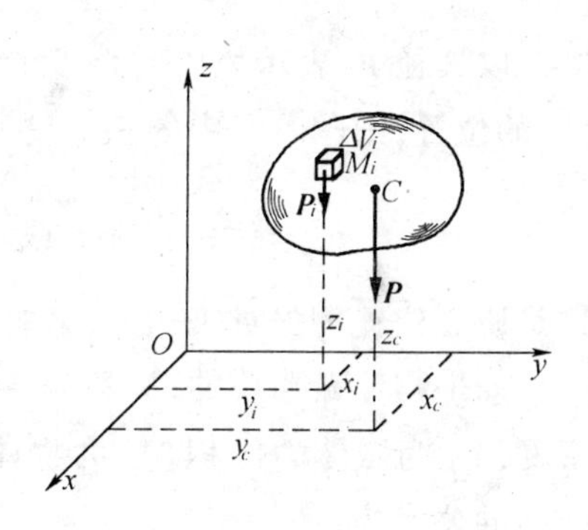

图 4-30

1. 有限分割法。取固连于物体的直角坐标系如图 4-30 所示，使重力与 z 轴平行，设任一微体（或零部件）的重量为 P_i，坐标为 x_i、y_y、z_i，整个物体的重量为 P，重心 C 的坐标为 x_c、y_c、z_c，根据合力矩定理，对 y 轴取矩，有

$$Px_c = \sum P_i x_i$$

对 x 轴取矩有 $$-Py_c = \sum -P_i y_i$$

为求坐标 z_c，由于物体重心相对物体本身从而也相对固连于物体上的坐标系的位置，不会因物体的放置方式而改变，因而将物体绕 x 轴逆时针转 90°，使 y 轴向上，此时，再对 x 轴取矩。得

$$Pz_c = \sum P_i z_i$$

这样，即得到计算重心坐标的公式为

$$x_c = \frac{\sum P_i x_i}{P} \qquad y_c = \frac{\sum P_i y_i}{P} \qquad z_c = \frac{\sum P_i z_i}{P} \tag{4-11}$$

考虑到 $P_i = m_i g$, $P = mg$,式中,g 为重力加速度,m_i 为微体的质量,m 为物体的质量,即得到计算重心(质心)坐标的公式为

$$x_c = \frac{\sum m_i x_i}{m} \qquad y_c = \frac{\sum m_i y_i}{m} \qquad z_c = \frac{\sum m_i z_i}{m} \tag{4-12}$$

以矢径 $\boldsymbol{r}_c$ 表示物体质心 C 的位置,$\boldsymbol{r}_i$ 表示任一微体(或零部件)的位置,则(4-12)中的三个式子可以合并写为

$$\boldsymbol{r}_c = \frac{\sum m_i \boldsymbol{r}_i}{m} \quad \text{或} \quad m\boldsymbol{r}_c = \sum m_i \boldsymbol{r}_i \tag{4-13}$$

这是质心位置的矢量表达式,第七章中我们将用到此公式。

如果物体是均质的,又有 $m_i = V_i \rho$, $m = V\rho$,式中 ρ 为物体的密度,V_i 为微体的体积,V 为物体的体积,又得计算重心(形心)坐标的公式为

$$x_c = \frac{\sum V_i x_i}{V} \qquad y_c = \frac{\sum V_i y_i}{V} \qquad z_c = \frac{\sum V_i z_i}{V} \tag{4-14}$$

如果物体为等厚均质板或薄壳,则有 $V_i = S_i h$, $V = Sh$,式中 h 为板或壳的厚度,S_i 为微体的面积,S 为物体的面积,又有计算重心(形心)坐标的公式

$$x_c = \frac{\sum S_i x_i}{S} \qquad y_c = \frac{\sum S_i y_i}{S} \qquad z_c = \frac{\sum S_i z_i}{S} \tag{4-15}$$

例 4-11 求 Z 形截面重(形)心的位置,其尺寸如图 4-31 所示。

解:建坐标系如图所示,将该图形分割为三个矩形(例如以 ab 和 cd 线分割)。以 C_1、C_2、C_3 表示这些矩形的重(形)心,而以 S_1、S_2、S_3 表示它们的面积。以 x_1、y_1,x_2、y_2,x_3、y_3 分别表示 C_1、C_2、C_3 的坐标,由图得

$$x_1 = -15\ \text{mm} \quad y_1 = 45\ \text{mm} \quad S_1 = 300\ \text{mm}^2$$

$$x_2 = 5\ \text{mm} \quad y_2 = 30\ \text{mm} \quad S_2 = 400\ \text{mm}^2$$

$$x_3 = 15\ \text{mm} \quad y_3 = 5\ \text{mm} \quad S_3 = 300\ \text{mm}^2$$

由公式(4-15)得该截面重(形)心的坐标 x_c、y_c 为

$$x_c = \frac{S_1 x_1 + S_2 x_2 + S_3 x_3}{S_1 + S_2 + S_3} = \underset{\sim\sim\sim}{2\ \text{mm}}$$

$$y_c = \frac{S_1 y_1 + S_2 y_2 + S_3 y_3}{S_1 + S_2 + S_3} = \underset{\sim\sim\sim}{27\ \text{mm}}$$

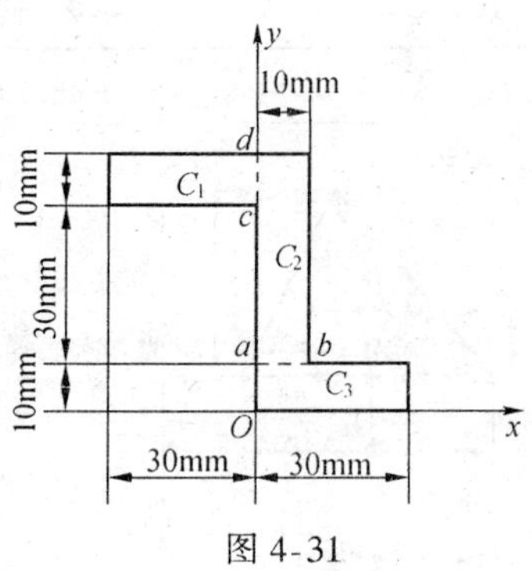

图 4-31

2. 无限分割法(积分法)。利用微积分的观点,把微体取为微元,物体的有限份变为无限份,则计算物体重心坐标的公式变为

$$x_c = \frac{\int_V x\mathrm{d}P}{P} \qquad y_c = \frac{\int_V y\mathrm{d}P}{P} \qquad z_c = \frac{\int_V z\mathrm{d}P}{P} \tag{4-16}$$

设物体的比重为 γ,则式中 $\mathrm{d}P = \gamma \mathrm{d}V$,$\mathrm{d}V$ 为微元的体积。

类似地可得到

$$x_c = \frac{\int_V x\mathrm{d}m}{m} \qquad y_c = \frac{\int_V y\mathrm{d}m}{m} \qquad z_c = \frac{\int_V z\mathrm{d}m}{m} \tag{4-17}$$

$$x_c = \frac{\int_V x\mathrm{d}V}{V} \qquad y_c = \frac{\int_V y\mathrm{d}V}{V} \qquad z_c = \frac{\int_V z\mathrm{d}V}{V} \tag{4-18}$$

等计算重心(质心、形心)坐标的公式。由于这完全是一个数学上的积分问题,数学里一般做过一些练习,故练习从略。实际应用中,许多物体重心的位置可从工程手册中查到。工程中常用的型钢(如工字钢、角钢、槽钢等)的截面的形心,也可从型钢表中查到。此书对一些常见的简单形状物体的重心列表(表 4-2)给出,这些物体的重心位置,均可按积分法求得。

3. 负面积(体积)法。若在物体或薄板内切去一部分(例如挖有空穴、槽或孔的物体),则这类物体的重心,仍可应用与有限分割法相同的公式来求得,只是切去部分的面积或体积应取负值。请读者考虑一下,这是为什么?下面以一例来说明。

表 4-2　简单形体重心表

图　形	重心位置	图　形	重心位置
三角形 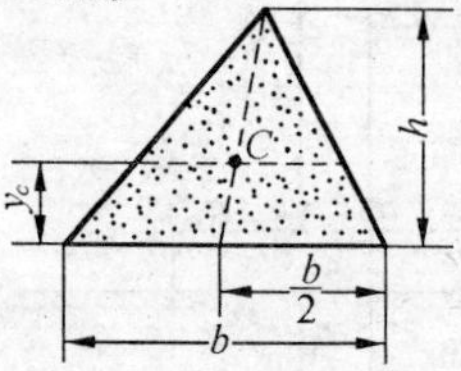	在中线的交点 $y_C=\frac{1}{3}h$	扇形 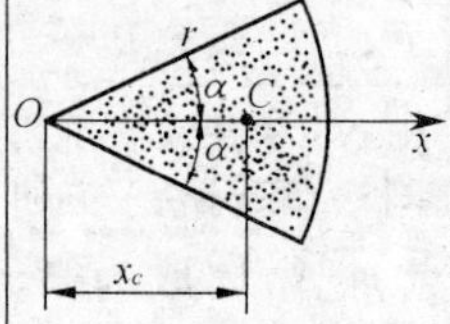	$x_C=\frac{2}{3}\frac{r\sin\alpha}{\alpha}$ 对于半圆 $x_C=\frac{4r}{3\pi}$
梯形 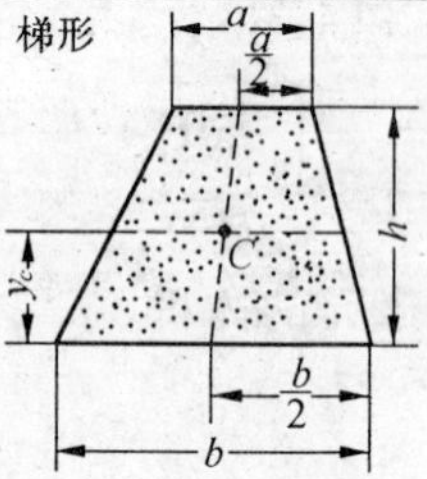	$y_C=\frac{h(2a+b)}{3(a+b)}$	部分圆环 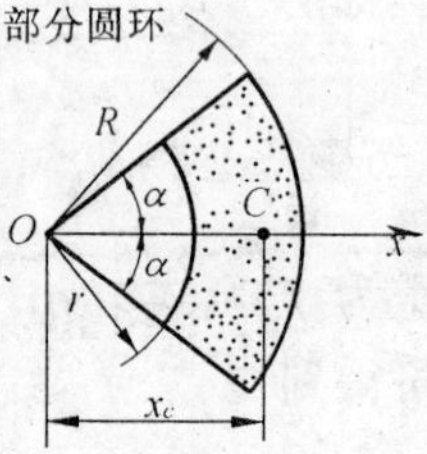	$x_C=\frac{2}{3}\frac{R^3-r^3}{R^2-r^2}\frac{\sin\alpha}{\alpha}$
圆弧 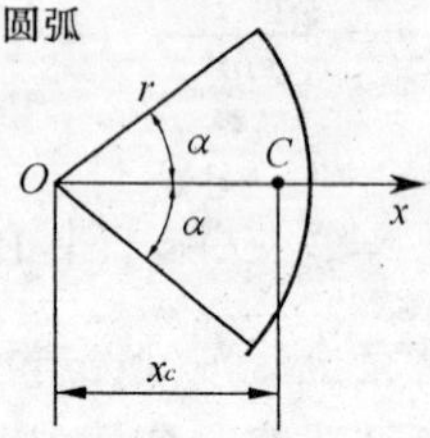	$x_C=\frac{r\sin\alpha}{\alpha}$ 对于半圆弧 $x_C=\frac{2r}{\pi}$	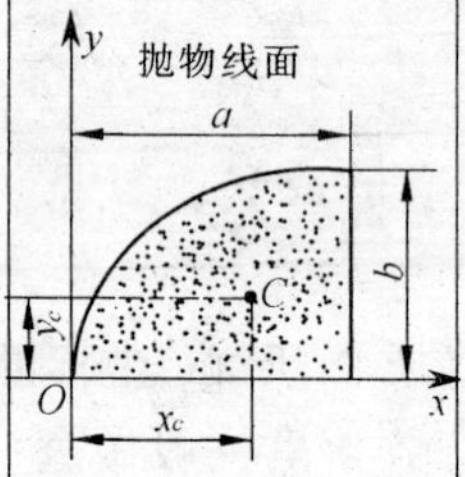 抛物线面	$x_C=\frac{3}{5}a$ $y_C=\frac{3}{8}b$
弓形 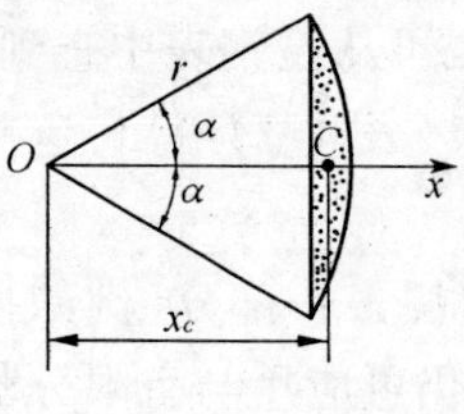	$x_C=\frac{2}{3}\frac{r^3\sin^3\alpha}{A}$ 面积 $A=\frac{r^2(2\alpha-\sin2\alpha)}{2}$	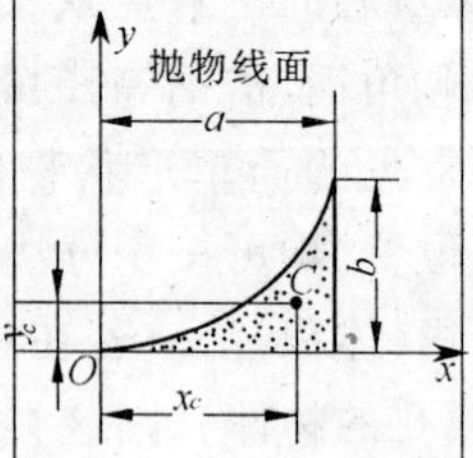 抛物线面	$x_C=\frac{3}{4}a$ $y_C=\frac{3}{10}b$

续表 4-2

图　　形	重心位置	图　　形	重心位置
半圆球	$z_C = \frac{3}{8}$	正角锥体	$z_C = \frac{1}{4}h$
正圆锥体	$z_C = \frac{1}{4}h$	锥形筒体	$y_C = \frac{4R_1 + 2R_2 - 3t}{6(R_1 + R_2 - t)}L$

例 4-12　求图 4-32 所示振动沉桩器中的偏心块的重心，偏心块为一等厚度的均质体。已知：$R = 100$ mm，$r = 17$ mm，$b = 13$ mm。

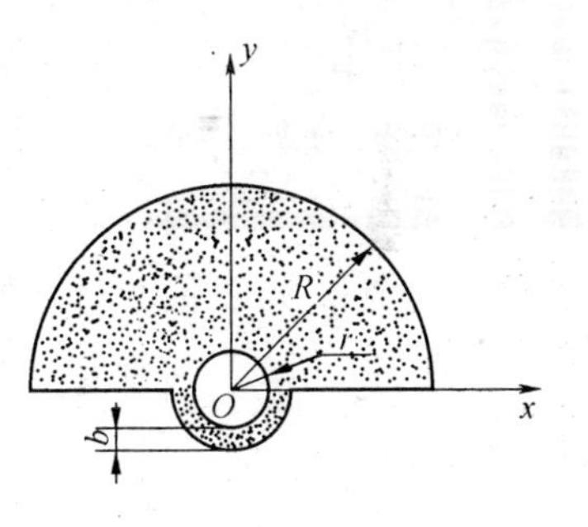

图 4-32

解：将偏心块看成是由三部分组成，即半径为 R 的半圆 S_1，半径为 $r + b$ 的半圆 S_2 和半径为 r 的小圆 S_3。因 S_3 是切去部分，所以面积应取负值。取坐标原点与圆心重合，且偏心块的对称轴为 y 轴，则有 $x_C = 0$。设 y_1、y_2、y_3 分别是 S_1、S_2、S_3 的重心坐标，查表可知

$$y_1 = \frac{4R}{3\pi} = \frac{400}{3\pi}$$

$$y_2 = \frac{-4(r+b)}{3\pi} = -\frac{40}{\pi}$$

$$y_3 = 0$$

于是,偏心块重心的坐标为

$$\begin{aligned} y_C &= \frac{S_1 y_1 + S_2 y_2 + S_3 y_3}{S_1 + S_2 + S_3} \\ &= \frac{\frac{\pi}{2} \times 100^2 \times \frac{400}{3\pi} + \frac{\pi}{2} \times (17+13)^2 \left(-\frac{40}{\pi}\right) + (-17^2 \pi) \times 0}{\frac{\pi}{2} \times 100^2 + \frac{\pi}{2} \times (17+13)^2 + (-17^2 \pi)} \\ &= 40.01 \text{ mm} \end{aligned}$$

小　　结

1. 力的平移定理:平移一力的同时必须附加一力偶,附加力偶的矩等于原来的力对新作用点的力矩。

2. 空间任意力系向任一点 O 简化一般得一个作用线通过简化中心 O 的力 $\boldsymbol{F}'_R$ 和一个力偶 $\boldsymbol{M}_O$。此力的大小和方向等于空间任意力系中各力的矢量和,称为空间任意力系的主矢;此力偶的力偶矩的大小和方向等于空间任意力系中各力对简化中心 O 的力矩的矢量和,称为空间任意力系的主矩。主矢主矩以矢量形式表示,为

$$\boldsymbol{F}'_R = \sum \boldsymbol{F}_i \qquad \boldsymbol{M}_o = \sum \boldsymbol{M}_O(\boldsymbol{F}_i)$$

一般用解析法计算,其计算公式为(4-3)式与(4-4)式。且主矢与简化中心的位置无关,而主矩一般与简化中心的位置有关。

3. 空间任意力系简化的最后结果有四种情况,即合力、力螺旋、合力偶与平衡,见表 4-1 所示。平面任意力系简化的最后结果为排除力螺旋后的三种情况,即合力、合力偶与平衡。

4.空间任意力系平衡的必要和充分条件是该力系的主矢和对于任一点 O 的主矩都等于零,即

$$\boldsymbol{F}'_R=\sum\boldsymbol{F}_i=0\qquad\boldsymbol{M}_o=\sum\boldsymbol{M}_o(\boldsymbol{F}_i)=0$$

以解析形式表示此平衡条件的一种形式为

$$\sum X=0\qquad\sum Y=0\qquad\sum Z=0$$
$$\sum M_x=0\qquad\sum M_y=0\qquad\sum M_z=0$$

称为空间任意力系平衡方程的基本形式。其它任何力系的平衡方程均可从这六个方程中推出。

5.平面任意力系平衡方程的基本形式是

$$\sum X=0\qquad\sum Y=0\qquad\sum M_o=0$$

二矩式形式为

$$\sum X=0\qquad\sum M_A=0\qquad\sum M_B=0$$

其中 A、B 两点的连线与投影轴不能垂直。

三矩式形式为

$$\sum M_A=0\qquad\sum M_B=0\qquad\sum M_C=0$$

其中 A、B、C 三点不得共线。

6.物体重力合力的作用点称为物体的重心。在工程上确定物体重心的位置常用查表法、实验法与有限分割法。当物体形状比较规则时,其重心位置可在工程手册中直接查到;当物体形状复杂或体积庞大时,一般采用实验方法;当物体形状由几个基本形状组成时,可用有限分割法。确定重心坐标公式的基本依据是合力矩定理,其有代表性的公式为

$$x_c=\frac{\sum P_ix_i}{P}\qquad y_c=\frac{\sum P_iy_i}{P}\qquad z_c=\frac{\sum P_iz_i}{P}$$

思 考 题

4-1 图 4-33 所示的力 F 和力偶(F',F'')对轮的作用有何不同?设轮

的半径均为 r,且 $F' = \frac{F}{2}$。

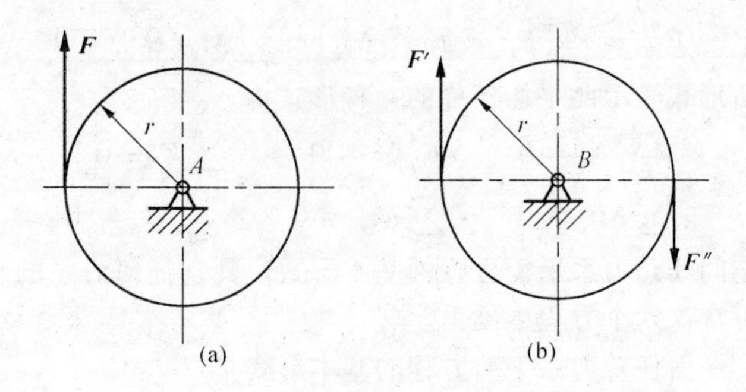

图 4-33

4-2　空间平行力系简化的结果是什么？能简化为力螺旋的情况吗？

4-3　空间任意力系向任意两个不同的点简化，问下述情况是否可能：(1)主矢相等，主矩也相等；(2)主矢不相等，主矩相等；(3)主矢相等，主矩不相等；(4)主矢、主矩都不相等。

4-4　空间汇交力系向汇交点外一点简化，其结果可能是一个力吗？可能是一个力偶吗？可能是一个力和一个力偶吗？可能平衡吗？

4-5　某平面力系向 A、B 两点简化的主矩皆为零，此力系简化的最终结果可能是一个力吗？可能是一个力偶吗？可能平衡吗？

4-6　若(1)空间力系中各力的作用线平行于某一固定平面，(2)空间力系各力的作用线垂直于某一固定平面，(3)空间力系中各力的作用线分别汇交于两个固定点，试分析这三种力系最多各有几个独立的平衡方程。

4-7　你从哪些方面去理解平面任意力系只有三个独立的平衡方程？为什么说任何第四个方程只是前三个方程的线性组合？能否把三个平衡方程都写成投影方程？

4-8　传动轴用两个止推轴承支持，每个轴承有三个未知力，共六个未知量。而空间任意力系的平衡方程恰好有六个，问是否为静定问题？

4-9　怎样判断静定和静不定问题？图 4-34 所示的六种情形中哪些是静定问题，哪些是静不定问题？为什么？

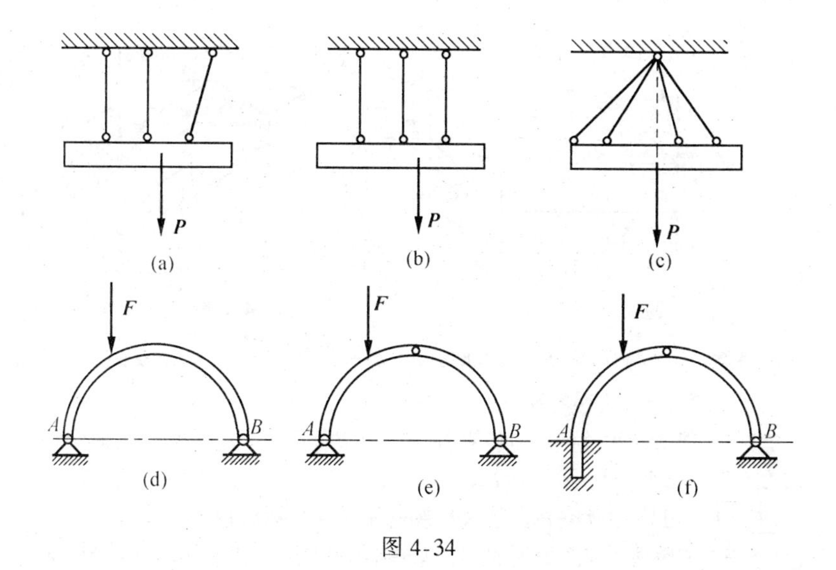

图 4-34

习　　题

4-1　力系中 $F_1=100\ \mathrm{N}$，$F_2=300\ \mathrm{N}$，$F_3=200\ \mathrm{N}$，各力作用线的位置如图所示。求力系向 O 点简化的结果。

答案：$F_{Rx}=-345.4\ \mathrm{N}$，$F_{Ry}=249.6\ \mathrm{N}$，$F_{Rz}=10.56\ \mathrm{N}$；

$$M_x=-51.78\ \mathrm{N\cdot m},M_y=-36.65\ \mathrm{N\cdot m},M_z=103.6\ \mathrm{N\cdot m}$$

4-2　截面为工字形的立柱受力如图所示。求此力向截面形心 C 简化的结果。

答案：$\boldsymbol{F}_R=-100\boldsymbol{k}(\mathrm{kN})$，$\boldsymbol{M}_C=-12.5\boldsymbol{i}-5\boldsymbol{j}(\mathrm{kN\cdot m})$

4-3　水平传动轴装有两个皮带轮 C 和 D，可绕 AB 轴转动，如图所示。皮带轮的半径各为 $r_1=200\ \mathrm{mm}$ 和 $r_2=250\ \mathrm{mm}$，皮带轮与轴承间的距离为 $a=b=500\ \mathrm{mm}$。两皮带轮间的距离为 $c=1\ 000\ \mathrm{mm}$。套在轮 C 上的皮带是水平的，其拉力为 $F_1=2F_2=5\ 000\ \mathrm{N}$；套在轮 D 上的皮带与铅直线成角 $\alpha=30°$，其拉力为 $F_3=2F_4$。求在平衡情况下，拉力 F_3 和 F_4 的值，并求由皮带拉力所引起的轴承反力。

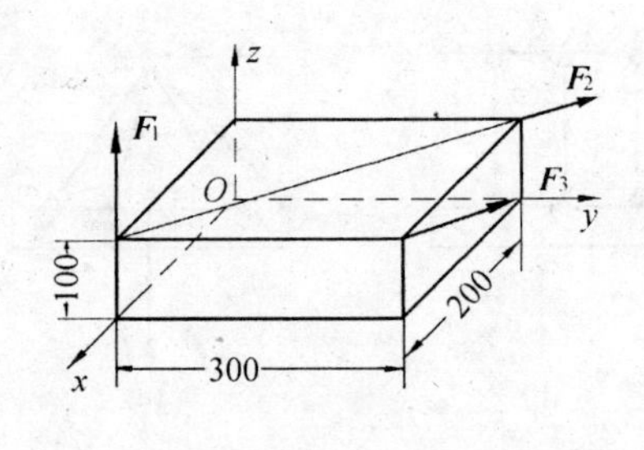

题 4-1 图

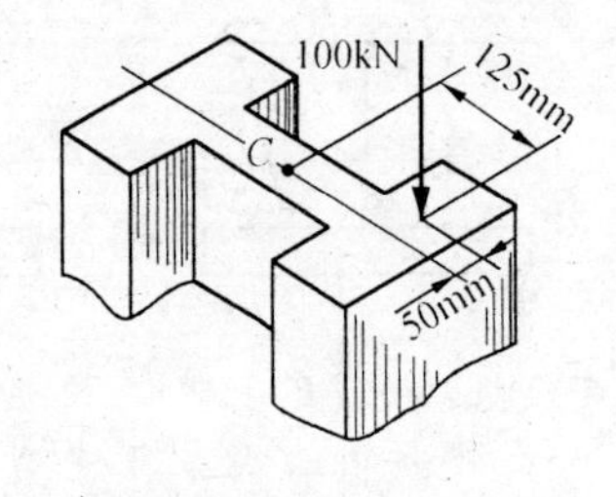

题 4-2 图

答案：$F_3 = 4\,000$ N，$F_4 = 2\,000$N；$F_{Ax} = -6\,375$ N，$F_{Az} =$ **1 299 N;**

$F_{Bx} = -4\,125$ N，$F_{Bz} = 3\,897$ N。

4-4　使水涡轮转动的力偶矩为 $M_z = 1\,200$ N·m。在锥齿轮 B 处受到的力分解为三个分力：圆周力 $\boldsymbol{F}_t$，轴向力 $\boldsymbol{F}_a$ 和径向力 $\boldsymbol{F}_r$。这些力的比例为 $F_t : F_a : F_r = 1 : 0.32 : 0.17$。已知水涡轮连同轴和锥齿轮的总重为 $P = 12$ kN，其作用线沿轴 Cz，锥齿轮的平均半径 $OB = 0.6$ m，其余尺寸如图示。试求止推轴承 C 和轴承 A 的反力。

答案：$F_{cx} = -666.7$ N，$F_{cy} = -14.7$ N，$F_{cz} = 12\,640$ N；　$F_{Ax} = 2\,667$ N，

$F_{Ay} = -325.3$ N。

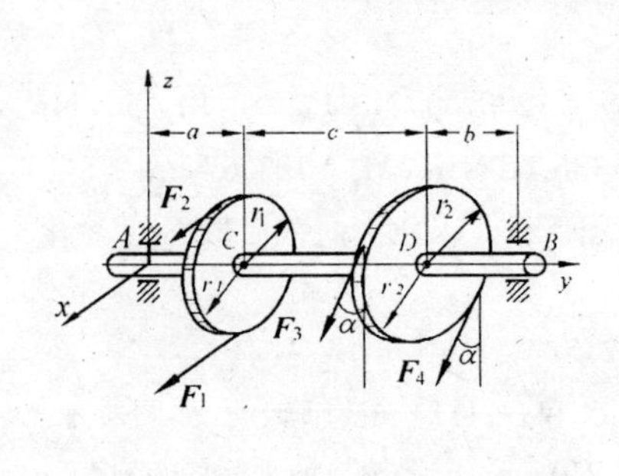

题 4-3 图

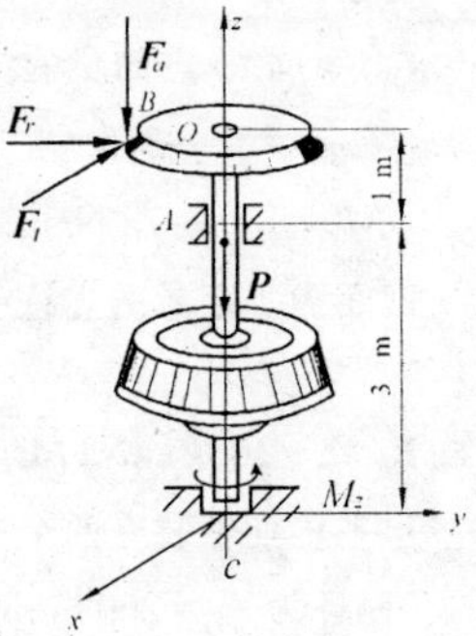

题 4-4 图

4-5　如图所示，均质长方形薄板 $P = 200$ N，用球铰链 A 和蝶铰链 B 固定在墙上，并用绳子 CE 维持在水平位置，绳子 CE 缚在薄板上的点 C，并挂

在钉子 E 上，钉子钉入墙内，并和点 A 在同一铅直线上。$\angle ECA = \angle BAC = 30^\circ$。求绳子的拉力 F 和支座反力。

答案：$F = 200$ N；$F_{Bx} = F_{Bz} = 0$；

$F_{Ax} = 86.6$ N，$F_{Ay} = 150$ N，$F_{Az} = 100$ N。

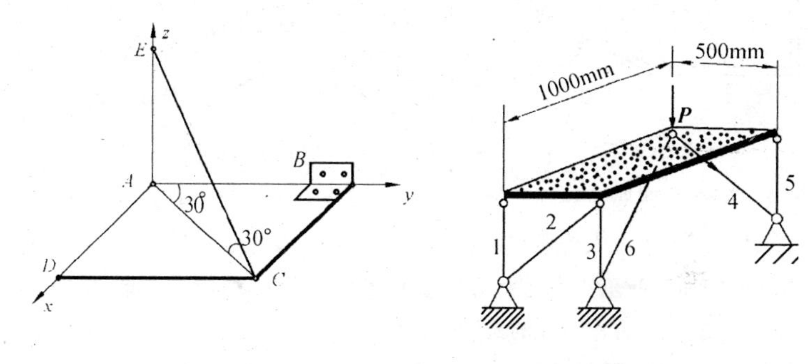

题 4-5 图　　　　　　　　　　　题 4-6 图

4-6　图示六杆支撑一水平板，在板角处受铅直力 P 作用。求各杆的内力，设板和杆自重不计。

答案：$F_1 = F_5 = -P$(压)，$F_3 = P$(拉)，$F_2 = F_4 = F_6 = 0$。

4-7　两个均质杆 AB 和 BC 分别重 P_1 和 P_2，其端点 A 和 C 用球铰链固定在水平面上，另一端 B 由铰链相连接，靠在光滑的铅直墙上，墙面与 AC 平行，如图所示。如 AB 与水平线交成 45°角，$\angle BAC = 90^\circ$，求 A 和 C 的支座反力以及墙上 B 点的反力。

答案：$F_B = \dfrac{P_1 + P_2}{2}$；$F_{Ax} = 0$，$F_{Ay} = -\dfrac{P_1 + P_2}{2}$，$F_{Az} = P_1 + \dfrac{P_2}{2}$；

$F_{cx} = F_{cy} = 0$，$F_{cz} = \dfrac{P_2}{2}$。

4-8　起重机装在三轮小车 ABC 上。已知起重机的尺寸为：$AD = DB = 1$ m，$CD = 1.5$ m，$CM = 1$ m，$KL = 4$ m。机身连同平衡锤 F 共重 $P_1 = 100$ kN，作用在 G 点，G 点在平面 $LMNF$ 之内，到机身轴线 MN 的距离 $GH = 0.5$ m，如图所示。所举重物 $P_2 = 30$ kN。求当起重机的平面 LMN 平行于 AB 时车轮对轨道的压力。

答案：$F_A = 8\dfrac{1}{3}$ kN，$F_B = 78\dfrac{1}{3}$ kN，$F_C = 43\dfrac{1}{3}$ kN

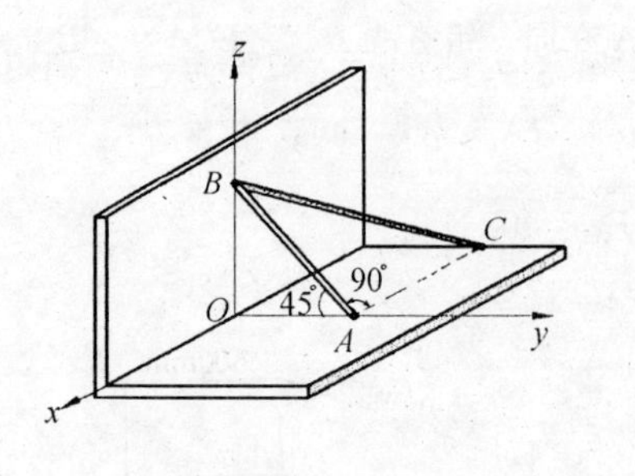

题 4-7 图

题 4-8 图

4-9　某桥墩顶部受到两边桥梁传来的铅直力 $F_1 = 1\,940$ kN，$F_2 = 800$ kN，水平力 $F_3 = 193$ kN，桥墩重量 $P = 5\,280$ kN，风力的合力 $F = 140$ kN。各力作用线位置如图所示。求这些力向基底截面中心 O 的简化结果；如能简化为一合力，求出合力作用线的位置。

答案：$F'_R = 8\,027$ kN，$M_o = 6\,121$ kN·m；

$F_R = 8\,027$ kN，$\angle(\boldsymbol{F}_R, \boldsymbol{i}) = 267.6°$，$x = -0.763$ m（在 O 点左边）。

4-10　在图示刚架中，已知 $q = 3$ kN/m，$F = 6\sqrt{2}$ kN，$M = 10$ kN·m，不计刚架自重，求固定端 A 处的约束反力。

答案：$F_{Ax} = 0$，$F_{Ay} = 6$ kN，$M_A = 12$ kN·m。

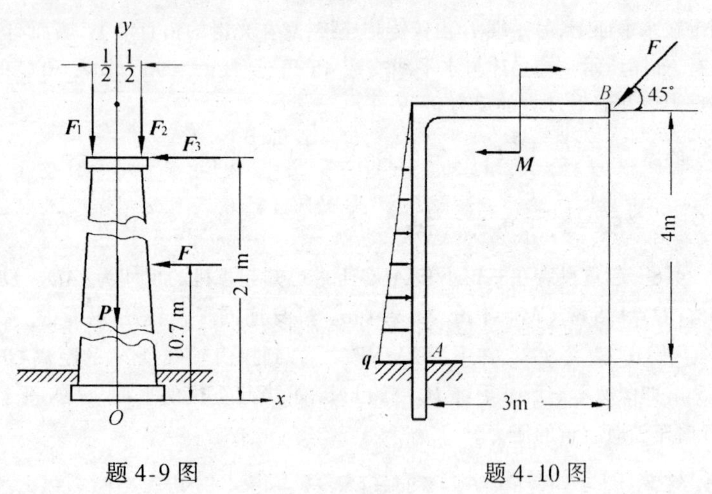

题 4-9 图　　　　题 4-10 图

4-11　无重水平梁的支承和载荷如图(a)、(b)所示。已知力 F、力偶矩为 M 的力偶和强度为 q 的均布载荷。求支座 A 和 B 处的约束反力。

答案：(a) $F_{Ax}=0, F_{Ay}=-\frac{1}{2}(F+\frac{M}{a})$；

$F_B=\frac{1}{2}(3F+\frac{M}{a})$；

(b) $F_{Ax}=0, F_{Ay}=-\frac{1}{2}(F+\frac{M}{a}-\frac{5}{2}qa)$；

$F_B=\frac{1}{2}(3F+\frac{M}{a}-\frac{1}{2}qa)$。

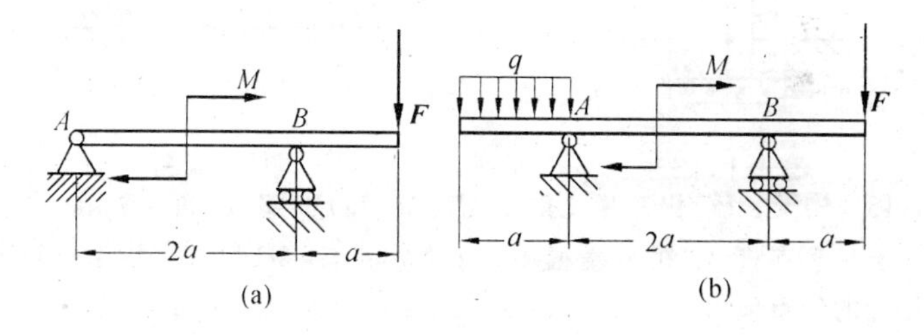

题 4-11 图

4-12　水平梁 AB 由铰链 A 和杆 BC 所支持，如图所示。在梁上 D 处用销子安装半径为 $r=0.1\ \text{m}$ 的滑轮。有一跨过滑轮的绳子，其一端水平地系于墙上，另一端悬挂有重 $P=1\,800\ \text{N}$ 的重物。如 $AD=0.2\ \text{m}$、$BD=0.4\ \text{m}$、$\alpha=45°$，且不计梁、杆、滑轮和绳的重量，试求铰链 A 和杆 BC 对梁的反力。

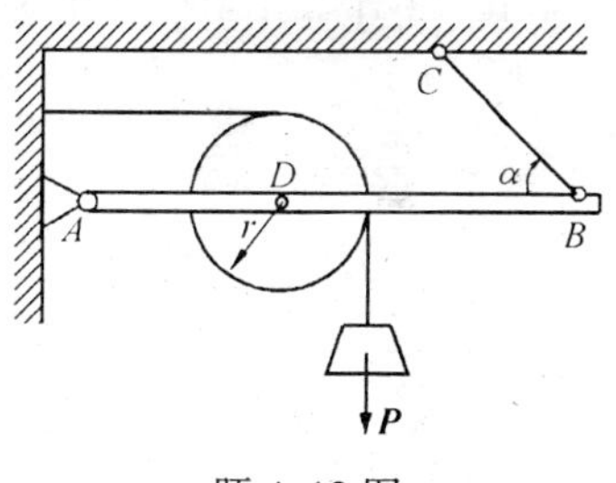

题 4-12 图

答案：$F_{BC}=848.5\ \text{N}$；$F_{Ax}=2\,400\text{N}, F_{Ay}=1\,200\ \text{N}$。

4-13　厂房立柱根部用混凝土砂浆与基础固连在一起，已知吊车梁给立柱的铅直载荷 $F=60\ \text{kN}$，风的分布载荷集度 $q=2\ \text{kN/m}$，立柱自身重 $P=40\ \text{kN}$，长度 $a=0.5\ \text{m}$，$h=10\ \text{m}$，求立柱根部所受的约束反力。

答案：$F_x=-20\ \text{kN}, F_y=100\ \text{kN}, M=130\ \text{kN}\cdot\text{m}$。

4-14　梯子的两部分 AB 和 AC 在点 A 铰接，又在 D、E 两点用水平绳连接，如图所示。梯子放在光滑的水平面上，一边作用有铅直力 P，尺寸如图所示。如不计梯重,求绳的拉力 F_T。

答案:$F_T=\dfrac{Pa\cos\alpha}{2h}$。

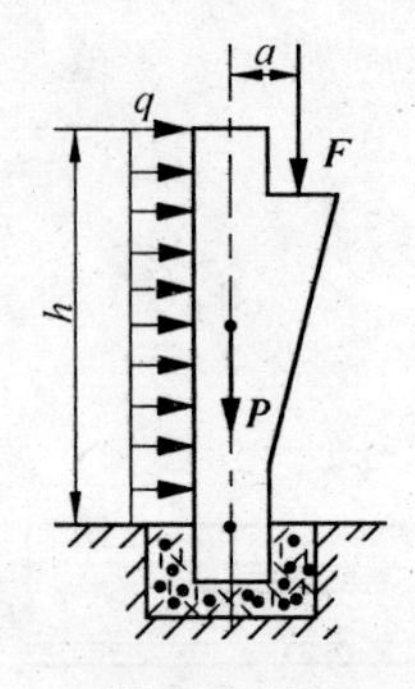

题 4-13 图

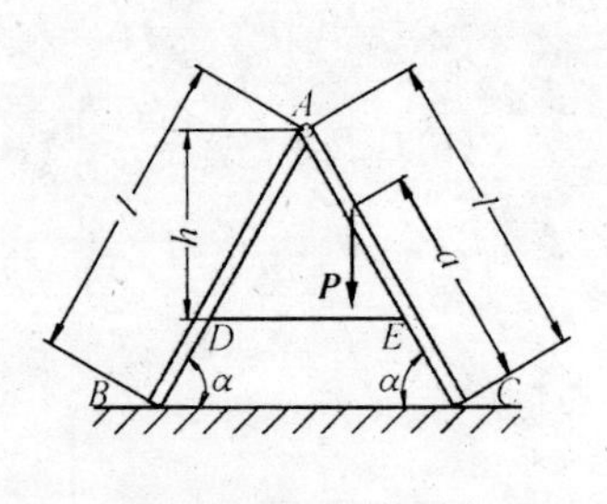

题 4-14 图

4-15 构架 ABC 由三根无重杆 AB、AC 和 DF 组成,如图所示。杆 DF 上的销子 E 套在杆 AC 的光滑槽内。求在水平杆 DF 的一端作用铅直力 P 时 B 铰处的约束反力。

答案:$F_{Bx}=-P,F_{By}=0$。

4-16 不计图示构件中各杆件重量,力 $F=40\text{ kN}$,尺寸如图,求铰链 A、B、C 处受力。

答案:$F_{Ax}=-120\text{ kN},F_{Ay}=-160\text{ kN};F_B=160\sqrt{2}\text{ kN};F_C=-80\text{ kN}$

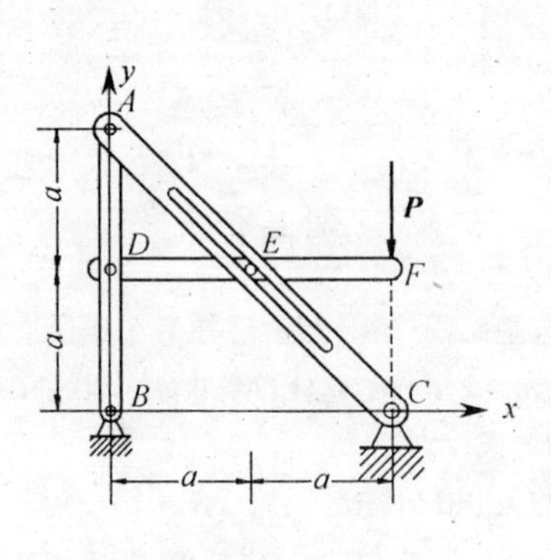

题 4-15 图

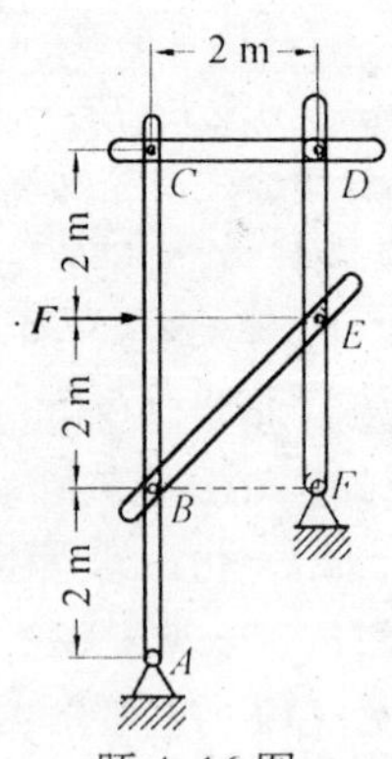

题 4-16 图

4-17 在图示构架中,各杆单位长度的重量为 30 N/m,载荷 $P = 1\ 000$ N,A 处为固定端,B、C、D 处为铰链。求固定端 A 处及 B、C 铰处的约束反力。

答案:$F_{Ax} = 0, F_{Ay} = 1\ 510$ N,$M_A = 6\ 840$ N·m;

$F_{Bx} = -2\ 280$ N,$F_{By} = -1\ 785$ N;$F_{Cx} = 2\ 280$ N,$F_{Cy} = 455$ N。

4-18 如图所示,用三根无重杆连接成一构架,各连接点均为铰链,各接触表面均为光滑表面。图中尺寸单位为 m。求铰链 D 受的力。

答案:$F_D = 8.4$ kN。

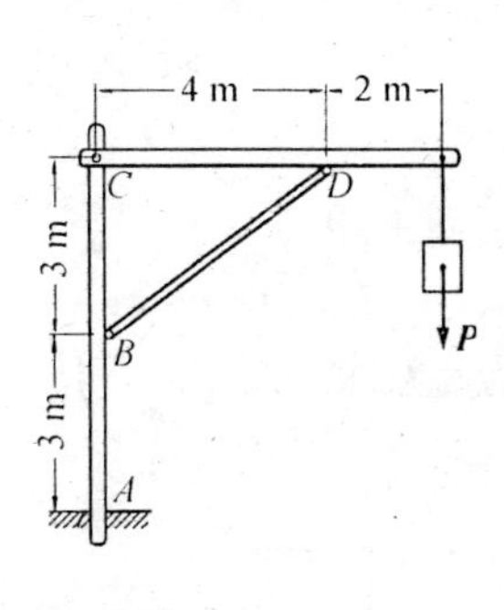

题 4-17 图

题 4-18 图

4-19 图示为一种折叠椅的对称面示意图。已知人重 P,不计各构件重量与地面摩擦,求 C、D、E 处铰链约束反力。

答案:$F_{cx} = 0.367P, F_{cy} = 1.667P$;$F_{Dx} = 0.367P, F_{Dy} = 0.667P$;

$F_{Ex} = 0.367P, F_{Ey} = 1.033P$。

4-20 图示挖掘机计算简图中,挖斗载荷 $P = 12.25$ kN,作用于 G 点。各尺寸如图,不计各构件自重,求在图示位置平衡时杆 EF 和 AD 所受的力。

答案:$F_{EF} = 8.167$ kN(拉),$F_{AD} = 158$ kN(压)。

4-21 求图示薄板重心的位置。该薄板由形状为矩形、三角形和四分之一圆形的三块等厚薄板组成,尺寸如图所示。

答案:$x_C = 135$ mm,$y_C = 140$ mm。

4-22 图示等厚均质平板中每一方格的边长为 20 mm,求挖去圆后剩余

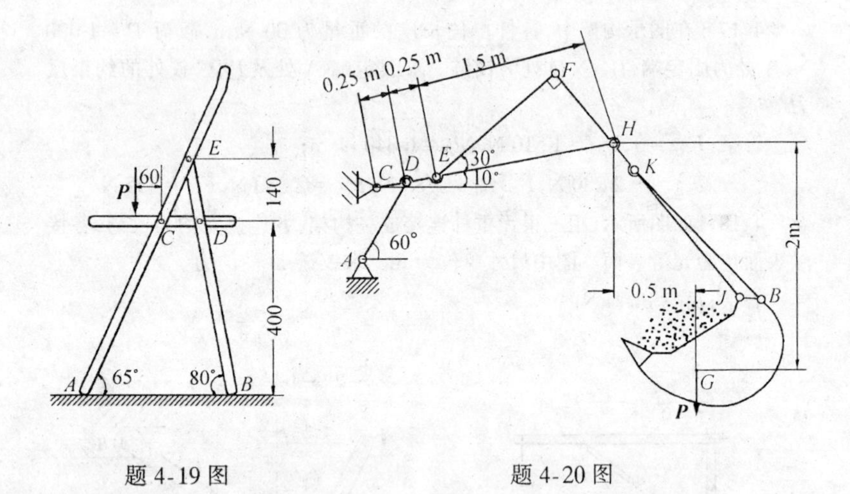

题 4-19 图　　　　题 4-20 图

部分重心的位置。

答案:重心距离下端为 59.53 mm,距离右端为 78.26 mm。

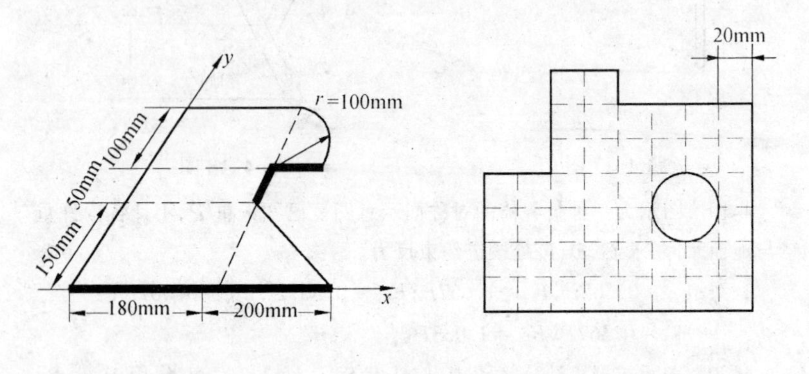

题 4-21 图　　　　题 4-22 图

4-23　均质块尺寸如图所示,求其重心的位置。

答案:$x_C = 23.1$ mm, $y_C = 38.5$ mm, $z_C = -28.1$ mm。

4-24　一均质等直杆被弯成图示形状,忽略杆的粗细,求其重心的位置。

答案:$x_C = 31.1$ mm, $y_C = 48.9$ mm, $z_C = 31.1$ mm。

4-25　图示均质物体由圆锥体和半球体相结合而组成,半球体的半径和

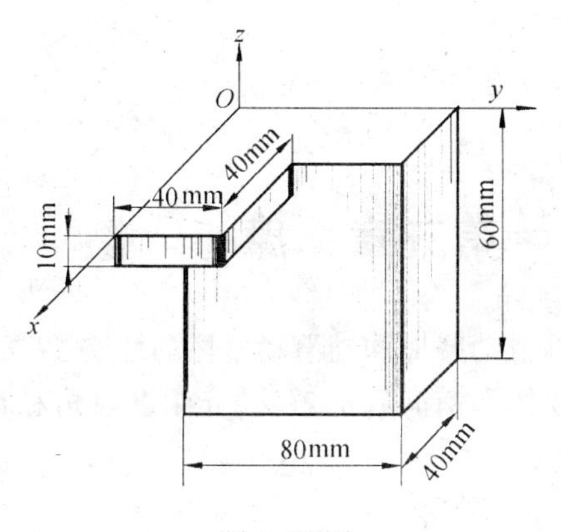

题 4-23 图

圆锥体底圆半径均为 r。如均质物体的重心恰在球体和圆锥体的交界面的中心点 C,求圆锥体的高 h。

答案:$h=\sqrt{3}r$。

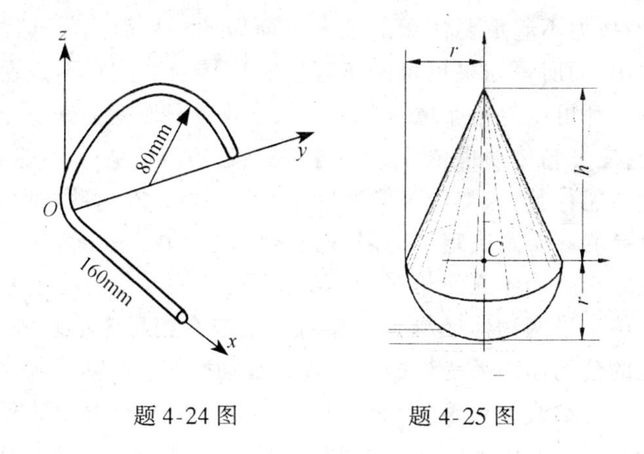

题 4-24 图　　题 4-25 图

第五章　摩　擦

本章讲述静滑动摩擦和动滑动摩擦的性质、摩擦定律，举例说明考虑摩擦时物体平衡问题的解法，介绍摩擦角和自锁的概念及滚动摩擦的概念。

§5-1　概　述

前面讨论物体受力分析和平衡问题时，我们忽略了摩擦的影响，把物体之间的接触都看作是光滑的，这是依据抓主要矛盾的思想，在摩擦力不起重要作用的情况下而做的一种简化。这样可使计算简单，而所得结果也可为工程实际所接受。但并不是在所有的情况下都可以忽略摩擦，例如，重力水坝依靠摩擦力来防止坝体的滑动，皮带轮传动也依靠摩擦等等。没有摩擦，人就不能走路，车辆就不能行驶，人类就不能维持正常的生活。在这些情况下，摩擦是重要的甚至是决定性的因素，必须加以考虑。

按照接触物体之间相对运动的情况，摩擦可分为滑动摩擦与滚动摩擦。当两物体接触处有相对滑动或有相对滑动趋势时，在接触处的公切面内所受到的阻碍称为滑动摩擦。当两相互接触物体有相对滚动或相对滚动趋势时，物体间产生的对滚动的阻碍称为滚动摩擦。按照接触物体之间有否润滑的情况，摩擦还可分为干摩擦和湿摩擦。如果两物体的接触处相对来说是干燥的，它们之间的摩擦称为干摩擦。如果两物体之间充满足够的液体，它们之间的摩擦称为湿摩擦。

人们对于摩擦现象虽然早已有了认识并做了大量研究，但摩擦机理仍是一种较复杂的物理现象，人们并没有得到透彻的了解。如较早的摩擦理论认为，摩擦是由两接触表面凸凹不平、参差不齐而产生的(图 5-1)，称为机械啮合理论。它对摩擦的解释为，由于上面的物体在外力 **P** 作用下，有相对滑动或相对滑动的趋势，使凸凹不平的接触表面在凸峰的一侧受到约束反力的作用，这些约束反力的垂直分力的合力，即为接触面法向的约束反力 $\boldsymbol{F}_N$，而这些约束反力的水平分力的合力，即为接触面阻碍物体运动的力，称为摩擦力。但同样对此摩擦现象，一种较为近代的粘连理论则认为，当凸凹不平的两表面相互接触时，在压力 **G** 的作用下，接触面上的凸峰被压平，压平过程中产生的热量积聚在一个极小的范围内，压力与热量使接触点处产生微小的压平面，且使微小平面出现粘连现象(图 5-2)。在水平

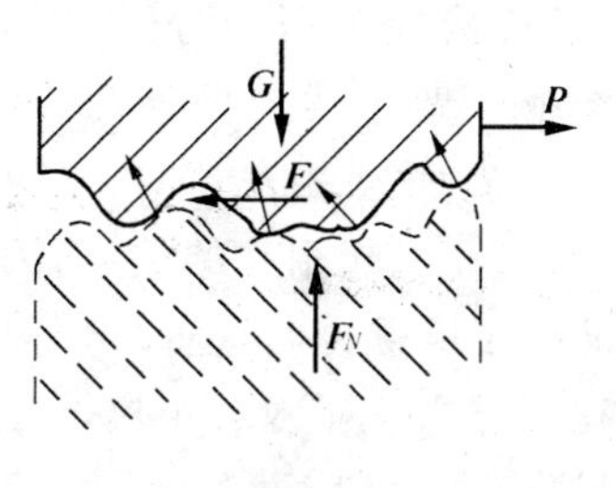

图 5-1

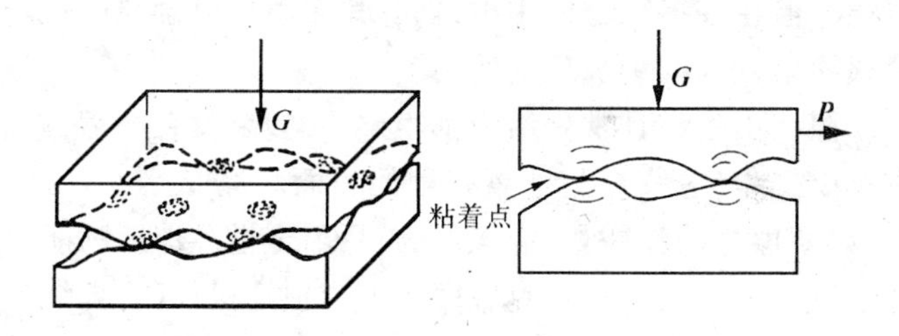

图 5-2

外力 **P** 作用下，如粘连处被拉开或有拉开的趋势，这时粘连力就是摩擦力。但后来人们又发现，当接触面非常光滑时，按上述理论，摩擦力应该减小，但实际上摩擦力却在增大。例如，将两块块规放在一起，并使接触面置于铅直位置，此时并无法向作用力，但块规却不会滑动掉下(图 5-3)，这种现象，用上述两种理论又难以解释。人们又从微观的角度对此进行了解释。一种微观的摩擦理论

认为,接触表面的分子在热能作用下做连续的振动与扭转,对应表面互相争夺丢失的分子,从而引起相互的粘连,因此产生了摩擦力。这种作用只有在万分之一厘米的距离下才会发生,因此,表面越光滑,接触面积越大,摩擦力也就越大。上述几种解释均有其合理性,但也存在缺限,有局限性。因此,对摩擦机理的研究,目前仍是个比较复杂的问题,这是一个综合性研究课题,涉及到物理、化学、弹塑性力学、冶金、磨损和润滑等方面的理论和知识。目前对摩擦现象的研究,已形成一门新的边缘性学科,叫做《摩擦学》,而且此门学科仍处在发展之中。

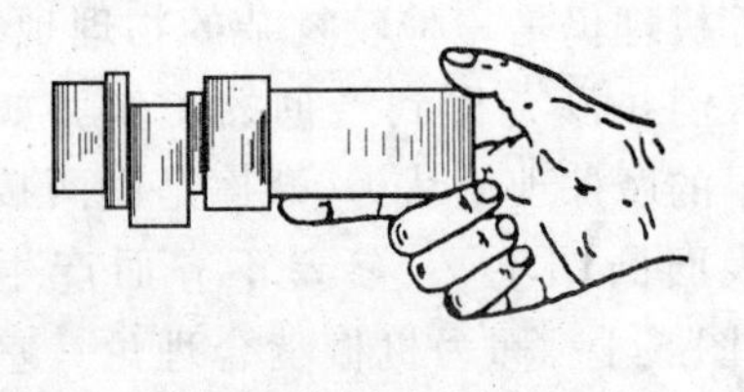

图 5-3

本教材所讲述的摩擦计算还是建立在古典摩擦理论基础上的一种粗略计算,结论和公式基本上都是在实验基础上建立的,具有近似性。但在许多工程应用中,仍有其实用价值,而且由于其结论和公式简单,因此,仍被广泛使用。

摩擦在工程和日常生活中都很重要,如果没有摩擦,人们的生活将难以想象,这些都是摩擦有利的一面。但摩擦也有其有害的一面,如摩擦将消耗能量(有人认为,目前全世界消耗的能源,约有一半是以某些形式消耗在克服摩擦上),损坏机件(有人统计,机械零部件因磨损而导致报废的约占全部报废零部件的 80%)。我们学习本章的目的,就是为了掌握摩擦现象的一些客观规律,对其有利的一面加以利用,对其有害的一面加以限制、减少或避免。

§5-2 滑动摩擦

一、静滑动摩擦力和静滑动摩擦定律

对滑动摩擦的讨论一般是建立在如下简单实验基础上的,在水平平面上放一重量为 P 的物块,然后用一根重量可以不计的细绳跨过一个小滑轮,绳的一端系在物块上,另一端悬挂一个可放砝码的平盘,如图 5-4 所示。显然,当物块平衡时,绳对物块的拉力 F_T 的大小等于平盘与砝码的重量。当 $F_T=0$ 时,物块处于静止状态,当 F_T 逐渐增大(盘中砝码增加)时,物块仍可处于静止状态。但当 F_T 增大到某值时,物块将开始运动。称物体处于静止但有相对滑动趋势时,接触处阻碍相对滑动的阻力为静滑动摩擦力,简称静摩擦力,以$\boldsymbol{F}_S$表示。取静止时的物块为研究对象,其受力图如图 5-4 所示,由平衡方程

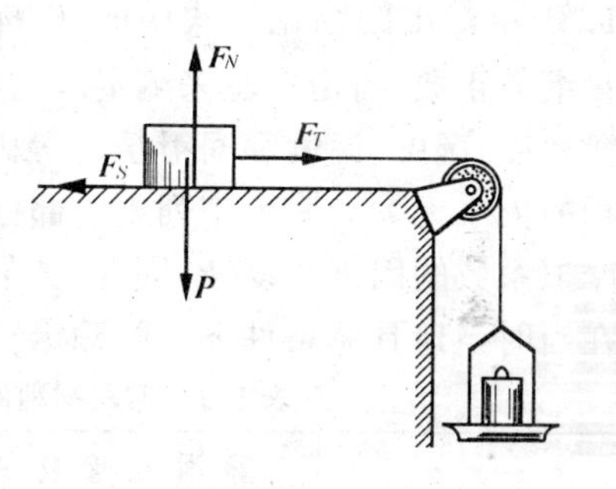

图 5-4

$$\sum X = 0 \qquad F_T - F_S = 0$$

可得 $F_S=F_T$。由此可得静滑动摩擦力的几个特点:

1. 静摩擦力沿着接触处的公切线方向,与相对滑动趋势反向。

2. 静摩擦力有一取值范围,可以取零值,还有一最大值。当物体处于临界平衡状态时,静滑动摩擦力达到最大值,称为最大静滑动摩擦力,一般以 $\boldsymbol{F}_{max}$ 表示。以公式表示,为

$$0 \leqslant F_S \leqslant F_{max} \tag{5-1}$$

3. 最大静滑动摩擦力 F_{max} 是一个很重要的量,大量实验和实

践表明，F_{max}的大小与物体间接触处的正压力（法向反力）F_N 成正比，即

$$F_{max} = f_s F_N \tag{5-2}$$

一般称之为静滑动摩擦定律或库伦（C. A. de coulomb 1736～1806年）摩擦定律，是法国科学家库伦在做了大量实验的基础上，于1781年得出的结论。式中的 f_s 称为静滑动摩擦系数，是一个无量纲的正数，需由实验来测定。它与接触物体的材料、接触处的粗糙程度、湿度、温度和润滑情况等因素有关，一般情况下与接触面积的大小无关。表5-1列出了部分材料的摩擦系数。但由于影响摩擦系数的因素很复杂，因此，如果需要比较准确的数值时，必须在当时当地具体条件下实际测定。

表5-1　常用材料的滑动摩擦系数

材料名称	静滑动摩擦系数		动滑动摩擦系数	
	无润滑	有润滑	无润滑	有润滑
钢-钢	0.15	0.1～0.12	0.15	0.05～0.1
钢-软钢			0.2	0.1～0.2
钢-铸铁	0.3		0.18	0.05～0.15
钢-青铜	0.15	0.1～0.15	0.15	0.1～0.15
软钢-铸铁	0.2		0.18	0.05～0.15
软钢-青铜	0.2		0.18	0.07～0.15
铸铁-铸铁		0.18	0.15	0.07～0.12
铸铁-青铜			0.15～0.2	0.07～0.15
青铜-青铜		0.1	0.2	0.07～0.1
皮革-铸铁	0.3～0.5	0.15	0.6	0.15
橡皮-铸铁			0.8	0.5
木材-木材	0.4～0.6	0.1	0.2～0.5	0.07～0.15

应该指出,式(5-2)仅是近似的,它不能完全反映出静滑动摩擦的复杂现象。但是,由于公式简单,计算方便,并且又有足够的精度,所以在工程中被广泛地采用。

二、动滑动摩擦力和动滑动摩擦定律

在上述简单实验中,当 F_T 增大到某值时,物块将开始运动。此时,接触处仍有阻碍相对滑动的阻力存在,称这种阻力为动滑动摩擦力,简称动摩擦力,以 $\boldsymbol{F}_d$ 表示。

由实验和实践结果,可得动滑动摩擦的几个特点:

1. 动摩擦力沿着接触处的公切线方向,与相对速度反向。

2. 动摩擦力的大小与接触物体间的正压力(法向反力)F_N 成正比,即

$$F_d = f_d F_N \tag{5-3}$$

一般称之为动滑动摩擦定律。式中的 f_d 称为动滑动摩擦系数,是一个无量纲的正数,需由实验来测定。它也与接触物体的材料、接触处的粗糙程度、湿度、温度和润滑情况等因素有关。

动摩擦力与静摩擦力不同,没有变化范围。

3. 动滑动摩擦系数一般小于静滑动摩擦系数,即

$$f_d < f_s$$

4. 动滑动摩擦系数与相对滑动速度大小有关。在多数情况下,动滑动摩擦系数随相对速度的增大而减小。当速度变化不大时,可认为动滑动摩擦系数为常数。部分材料的动滑动摩擦系数,参见表 5-1。

§5-3 考虑滑动摩擦时物体的平衡问题

对于需要考虑滑动摩擦的平衡问题,因为依然是平衡问题,并不需要重新建立力系的平衡条件和平衡方程,求解步骤与前几章

所述基本相同,但有如下几个新的特点:

1. 分析物体受力且画受力图时,必须考虑接触处沿切向的摩擦力 $\boldsymbol{F}_S$,这通常增加了未知量的数目;

2. 要严格区分物体是处于非临界还是临界平衡状态。在非临界平衡状态,摩擦力 $\boldsymbol{F}_S$ 由平衡条件来确定,其应满足方程 $F_S < f_sF_N$。在临界平衡状态,摩擦力为最大值,此时方可以使用方程 $F_S = F_{\max} = f_sF_N$;

3. 由于静摩擦力的值 F_S 可以随主动力而变化(即 $0 \leqslant F_S \leqslant f_sF_N$),因此在考虑摩擦的平衡问题中,物体所受主动力的大小或平衡位置允许在一定范围内变化,这类问题的解答往往是一个范围值而非某一个定值。

下面举例 说明如何求解考虑滑动摩擦时物体的平衡问题。

例 5-1 均质梯子长为 l,重 $P_1 = 100$ N,靠在光滑墙壁上并和水平地面成角 $\alpha = 75°$,如图 5-5(a)所示,梯子与地面间的静滑动摩擦系数 $f_s = 0.4$,人重 $P_2 = 700$ N。求地面对梯子的摩擦力,并问人能否爬到梯子的顶端;又若 $f_s = 0.2$,问人能否爬到梯子的顶端?

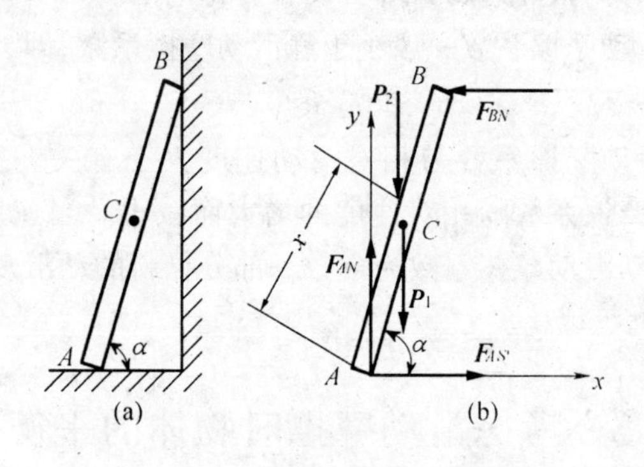

图 5-5

解:取梯子为研究对象,梯子滑倒的趋势是确定的,所以摩擦力 $\boldsymbol{F}_{AS}$ 的方向必定水平向右,地面对梯子的摩擦力,随人在梯子上的位置而变,设人在梯

子上的位置为 x 时，梯子仍处于平衡状态，则受力图如图 5-5(b)所示，由平衡方程

$$\sum X = 0 \quad F_{AS} - F_{BN} = 0$$

$$\sum Y = 0 \quad F_{AN} - P_1 - P_2 = 0$$

$$\sum M_A = 0 \quad F_{BN} \cdot l\sin\alpha - P_2 \cdot x\cos\alpha - P_1 \frac{l}{2} \cdot \cos\alpha = 0$$

三个求知力 F_{AS}、F_{AN}、F_{BN}，刚好三个方程，可解出

$$F_{BN} = F_{AS} = (\frac{700x}{l} + 50)\cot\alpha \quad F_{AN} = 800\ \text{N}$$

当 $x = l$ 时

$$F_{BN} = 201\ \text{N} \quad F_{AN} = 800\ \text{N} \quad F_{AS} = 201\ \text{N}$$

即人到梯子顶端时，地面对梯子的摩擦力为 201N，而并非 $F_{max} = f_s F_{AN} = 320$ N，由于 $F_{AS} < F_{max}$，所以人能够爬到梯子的顶端。

若 $f_s = 0.2$，则 $F_{max} = f_s F_{AN} = 160N$，$F_{AS} > F_{max}$，人不能爬到梯子的顶端。

例 5-2 物块重为 P，放在倾角为 α 的斜面上，与斜面间的静滑动摩擦系数为 f_s，如图 5-6 所示。求物块平衡时，水平力 $\boldsymbol{F}$ 的大小。

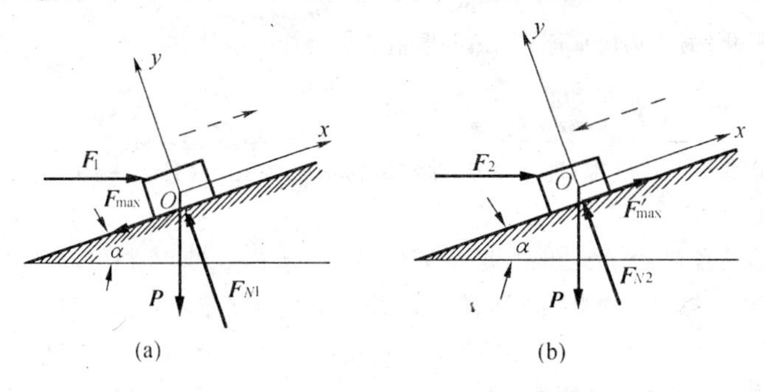

图 5-6

解： 对此题，由经验知，当 $\boldsymbol{F}$ 大于某值时，物块将上滑，若力 $\boldsymbol{F}$ 小于某值，物块将下滑，因此力 $\boldsymbol{F}$ 的数值必在此最大与最小范围之内。

先求力 $\boldsymbol{F}$ 的最大值，设此值为 F_1。当力 $\boldsymbol{F}$ 达到此值时，物块处于将要上滑的临界状态，在此情形下，静摩擦力必沿斜面向下，并达到最大值 F_{max}，

此时物块的受力图如图 5-6(a)所示。为求解方便，建如图所示坐标系，列平衡方程

$$\sum X = 0 \quad F_1\cos\alpha - P\sin\alpha - F_{max} = 0$$

$$\sum Y = 0 \quad F_{N1} - F_1\sin\alpha - P\cos\alpha = 0$$

此外，有

$$F_{max} = f_s F_{N1}$$

三式联立，解得

$$F_1 = \frac{\sin\alpha + f_s\cos\alpha}{\cos\alpha - f_s\sin\alpha}P$$

再求力 $\boldsymbol{F}$ 的最小值，设此值为 F_2。当力 $\boldsymbol{F}$ 达到此值时，物块处于将要下滑的临界状态。在此情形下，静摩擦力必沿斜面向上，并达到最大值，设为 F'_{max}，此时物块的受力图如图 5-6(b)所示，同样在图示坐标系下列平衡方程

$$\sum X = 0 \quad F_2\cos\alpha - P\sin\alpha + F'_{max} = 0$$

$$\sum Y = 0 \quad F_{N2} - F_2\sin\alpha - P\cos\alpha = 0$$

考虑到

$$F'_{max} = f_s F_{N2}$$

三式联立，解得

$$F_2 = \frac{\sin\alpha - f_s\cos\alpha}{\cos\alpha + f_s\sin\alpha}P$$

因此，为使物块平衡，力 F 的取值应满足如下条件

$$F_2 = \frac{\sin\alpha - f_s\cos\alpha}{\cos\alpha + f_s\sin\alpha}P \leqslant F \leqslant \frac{\sin\alpha + f_s\cos\alpha}{\cos\alpha - f_s\sin\alpha}P = F_1$$

此题若不计摩擦，即 $f_s = 0$，可得出物块平衡时，应有 $F = P\text{tg}\alpha$，取值是唯一的。

请读者考虑，在此题中，是否有 $F_{N1} = F_{N2} = P\cos\alpha$？又在图(a)、(b)所示情况下，摩擦力方向显然不同，但大小是否相同，即是否有 $F_{max} = F'_{max}$？

例 5-3 图 5-7(a)所示为凸轮挺杆机构，已知滑道宽度为 b，尺寸 d，挺杆与滑道间的静滑动摩擦系数为 f_s，凸轮与挺杆接触处的摩擦不计，挺杆重量忽略不计，求挺杆运动自如(即不被卡住)时的尺寸 a(从而可确定凸轮轴的位置)。

解：取挺杆为研究对象，设挺杆刚好处于被卡住位置，即挺杆处于临界平衡状态，受力图如图 5-7(b)所示，其中 F 为凸轮给挺杆的推力。

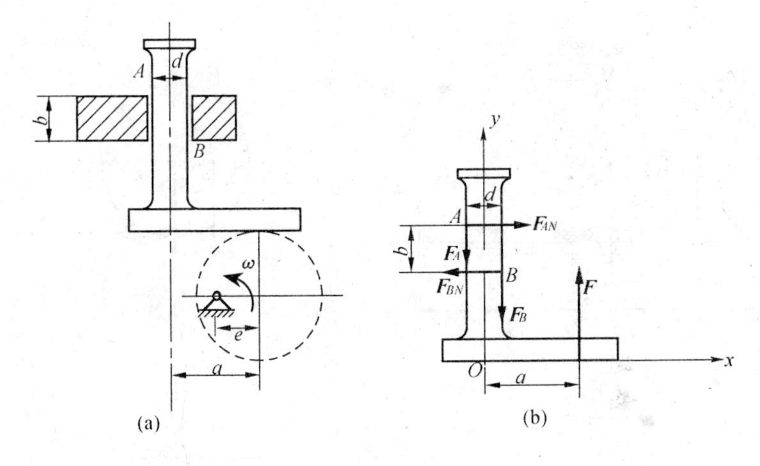

图 5-7

列平衡方程

$$\sum X=0 \quad F_{AN}-F_{BN}=0$$

$$\sum Y=0 \quad -F_A-F_B+F=0$$

$$\sum M_A=0 \quad F(a+\frac{d}{2})-F_Bd-F_{BN}b=0$$

且 $$F_A=f_sF_{AN} \qquad F_B=f_sF_{BN}$$

联立求解可得 $$a=\frac{b}{2f_s}$$

由经验知，当$a<\dfrac{b}{2f_s}$时，挺杆不会被卡住，即可以运动自如。或者考虑到运动自如时，应有 $F>F_A+F_B$；还可以考虑到，挺杆平衡时，应有 $F_A\leqslant f_sF_{AN}$，$F_B\leqslant f_sF_{BN}$。这些不等式与平衡方程联立，均可得到当 $a<\dfrac{b}{2f_s}$时，挺杆不会被卡住。

例 5-4 制动器的构造和尺寸如图 5-8(a)所示，制动块 C 与鼓轮表面的静滑动摩擦系数为 f_s，鼓轮重心位于转轴处，物块重为 P。求制动鼓轮所必需的铅直力 F。

解：这是一个物体系的平衡问题，若取整体为研究对象，摩擦力为内力，

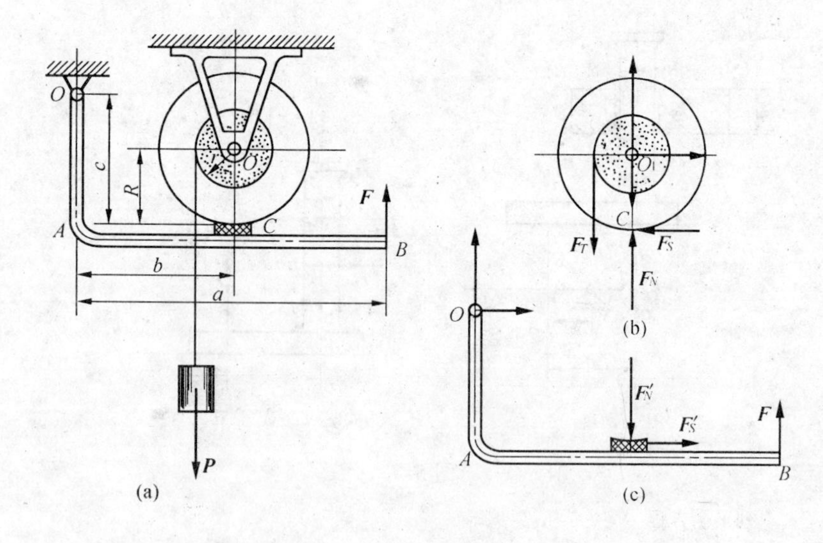

图 5-8

不能求解。所以分别取鼓轮与闸杆 OAB 为研究对象，其受力图分别如图 5-8(b)、(c)所示。设鼓轮已被制动而处于平衡状态，则有

$$\sum M_{O1}=0 \quad rF_T-RF_s=0$$

闸杆也处于平衡状态，有

$$\sum M_O=0 \quad Fa-F_N'b+F_s'c=0$$

而 $\qquad F_s' \leqslant f_sF_N'$

考虑到 $\quad F_T=P \qquad F_s'=F_s$

联立解得 $\qquad F \geqslant \dfrac{rP(b-f_sc)}{f_sRa}$

例 5-5 图 5-9 所示的均质木箱重 $P=5$ kN，与地面的静滑动摩擦系数为 $f_s=0.4$，$h=2a=2$ m，$\alpha=30°$。求：(1)当 D 处拉力 $F=1$ kN 时，木箱是否平衡？(2)当 D 处拉力 $F=2$ kN 时，木箱是否平衡？(3)能保持木箱平衡的最大拉力。

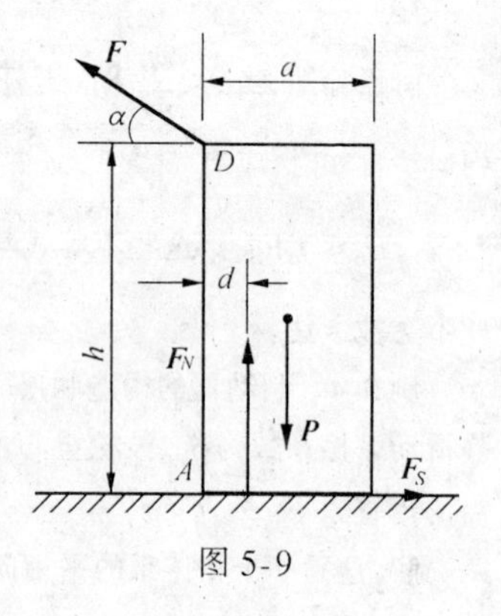

图 5-9

解:(1)取木箱为研究对象,其受力图如图5-9所示。设木箱处于平衡状态,列平衡方程

$$\sum X = 0 \quad F_S - F\cos\alpha = 0$$

$$\sum Y = 0 \quad F_N - P + F\sin\alpha = 0$$

$$\sum M_A = 0 \quad hF\cos\alpha - P \cdot \frac{a}{2} + F_N d = 0$$

解得

$$F_S = 866\ \text{N} \quad F_N = 4\ 500\ \text{N} \quad d = 0.171\ \text{m}$$

而木箱与地面间的最大摩擦力

$$F_{max} = f_s F_N = 1\ 800\ \text{N}$$

由于 $F_S < F_{max}$,木箱不会滑动;又 $d > 0$,木箱不会翻倒,所以木箱保持平衡。

(2)当 D 处拉力 $F = 2$ kN 时,设木箱处于平衡状态,由上述平衡方程可解得

$$F_S = 1732\ \text{N} \qquad F_N = 4\ 000\ \text{N} \qquad d = -0.241\ \text{m}$$

可见木箱不会平衡。

(3)在力 $\boldsymbol{F}$ 作用下,木箱可能滑动,也可能翻倒。设木箱将滑动时拉力为 F_1,将翻倒时的拉力为 F_2,为求保持平衡的最大拉力 $\boldsymbol{F}$,二者中取较小者,即为所求。

木箱将滑动时,处于平衡状态,有

$$\sum X = 0 \quad F_S - F_1\cos\alpha = 0$$

$$\sum Y = 0 \quad F_N - P + F_1\sin\alpha = 0$$

又

$$F_S = F_{max} = f_s F_N$$

解得

$$F_1 = \frac{f_s P}{\cos\alpha + f_s\sin\alpha} = 1876\ \text{N}$$

木箱将翻倒时,棱 A 接触地面,力 $\boldsymbol{F}_N$、$\boldsymbol{F}_S$ 均作用于此,由

$$\sum M_A = 0 \quad F_2\cos\alpha \cdot h - P \cdot \frac{a}{2} = 0$$

解得

$$F_2 = \frac{Pa}{2h\cos\alpha} = 1\ 443\ \text{N}$$

因此,保持木箱平衡时的最大拉力为 $F = 1443$ N。实际上,对此题只需解出(3),即可回答(1)、(2)。$F = 1$ kN时,木箱平衡;$F = 2$ kN时,木箱不平衡。

§5-4　摩擦角和自锁现象

一、全约束反力和摩擦角

当有摩擦时,支承面对平衡物体的约束反力包含两个分量:法向反力 $\boldsymbol{F}_N$ 和切向反力 $\boldsymbol{F}_S$(即静摩擦力)。这两个分力的几何和 $\boldsymbol{F}_{RA}=\boldsymbol{F}_N+\boldsymbol{F}_S$ 称为支承面的全约束反力,它的作用线与接触面的公法线成一偏角 α,如图 5-10(a)所示。当物块处于平衡的临界状态时,静摩擦力达到由式(5-2)确定的最大值,偏角 α 也达到最大值 φ,如图 5-10(b)所示。全约束反力与法线间的夹角的最大值 φ,称为摩擦角。由图可得

$$\tan\varphi=\frac{F_{\max}}{F_N}=\frac{f_sF_N}{F_N}=f_s \tag{5-4}$$

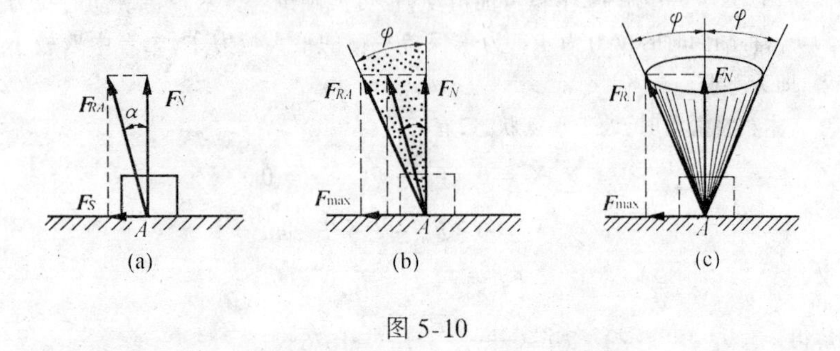

图 5-10

即:摩擦角的正切等于静摩擦系数。可见,摩擦角与摩擦系数一样,都是表示材料摩擦性质的量。

当物块的滑动趋势方向改变时,全约束反力作用线的方位也随之改变;在临界状态下,$\boldsymbol{F}_{RA}$ 的作用线将画出一个以接触点 A 为顶点的锥面,如图 5-10(c)所示,称为摩擦锥。设物块与支承面间沿任何方向的摩擦系数都相同,即摩擦角都相等,则摩擦锥将是一

个顶角为 2φ 的圆锥。

二、自锁现象

物块平衡时，静摩擦力不一定达到最大值，可在零与最大值 F_{max} 之间变化，所以全约束反力与法线间的夹角 α 也在零与摩擦角 φ 之间变化，即

$$0 \leqslant \alpha \leqslant \varphi$$

由于静摩擦力不能超过最大值，因此全约束反力的作用线也不能超出摩擦角以外，即全约束反力的作用线必在摩擦角之内。由此可知：

1. 如果作用在物体上的全部主动力的合力 $\boldsymbol{F}_R$ 的作用线在摩擦角 φ 之内，则无论这个力怎样大，物体必保持静止。这种现象称为自锁现象。因为在这种情况下，主动力的合力 $\boldsymbol{F}_R$ 与法线间的夹角 $\theta < \varphi$，因此主动力的合力 $\boldsymbol{F}_R$ 和全约束反力 $\boldsymbol{F}_{RA}$ 必能满足二力平衡条件，且 $\theta = \alpha < \varphi$，如图 5-11(a)所示。工程实际中常应用自锁原理设计一些机构或夹具，如千斤顶、压榨机、圆锥销等，使它们始终保持在平衡状态下工作。

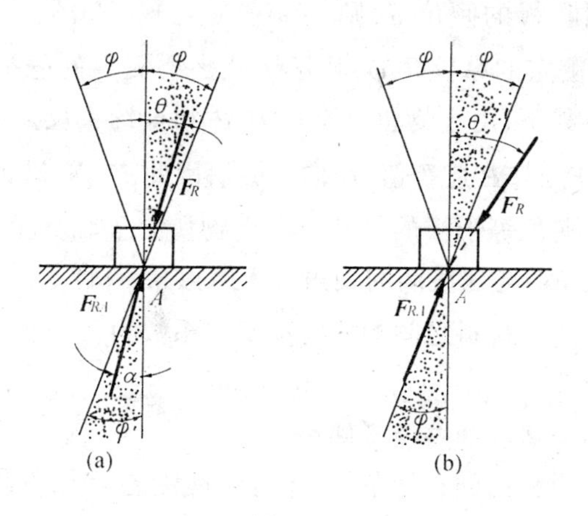

图 5-11

2. 如果全部主动力的合力 $\boldsymbol{F}_R$ 的作用线在摩擦角 φ 之外，则无论这个力怎样小，物体一定会滑动。因为在这种情况下 $\theta>\varphi$，而 $\alpha\leqslant\varphi$，所以，支承面的全约束反力 $\boldsymbol{F}_{RA}$ 和主动力的合力 $\boldsymbol{F}_R$ 不可能作用在一条直线上，不能满足二力平衡公理，如图 5-11(b)所示。应用这个道理，可以设法避免自锁现象。

三、摩擦角应用举例

1. 测定静滑动摩擦系数的一种简易方法

利用摩擦角的概念，可用简单的试验方法，测定静滑动摩擦系数。如图 5-12 所示，把要测定的同种材料或不同种材料分别做成板状和物块，把物块放在板状物体上，从零开始并逐渐增大板的倾角 α，直到物块就要向下滑动时为止。记下此时板的倾角 α，则 α 角就是要测定的摩擦角 φ，其正切就是要测定的静滑动摩擦系数 f_s。理由如下：由于物块仅受重力 $\boldsymbol{P}$ 和全约束反力 $\boldsymbol{F}_{RA}$ 作用而平衡，所以 $\boldsymbol{F}_{RA}$ 与 $\boldsymbol{P}$ 应等值、反向、共线，因此 $\boldsymbol{F}_{RA}$ 必沿铅直线，$\boldsymbol{F}_{RA}$ 与板法线的夹角等于板的倾角 α。当物块处于临界平衡状态时，全约束反力 $\boldsymbol{F}_{RA}$ 与法线间的夹角等于摩擦角 φ，且 $\alpha=\varphi$，因此，此种材料或不同种材料之间的静滑动摩擦系数为

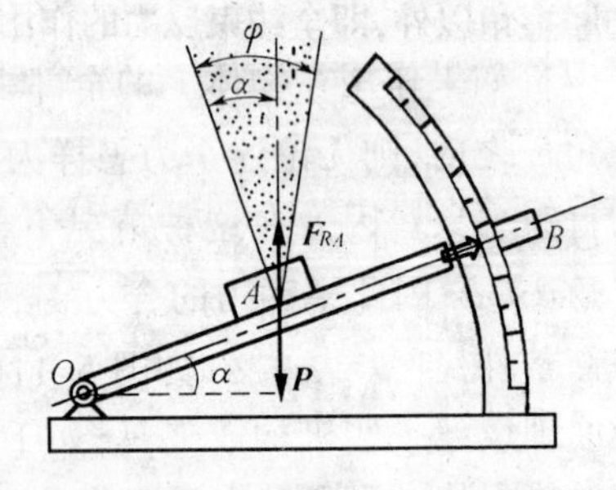

图 5-12

$$f_s=\tan\varphi=\tan\alpha$$

2. 斜面与螺纹的自锁条件

下面讨论斜面的自锁条件，即讨论物块 A 在铅直载荷 P 的作用下(图 5-13(c))，不沿斜面下滑的条件。由前面分析可知，只有当

$$\alpha \leqslant \varphi$$

时,物块不下滑,即斜面的自锁条件是斜面的倾角小于或等于摩擦角。

斜面的自锁条件就是螺纹(图 5-13(a))的自锁条件。因为螺纹可以看成为绕在一圆柱体上的斜面,如图 5-13(b)所示,螺纹升角 α 就是斜面的倾角,如图 5-13(c)所示。螺母相当于斜面上的滑块 A,加于螺母的轴向载荷 P 相当于物块 A 的重力,要使螺纹自锁,必须使螺纹的升角 α 小于或等于摩擦角 φ。因此螺纹的自锁条件是

$$\alpha \leqslant \varphi$$

若螺旋千斤顶的螺杆与螺母之间的静滑动摩擦系数为 $f_s = 0.1$,则

$$\tan\varphi = f_s = 0.1$$

得

$$\varphi = 5°43'$$

为保证螺旋千斤顶自锁,一般取螺纹升角 $\alpha = 4° \sim 4°30'$。

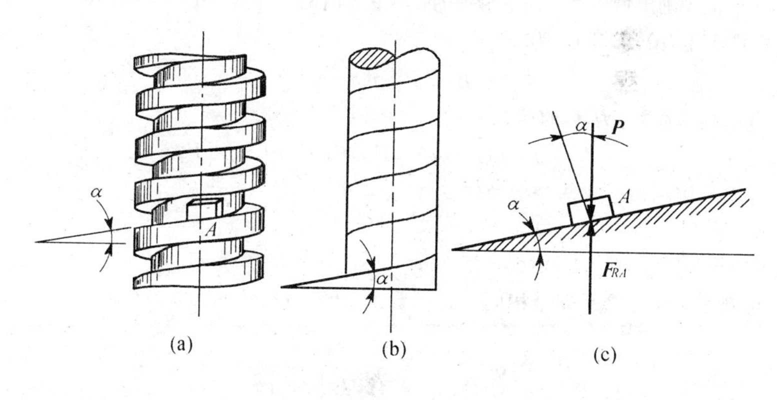

图 5-13

3. 利用摩擦角求解平衡问题

利用摩擦角的概念,把法向约反力与切向摩擦力合起来做为

一个力考虑,采用几何法求解平衡问题,对有些题目是比较方便的。下面举一例说明此解法。

例 5-6 用几何法求解例 5-2。

解:物块处于向上滑动的临界状态时,将法向反力与最大静摩擦力用全约束反力 $\boldsymbol{F}_{R1}$ 来代替,则物块在 $\boldsymbol{F}_1$、$\boldsymbol{P}$、$\boldsymbol{F}_{R1}$ 三个力作用下平衡,且 $\boldsymbol{F}_{R1}$ 与铅直线的夹角为 $\alpha+\varphi$,其受力图如图 5-14(a)所示,画出其封闭力三角形如图 5-14(b)所示,求得 F_1 为

$$F_1 = P\tan(\alpha+\varphi)$$

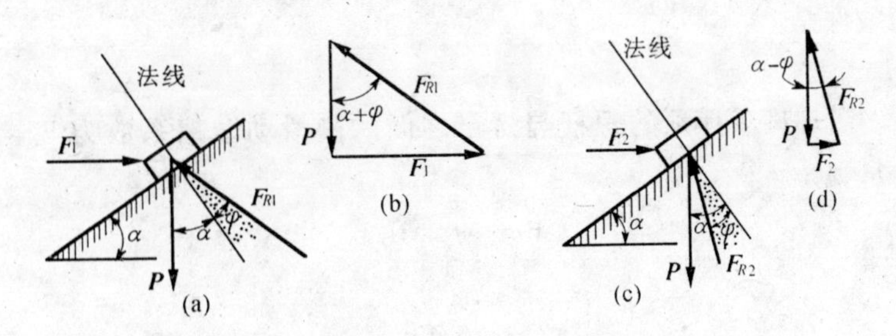

图 5-14

同理画出物块处于向下滑动的临界状态时的受力图 5-14(c),封闭的力三角形图 5-14(d),求得 F_2 为

$$F_2 = P\tan(\alpha-\varphi)$$

则平衡时,力 $\boldsymbol{F}$ 的值为

$$F_2 = P\tan(\alpha-\varphi) \leqslant F \leqslant P\tan(\alpha+\varphi) = F_1$$

利用三角公式与摩擦角定义,$\tan\varphi = f_s$,有

$$P\frac{\sin\alpha - f_s\cos\alpha}{\cos\alpha + f_s\sin\alpha} \leqslant F \leqslant P\frac{\sin\alpha + f_s\cos\alpha}{\cos\alpha - f_s\sin\alpha}$$

与例 5-2 计算结果完全相同。且可看出,计算过程较解联立方程简便。

§5-5 滚动摩擦

当两相互接触物体有相对滚动趋势或相对滚动时,物体间产生对滚动的阻碍称为滚动摩擦,前者称为静滚动摩擦,后者称为动

滚动摩擦。以滚动代替滑动可以大大地省力，这是人们早已知道的事实。我国早在殷商时代(约公元前1324～1066年)，已经使用有轮的车来代替滑动的橇。平时常见当搬运笨重的物体时，在物体下面垫上管子，都是以滚代滑的实例。但是滚动也有一定的阻力，存在什么样的阻力？机理又是什么？这也是个比较复杂的问题。一般都以一圆轮在水平面上滚动为例，来说明滚动摩擦问题。和滑动摩擦的讨论一样，这样所得结果是近似的，并不能完全反映出滚动摩擦的复杂现象，但由于公式简单，计算方便，又有一定的准确性，所以在工程中仍被应用。

在固定水平面上放置一重为 P、半径为 R 的圆轮，则圆轮在重力 P 和支承面的约束反力 $\boldsymbol{F}_N$ 作用下处于静止状态，如图 5-15(a)所示。如在轮心加一水平力 $\boldsymbol{F}$，则当力 $\boldsymbol{F}$ 不大时，圆轮仍保持

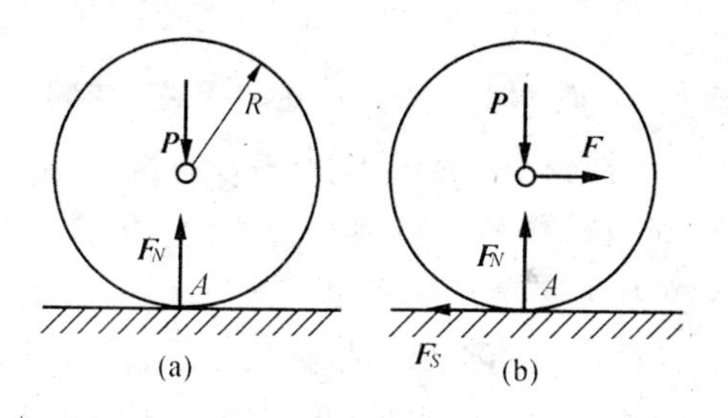

图 5-15

静止，此时圆轮与水平面间产生静滑动摩擦力，阻止圆轮滑动。由平衡条件，有 $\boldsymbol{F}_S = -\boldsymbol{F}$，$\boldsymbol{F}$ 与 $\boldsymbol{F}_s$ 组成一力偶，其力偶矩为 FR，应该使圆轮发生滚动，但当力 $\boldsymbol{F}$ 不大时，圆轮并未滚动。如何解释这个现象呢？实际上，圆轮和水平面并不完全是刚性的，圆轮与支承面的接触不可能是一条线，而应是面接触。为了便于分析，我们假定圆轮是刚体，仅支承面发生变形(实际二者都有变形)。在轮心仅受重力作用下，支承面给圆轮的支持力如图 5-16(a)所示，约束反力是对称分布的，合力将通过轮心并与力 $\boldsymbol{P}$ 平衡。如果轮心还受水平力 $\boldsymbol{F}$ 作用，这时支承面给圆轮的约束反力将不再是对称的

了，如图 5-16(b)所示，其分布情况是比较复杂的。但由力系简化理论，把这些力向 A 点简化，得到一个力 $\boldsymbol{F}_R$ 和一个力偶，设其矩为 M，如图 5-16(c)所示。把力 $\boldsymbol{F}_R$ 分解为切向力 $\boldsymbol{F}_S$ 与法向力 $\boldsymbol{F}_N$，如图 5-16(d)所示，$\boldsymbol{F}_S$ 即为滑动摩擦力，$\boldsymbol{F}_N$ 即为正压力，称矩为 M 的

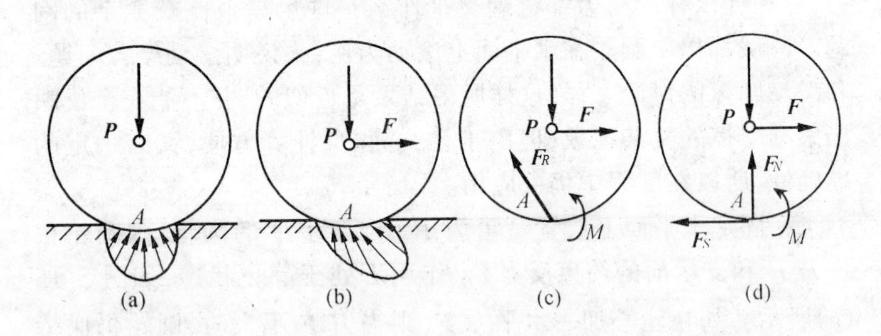

图 5-16

力偶为滚动摩擦力偶，它与力偶($\boldsymbol{F}$,$\boldsymbol{F}_S$)平衡，转向与滚动趋势相反。实际上，在力 $\boldsymbol{F}$ 较小的情况下，圆轮没有滚动，正是由于这个滚动摩擦力偶在起阻碍作用。当圆轮静止时，由平衡方程，有 $M=FR$，即滚动摩擦力偶随着 F 的增加而增加，但由实践经验知，M 不会无限制增加，当力 $\boldsymbol{F}$ 达到某值时，圆轮将开始滚动，设此时的滚动摩擦力偶为 M_{max}，称为最大滚动摩擦力偶矩，显然有

$$0 \leqslant M \leqslant M_{max} \tag{5-5}$$

这与静滑动摩擦力 F_S 有一范围 $0 \leqslant F_S \leqslant F_{max}$ 相似。

与最大静滑动摩擦力 F_{max} 相似，在研究滚动摩擦时，最大滚动摩擦力偶矩 M_{max} 是一个非常重要的量。由实验证明：最大滚动摩擦力偶矩 M_{max} 与支承面的正压力(法向反力)$\boldsymbol{F}_N$ 的大小成正比，即

$$M_{max}=\delta F_N \tag{5-6}$$

称此为滚动摩擦定律。其中 δ 是比例常数，称为滚动摩擦系数。由上式知，滚动摩擦系数具有长度的量纲，其单位一般采用 mm。该系数由实验来测定，与圆轮和支承面的材料性质和表面状况(硬度、光

洁度、温度、湿度等)等因素有关。表 5-2 列出了几种材料的滚动摩擦系数。

表 5-2 滚动摩擦系数 δ

材料名称	δ(mm)	材料名称	δ(mm)
铸铁与铸铁	0.5	软钢与钢	0.5
钢质车轮与钢轨	0.05	有滚珠轴承的料车与钢轨	0.09
木与钢	0.3~0.4	无滚珠轴承的料车与钢轨	0.21
木与木	0.5~0.8	钢质车轮与木面	1.5~2.5
软木与软木	1.5	轮胎与路面	2~10
淬火钢珠对钢	0.01		

滚动摩擦系数具有某种物理意义,解释如下:滚子在即将滚动的临界平衡状态时,等效受力图如图 5-17(a)所示,根据力的平移定理的逆定理,$\boldsymbol{F}_N$ 与 $M_{\max}$ 可用一力 $\boldsymbol{F}'_N$ 等效,如图 5-17(b)所示。力 $\boldsymbol{F}'_N$ 的作用线距 A 点的距离为 d,且有

$$M_{\max} = dF'_N = dF_N = \delta F_N$$

因此,$\delta = d$,即滚动摩擦系数 δ 可看成在轮即将滚动时,法向反力 $\boldsymbol{F}'_N$ 距 A 点的距离,同时也是滚动摩擦力偶矩的力偶臂,故它具有长度的量纲。

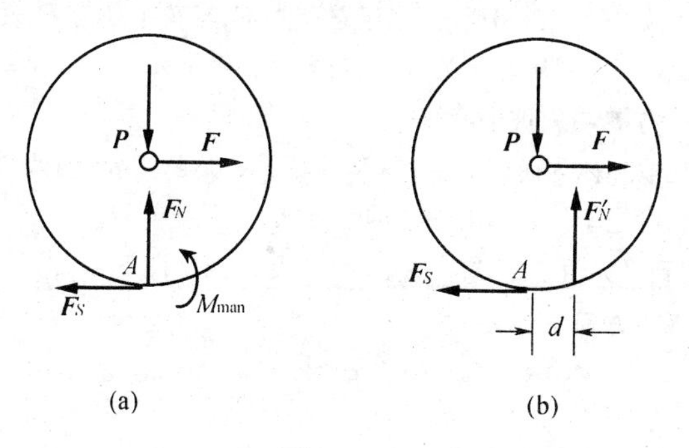

图 5-17

下面分析使圆轮滚动比使圆轮滑动要省力的原因。设使轮子滚动时加在轮心的水平力为 F_1，轮子滑动时加在轮心的水平力为 F_2。处于临界滚动状态时，$M_{max}=\delta F_N=RF_1$，则

$$F_1=\frac{\delta}{R}\cdot F_N$$

轮子处于临界滑动状态时，$F_{max}=f_sF_N=F_2$，有

$$F_2=f_sF_N$$

一般情况下，δ 的数值要小于 f_s。δ 的最大值一般不超过 10 mm，而轮子的半径要比 δ 大许多，所以$\frac{\delta}{R}$要比 f_s 小许多，也即 F_1 要比 F_2 小许多，这就是使轮子滚动要比使轮子滑动省力的原因。例如，半径为 450 mm 的打足气的某型号车轮在混凝土路面上滚动时，$\delta=3.15$ mm，而 $f_s=0.7$，则

$$\frac{F_2}{F_1}=\frac{f_sR}{\delta}=\frac{0.7\times450}{3.15}=100$$

也即使轮子开始滑动的力是使它开始滚动的力的 100 倍。

当圆轮开始滚动后，所产生的对滚动的阻碍称为动滚动摩擦，对动滚动摩擦的研究还很不充分。一般认为在滚动过程中，起主要阻碍作用的仍然是滚动摩擦力偶，其力偶矩近似等于 M_{max}。

例 5-7 如图 5-18(a)所示，拖车总重为 P，车轮半径为 R，轮胎与路面的滚动摩擦系数为 δ，斜坡倾角为 α，其它尺寸如图所示。求能拉动拖车所需最小牵引力 $\boldsymbol{F}$(力 $\boldsymbol{F}$ 与斜坡平行)。

解:首先取整体为研究对象，拖车的轮子都是从动轮，因此滑动摩擦力的方向均向后，设拖车处于向上滚动的临界状态，因此前后轮的滚动摩擦力偶的力偶矩都达到最大值 M_A、M_B。拖车整体受力图如图 5-18(a)所示，在图示坐标系下，列平衡方程

$$\sum X=0\quad F-F_{AS}-F_{BS}-P\sin\alpha=0 \qquad (1)$$

$$\sum Y=0\quad F_{AN}+F_{BN}-P\cos\alpha=0 \qquad (2)$$

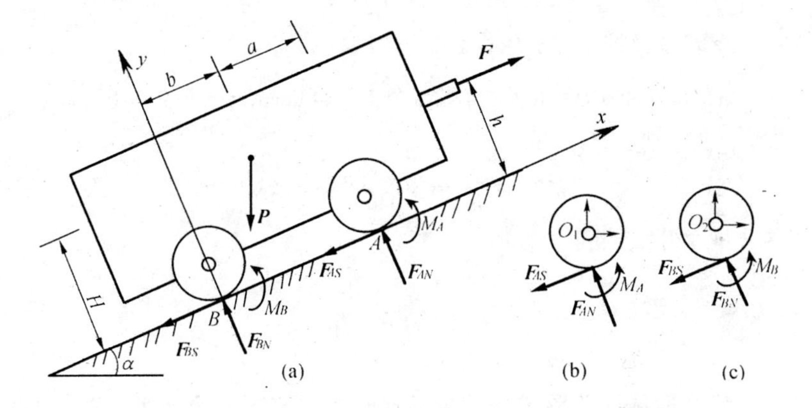

图 5-18

$$\sum M_B = 0 \quad F_{AN}(a+b) - Fh - P\cos\alpha \cdot b + P\sin\alpha \cdot H + M_A + M_B = 0 \tag{3}$$

三个平衡方程共有 F、F_{AS}、F_{BS}、F_{AN}、F_{BN}、M_A、M_B 七个未知数。考虑到车轮处于临界滚动状态,有方程

$$M_A = \delta F_{AN} \tag{4}$$

$$M_B = \delta F_{BN} \tag{5}$$

请读者考虑,这时能否应用 $F_{AS} = f_s F_{AN}$、$F_{BS} = f_s F_{BN}$ 再作为两个补充方程,七个方程七个未知数求解?

再考虑到前后轮也处于临界平衡状态,分别取前后轮为研究对象,受力图如图 5-18(b)、(c)所示,由

$$\sum M_{O1} = 0 \quad M_A - F_{AS}R = 0 \tag{6}$$

$$\sum M_{O2} = 0 \quad M_B - F_{BS}R = 0 \tag{7}$$

七个方程联立求解,得拉动拖车所需最小牵引力为

$$F_{\min} = P(\sin\alpha + \frac{\delta}{R}\cos\alpha)$$

显然,上式中的牵引力由两部分构成,第一部分 $P\sin\alpha$ 是用来克服重力的牵引力,第二部分 $P\dfrac{\delta}{R}\cos\alpha$ 是用来克服滚动摩擦的牵引力。

若 $\alpha=90°$,则 $F_{min}=P$,这意味着什么情况?

若 $\alpha=0°$,则 $F_{min}=\frac{\delta}{R}P$,这意味着什么情况?

若拖车载重为 $P=40$ kN,车轮半径 $R=440$ mm,在水平路面上行驶,若 $\delta=4.4$ mm,则

$$F_{min}=\frac{\delta}{R}P=\frac{4.4\times 40}{440}=0.4\ \text{kN}$$

这说明,牵引力为载重量的1%。

小　结

1.摩擦从运动形式分类为滑动摩擦与滚动摩擦两类。滑动摩擦、滚动摩擦均有静、动滑动摩擦与静、动滚动摩擦之分。

2.静滑动摩擦力 $\boldsymbol{F}_S$ 的特点如下:

(1)方向:作用线沿接触处的公切线,与相对滑动趋势反向;

(2)大小:有一取值范围,为

$$0\leqslant F_S\leqslant F_{max}$$

(3)最大静滑动摩擦力　$F_{max}=f_sF_N$

式中,f_s 为静滑动摩擦系数,F_N 为法向约束反力。

3.动滑动摩擦力 F_d 的特点如下:

(1)方向:作用线沿接触处的公切线,与相对滑动速度反向;

(2)大小:为 $F_d=f_dF_N$;

式中,f_d 为动滑动摩擦系数,F_N 为法向约束反力;

(3)f_d 一般小于 f_s;

(4)f_d 一般随速度的增加而减小。

4.静滚动摩擦力偶 M 是物体有滚动趋势时受到的主要阻碍因素,其方向与物体滚动趋势反向,大小有一取值范围,为

$$0\leqslant M\leqslant M_{max}$$

而最大滚动摩擦力偶矩　$M_{max}=\delta F_N$

式中，δ 为滚动摩擦系数，F_N 为法向约束反力。

5. 物体滚动时产生的对滚动的阻碍称为动滚动摩擦，动滚动摩擦的滚动摩擦力偶矩近似等于 M_{max}，对此类问题的研究结果还比较少。

6. 摩擦角 φ 为全约束反力与法线间夹角的最大值，摩擦角的正切等于静滑动摩擦系数，即

$$\tan\varphi = f_s$$

当主动力的合力作用线在摩擦角之内时产生自锁现象。

7. 求解具有摩擦的平衡问题，要考虑到摩擦力（力偶）的特点 $(0 \leqslant F_S \leqslant f_s F_N, 0 \leqslant M \leqslant M_{max})$，可以解不等式方程，也可以考虑或假设处于临界平衡状态，而求解等式方程。所得结果可能有一范围，也可能是一定值。

8. 摩擦的机理是一种极为复杂的现象，目前对它们的研究还很不透彻。对大量工程问题可以利用以上结果与公式，对重要而又要求精确的问题须模拟实际工作状态进行实验测定与研究。

思 考 题

5-1 物体放在不光滑的水平面上是否一定受到摩擦力的作用？摩擦力是否一定是阻力？试分析汽车（自行车）主动轮与被动轮的摩擦力方向。汽车（自行车）一般为什么要以后轮做为主动轮？

5-2 能否说最大静滑动摩擦力总是与物体的重量 P 成正比，即 $F_{max} = f_s P$？已知静滑动摩擦系数 f_s 和法向约束反力 F_N，能否说静滑动摩擦力就等于 $f_s F_N$？

5-3 如图 5-19 所示，已知一重为 $P = 100$ N 的物块放在水平面上，摩擦系数 $f_s = 0.3$。当作用在物块上的水平推力 $\boldsymbol{F}$ 分别为 10 N、20 N、40 N 时，试分析这三种情形下，物块是否平衡？摩擦力等于多少？

5-4 已知一物块重 $P = 100$ N，用 $F = 500$ N 的力压在一铅直表面上，如图 5-20 所示。其摩擦系数 $f_s = 0.3$，问此时物块所受的摩擦力等于多少？

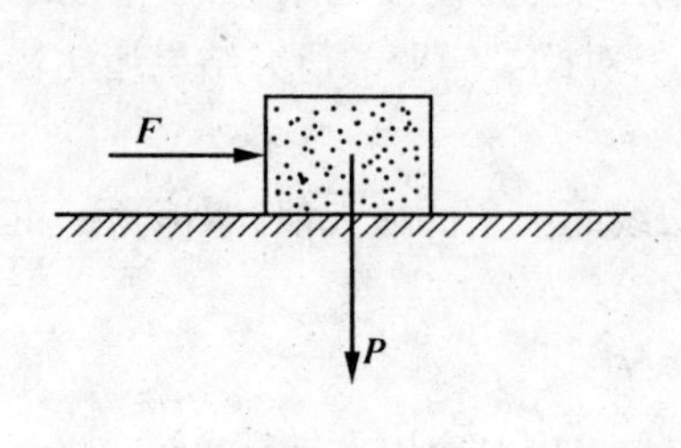

图 5-19

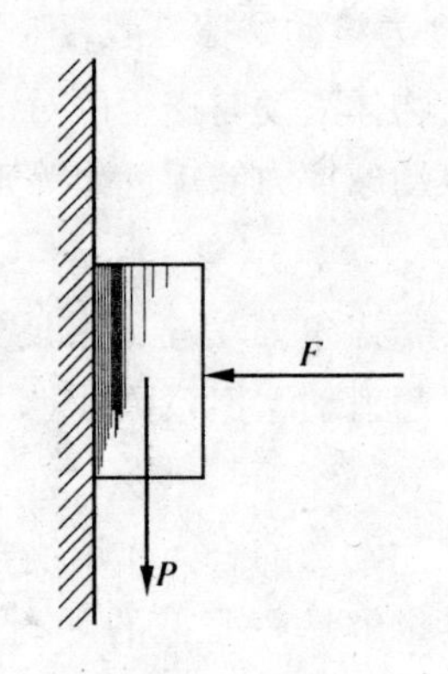

图 5-20

5-5　如图 5-21 所示，试比较用同样材料、在相同的光洁度和相同的皮带压力 F 作用下平皮带与三角皮带的最大摩擦力。

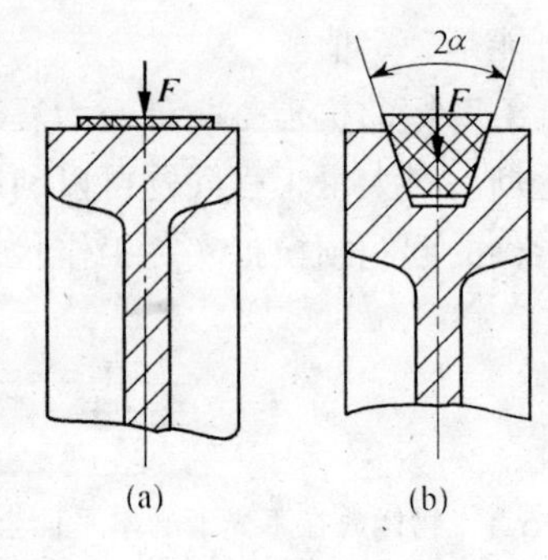

图 5-21

5-6　已知 π 形物体重为 P，尺寸如图 5-22 所示。现以水平力 $\boldsymbol{F}$ 拉此物体，当刚开始拉动时，A、B 两处的静滑动摩擦力是否都达到最大值？如 A、B 两处的摩擦系数 f_s 均相同，此二处最大静滑动摩擦力是否相等？又，如力 $\boldsymbol{F}$ 较小而未能拉动物体时，能否分别求出 A、B 两处的静滑动摩擦力？

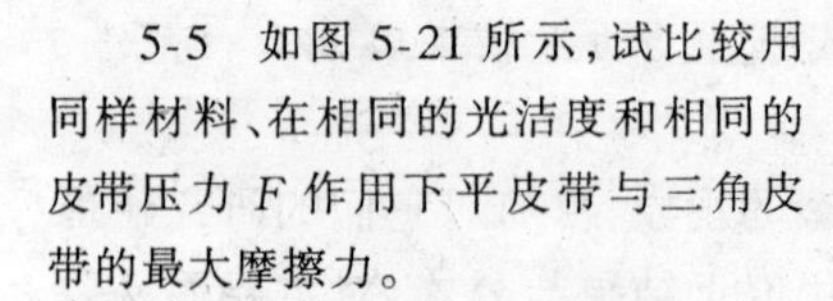

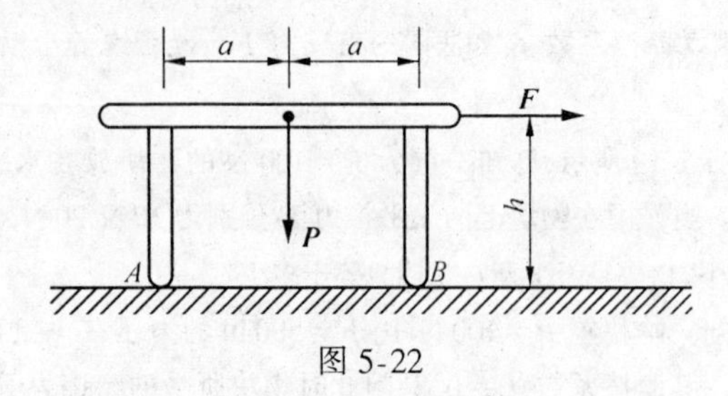

图 5-22

5-7 物块重 P,一力 F 作用在摩擦角之外,如图 5-23 所示。已知 $\alpha = 25°, \varphi = 20°, F = P$。问物块动不动?为什么?

5-8 如图 5-24 所示,用钢楔劈物,接触面间的摩擦角为 φ。劈入后欲使楔不滑出,问钢楔两个平面间的夹角应该多大?楔重不计。

5-9 在堆放松散物质如砂、土、煤末或粮食时(图 5-25),能够堆起的最大坡角 α_m 称为自然休止角,试讨论 α_m 与松散物质间摩擦系数之间的关系。

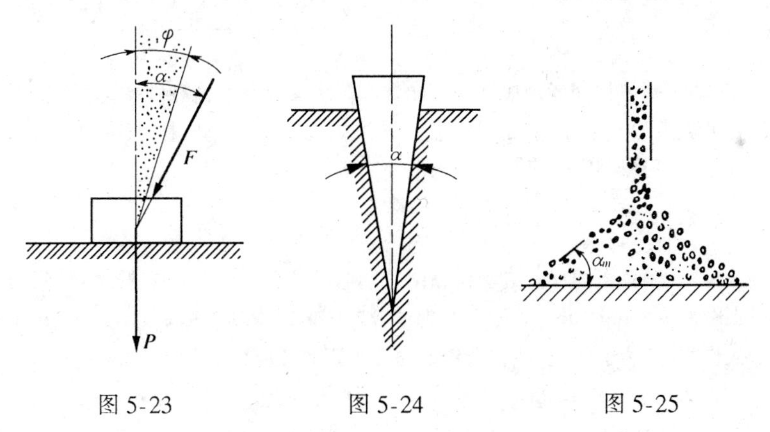

图 5-23　　图 5-24　　图 5-25

5-10 拉车时,路面硬,轮胎气足,车轮半径大就能省力,试分析原因。

习　题

5-1 简易升降混凝土料斗装置如图所示,混凝土和料斗共重 25 kN,料斗与滑道间的静滑动与动滑动摩擦系数均为 0.3。(1)若绳子拉力分别为 22 kN 与 25 kN 时,料斗处于静止状态,求料斗与滑道间的摩擦力;(2)求料斗匀速上升和下降时绳子的拉力。

答案:(1) $F_{s1} = 1.492$ kN(↗), $F_{S2} = 1.508$ kN(↙);

(2) $F_1 = 26.06$ kN, $F_2 = 20.93$ kN。

5-2 如图所示,欲转动一置于 V 型槽中的棒料,需作用一力偶,力偶的矩 $M = 15$ N·m,刚好能转动棒料。已知棒料重 $P = 400$ N,直径 $D = 0.25$ m,不计滚动摩擦。,试求棒料与 V 形槽间的摩擦系数 f_s。

答案: $f_s = 0.223$。

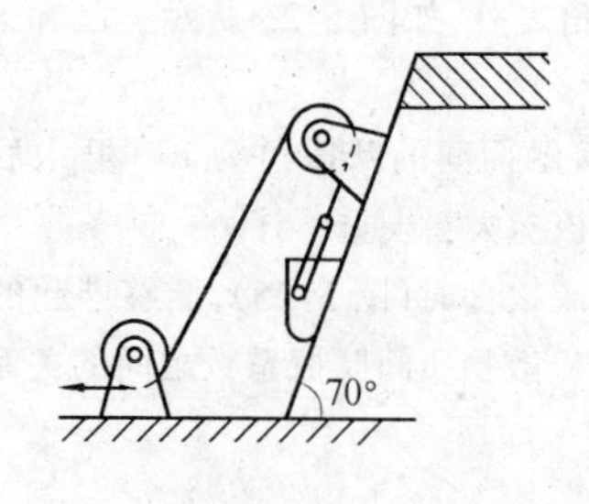

题 5-1 图　　　　　　　　　　　　题 5-2 图

5-3　两根相同的均质杆 AB 和 BC，在端点 B 用光滑铰链连接，A、C 端放在非光滑的水平面上，如图所示。当 ABC 成等边三角形时，系统在铅直面内处于临界平衡状态，求杆端与水平面间的静滑动摩擦系数。

答案：$f_s=\dfrac{1}{2\sqrt{3}}$

5-4　攀登电线杆的脚套钩如图。设电线杆直径 $d=300\ \text{mm}$，A、B 间的铅直距离 $b=100\ \text{mm}$。若套钩与电线杆之间的静滑动摩擦系数 $f_s=0.2$，求工人操作时，为了安全，站在套钩上的最小距离 l 应为多大？

答案：$l_{\min}=250\ \text{mm}$。

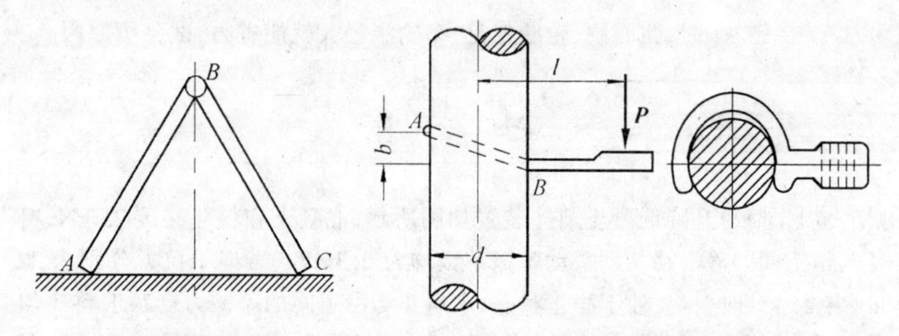

题 5-3 图　　　　　　　　　　　　题 5-4 图

5-5　两半径相同的圆轮反向转动，两轮轮心的连线与水平线的夹角为 α，轮距为 $2a$。现将一重为 P 的长板放在两轮上面，两轮与板间的动滑动摩擦系数都是 f_d，求当长板平衡时长板重心 C 的位置。

答案：$x=a+\dfrac{a}{f_d}\tan\alpha$。

5-6　鼓轮利用双闸块制动器制动，设在杠杆的末端作用有大小为 200

N的力 F,方向与杠杆相垂直,如图所示。已知闸块对鼓轮的摩擦系数 $f_s=0.5$,又 $2R=O_1O_2=KD=DC=O_1A=KL=O_2L=0.5\ \text{m}$,$O_1B=0.75\ \text{m}$,$AC=O_1D=1\ \text{m}$,$ED=0.25\ \text{m}$。制动器各零件的重量均不计。试求作用在鼓轮上的制动力矩。

答案:$M_{制动}=300\ \text{N·m}$

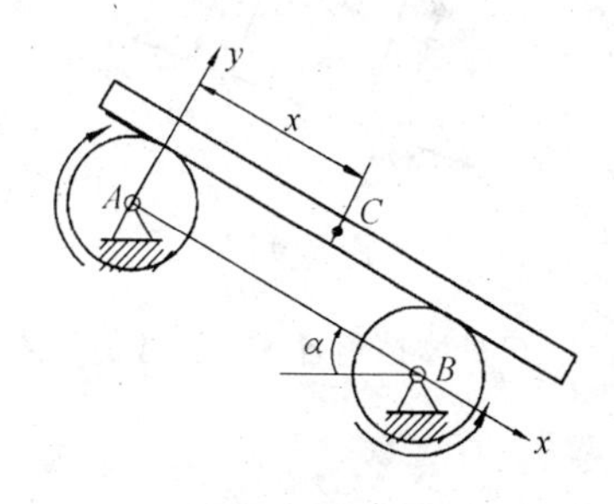

题 5-5 图

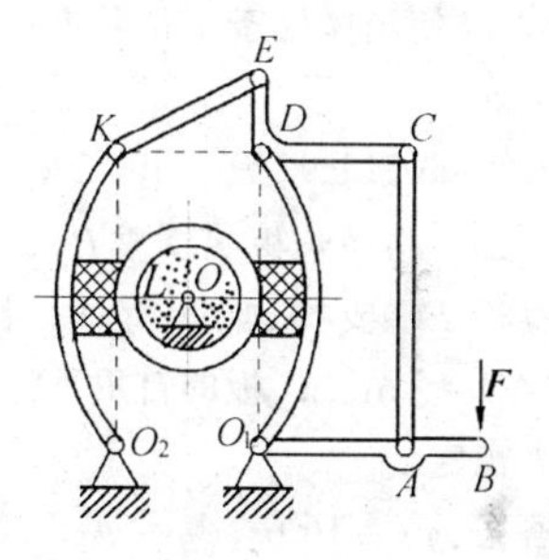

题 5-6 图

5-7 砖夹的宽度为0.25 m,曲杆 AGB 与 $GCED$ 在 G 点铰接,尺寸如图所示。设砖重 $P=120$ N,提起砖的力 $\boldsymbol{F}$ 作用在砖夹的中心线上,砖夹与砖间的摩擦系数 $f_s=0.5$,试求距离 b 为多大才能把砖夹起而不掉下来。

答案:$b\leqslant 110$ mm。

5-8 图示两无重杆在 B 处用套筒式无重滑块连接,在 AD 杆上作用一力偶,其力偶矩 $M_A=40$ N·m,滑块和 AD 杆间的静滑动摩擦系数 $f_s=0.3$,求保持系统平衡时力偶矩 M_C 的范围。

答案:$49.61\ \text{N·m}\leqslant M_C\leqslant 70.39\ \text{N·m}$。

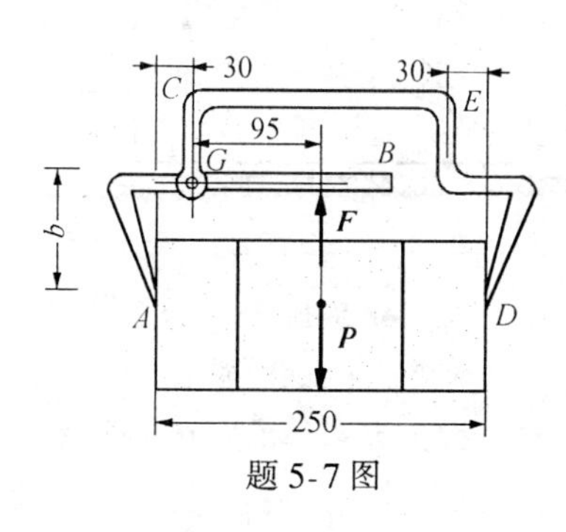

题 5-7 图

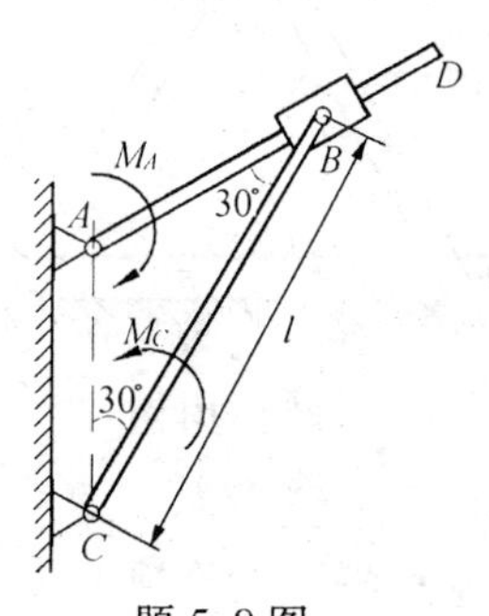

题 5-8 图

5-9　均质箱体 A 的宽度 $b=1\ \text{m}$，高 $h=2\ \text{m}$，重 $P=200\ \text{kN}$，放在倾角 $\alpha=20°$ 的斜面上。箱体与斜面间的静滑动摩擦系数 $f_s=0.2$。今在箱体的 C 点系一无重软绳，方位如图所示，绳的另一端绕过滑轮 D 挂一重物 E。已知 $BC=a=1.8\ \text{m}$。求使箱体处于平衡状态的重物 E 的重量。

答案：$40.21\ \text{kN}\leqslant P_E\leqslant 104.2\ \text{kN}$。

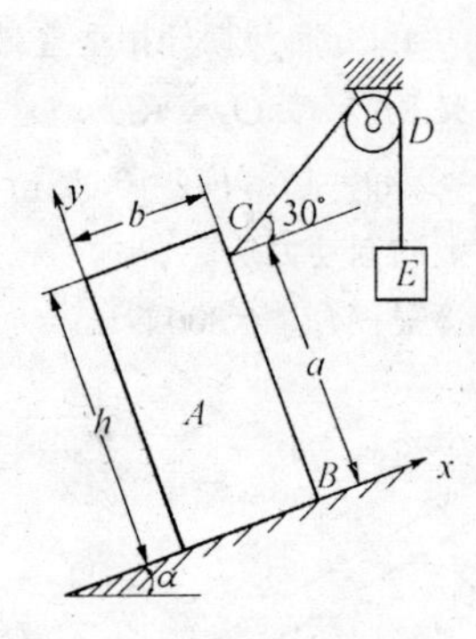

题 5-9 图

5-10　均质长板 AD 重 P，长为 4 m，用一短板 BC 支撑，如图所示。若 $AC=BC=AB=3\ \text{m}$，BC 板的自重不计。求 A、B、C 处摩擦角各为多大才能使之保持平衡？

答案：$\varphi_A=16°6'$，$\varphi_B=\varphi_C=30°$

5-11　尖劈顶重装置如图所示。在 B 块上受力 $\boldsymbol{P}$ 作用。A 与 B 块间的静滑动摩擦系数为 f_s（其它有滚子处表示光滑）。如不计 A、B 块的重量，求使系统保持平衡的水平力 $\boldsymbol{F}$ 的值。

答案：$\dfrac{\sin\alpha-f_s\cos\alpha}{\cos\alpha+f_s\sin\alpha}P\leqslant F\leqslant\dfrac{\sin\alpha+f_s\cos\alpha}{\cos\alpha-f_s\sin\alpha}P$。

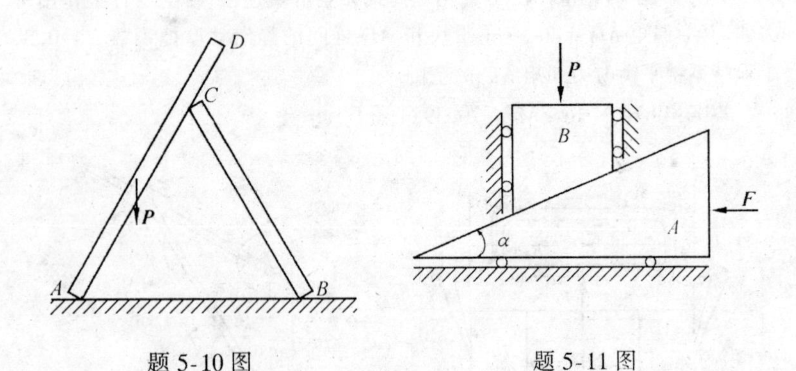

题 5-10 图　　　　题 5-11 图

5-12　一半径为 R、重为 P_1 的轮静止在水平面上，如图所示。在轮上半径为 r 的轴上缠有细绳，此细绳跨过滑轮 A，在端部系一重为 P_2 的物体。

绳的 AB 部分与铅直线成 α 角。求轮与水平面接触点 C 处的滚动摩擦力偶矩、滑动摩擦力和法向反作用力。

答案：$M = P_2(R\sin\alpha - r)$；$F_s = P_2\sin\alpha$；$F_N = P_1 - P_2\cos\alpha$。

5-13　如图所示，钢管车间的钢管运转台架，依靠钢管自重慢慢地无滑动地滚下，钢管直径为 50 mm。设钢管与台架间的滚动摩阻系数 $\delta = 0.5$ mm，试决定台架的最小倾角 α 应为多大？

答案：$\alpha = 1°9'$。

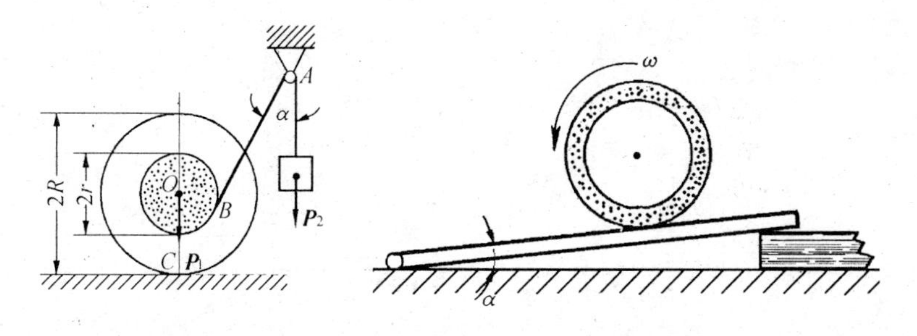

题 5-12 图　　题 5-13 图

5-14　重 50 N 的方块放在倾斜的粗糙面上，斜面的边 AB 与 BC 垂直，如图所示。如在方块上作用水平力 $\boldsymbol{F}$ 与 BC 边平行，此力由零逐渐增加，方块与斜面间的静滑动摩擦系数为 0.6。求保持方块平衡时，水平力 $\boldsymbol{F}$ 的最大值。

答案：$F = 14.83$ N。

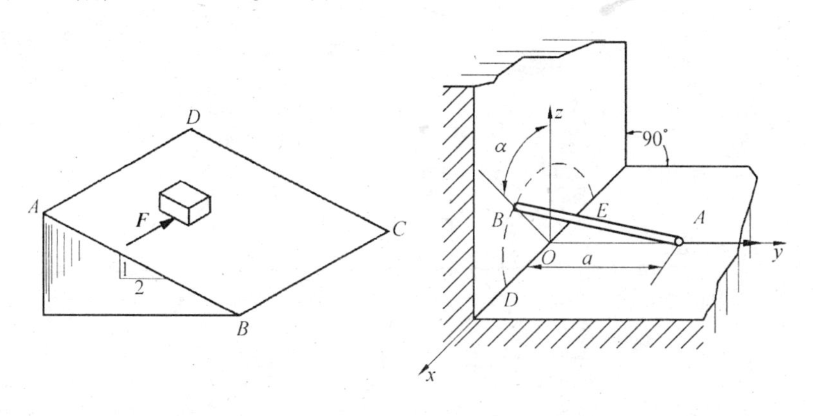

题 5-14 图　　题 5-15 图

5-15　图中均质杆 AB 长 l，重 P，A 端由一球铰链固定在地面上，B 端自由地靠在一铅直墙面上，墙面与铰链 A 的水平距离等于 a，杆 AB 与墙面间的摩擦系数为 f_s，铰链的摩擦阻力可以不计。试求杆 AB 将开始沿墙滑动时，α 角应等于多大？

答案：$\tan\alpha = \dfrac{f_s a}{\sqrt{l^2 - a^2}}$。

第六章　内　力　图

本章利用平衡方程，讨论杆件在受拉压、扭转、弯曲的外力作用时，其内力的计算问题，并画出其图形——内力图。其主要目的有二，一是为了加强对平衡方程的练习，二是为后继课程（特别是材料力学）打基础。

§6-1　概　　述

前面各章讨论平衡问题时，对单个物体的平衡问题，直接取其为研究对象，画受力图，列平衡方程求解；对物体系的平衡问题，是在物体连接处拆开，一般取单个物体或几个物体为研究对象，画受力图列平衡方程求解。在求解的所有平衡问题中，基本上没有把任意一个物体在任意截面处截开，取其任意一部分为研究对象，画受力图列平衡方程求解的。但在后继课程，特别是材料力学（还有结构力学，弹性力学等）课程中，这种方法却是必需的。

在日常生活和工程中，各种机械和结构都是由各种各样的零部件组成的，这些零部件统称为构件。按几何形状分类，大致可分为杆、板、壳和块四类，见图 6-1。横向尺寸远小于纵向尺寸的构件称为杆件，杆件又可分为直杆与曲杆，等截面杆与变截面杆。材料力学主要以等截面直杆（简称等直杆）为研究对象，而其它类型的杆件与板、壳、块等则是高等材料力学与弹性力学的研究对象。

为了以后叙述方便，对等截面直杆以后一般均称为杆件。

杆件受力后，均要产生变形，变形的基本形式有四种：拉伸和压缩，剪切，扭转和弯曲，见图 6-2。其它复杂的变形形式，可看作

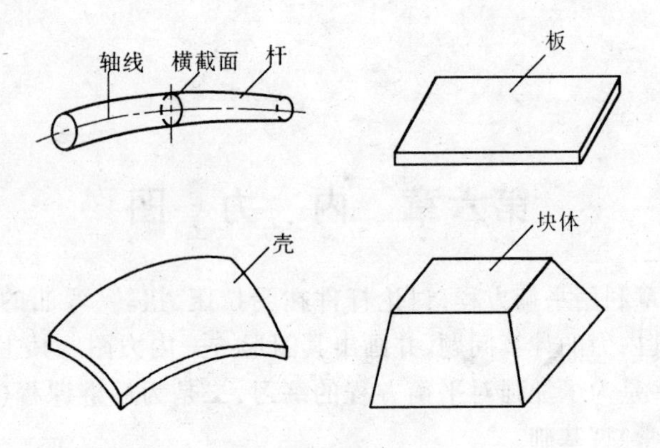

图 6-1

是以上两种或两种以上基本变形的组合,称为组合变形。所以一般先讨论基本变形,然后再讨论组合变形。我们现在仅限于讨论基本变形。

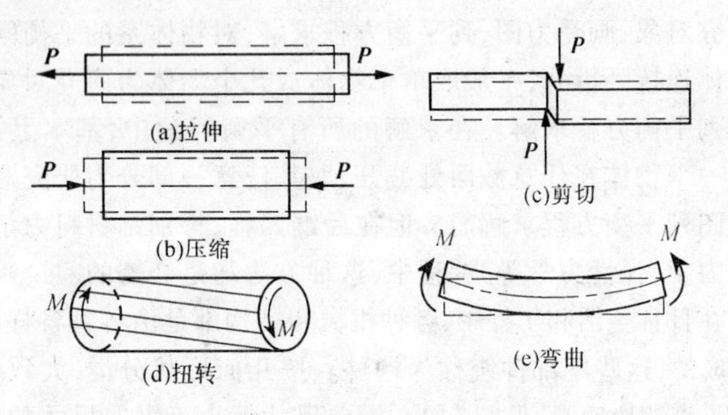

图 6-2

对于单个杆件来说,作用在杆件上的载荷和约束反力均称为外力,而杆件内部由于外力作用而产生的相互作用力,称之为内力。内力的大小及其分布方式与杆件的变形密切相关,因此,内力分析是解决杆件变形问题的重要依据。对图 6-3(a)所示的杆件,设受空间任意力系作用且处于平衡状态,这些力均称为外力。为了显示并求出杆件在外力作用下任意截面 n-n 上的力，用平面假想地把杆件分成Ⅰ、Ⅱ两部分，任取其中一部分，例如部分Ⅰ为研究对象，如图 6-3(b)所示。则在截面 n-n 上，弃去部分(部分Ⅱ)必然有力作用在此截面上，这即是此截面上的内力。从宏观角度，认为杆件的整个体积内毫无空隙地充满了物质，因而内力是连续分布的。若从细观(微观)角度去看，组成固体的粒子之间存在空隙，并不连续，这属于细观(微观)力学研究范畴。而在材料力学与弹性力学里，认为物质是毫无空隙连续分布在整个体积内，这属于宏观力学的范畴。由于外力是一个空间任意力系，则在此截面上的内力也必定形成一个空间任意力系，根据力系简化理论，选此截

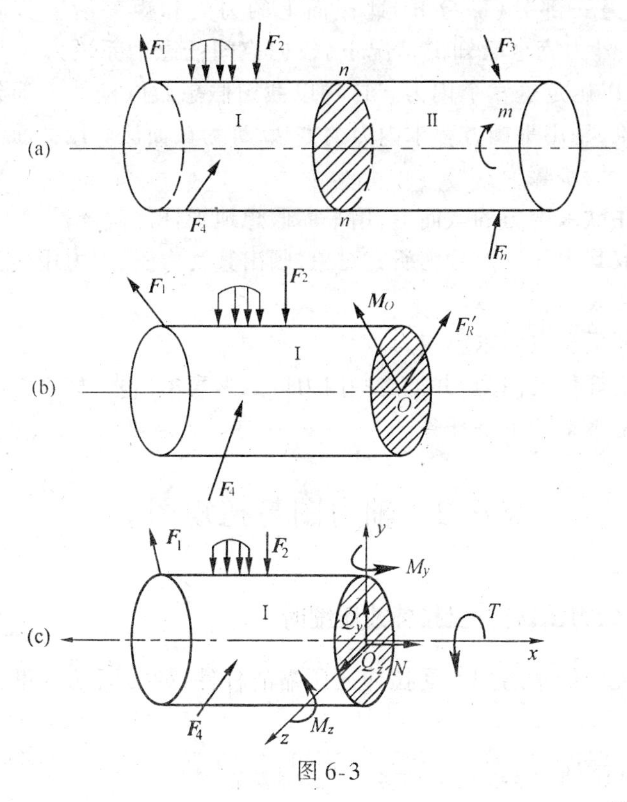

图 6-3

面的形心 O 为简化中心,则内力简化以后,得到一个主矢 $\boldsymbol{F}_R'$ 与主矩 $\boldsymbol{M}_O$,如图 6-3(b)所示。此时,部分Ⅰ在外力与内力主矢 $\boldsymbol{F}'_R$ 与主矩 $\boldsymbol{M}_O$ 作用下平衡。为了以后讨论问题的方便,把此主矢和主矩沿三个坐标轴分解为 $\boldsymbol{N}$、$\boldsymbol{Q}_y$、$\boldsymbol{Q}_z$ 与 T、M_y、M_z,如图 6-3(c)所示。与变形效应相对应,分别称 $\boldsymbol{N}$ 为轴力,$\boldsymbol{Q}_y$、$\boldsymbol{Q}_z$ 为剪力(切力),绕杆轴线的力矩 T 为扭矩,绕与截面相切的轴 y、z 的力矩 M_y、M_z 为弯矩。以后讨论杆件的内力时,统一采用图 6-3(c)所示的直角坐标系(水平轴始终向右的右手坐标系),规定图示轴力与剪力、扭矩与弯矩的方向均为正方向,即,力矢和矩矢沿轴正向为正,而另一部分(部分Ⅱ)此截面上的力矢和矩矢沿轴负向为正*。在外力完全已知的情况下,根据空间任意力系的六个平衡方程,可以确定这六个内力。这种以截面假想截取杆件一部分为研究对象,利用平衡方程求内力的方法,称为截面法。用截面法求内力的一般步骤为:

1. 在欲求内力的截面上,用平面假想地把杆件截开;

2. 取其中任一部分为研究对象,画出其受力图,内力用简化后的各分量表示;

3. 列平衡方程求出内力。

确定杆件的内力,并把这些内力以图形表示出来(称之为内力图),就是本章的主要任务。

§6-2 轴力图与扭矩图

一、轴力图(杆件受拉伸或压缩时)

工程中经常遇到承受拉伸或压缩的杆件,如前面几章里碰到

* 为了工程实际计算(用计算机,用通用程序)方便及和其它课程统一,此教材对内力符号做了新的规定,特别是剪力符号与以往习惯规定不同。

的二力杆，起各种紧固作用的螺栓，内燃机里的连杆，液压传动机构中的活塞杆等。为了确定杆件受拉伸或压缩（简称拉压）时的变形问题，确定各截面的内力是很重要的一步。图 6-4(a)所示为一受拉伸的杆件，欲求截面 $m\text{-}m$ 上的内力，用截面法在 $m\text{-}m$ 处截开，取左边部分或右边部分为研究对象，如图 6-4(b)或(c)所示，显然，此种情况下，横截面的内力只有轴力，对左边或右边部分列平衡方程，得

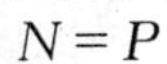

$$N = P$$

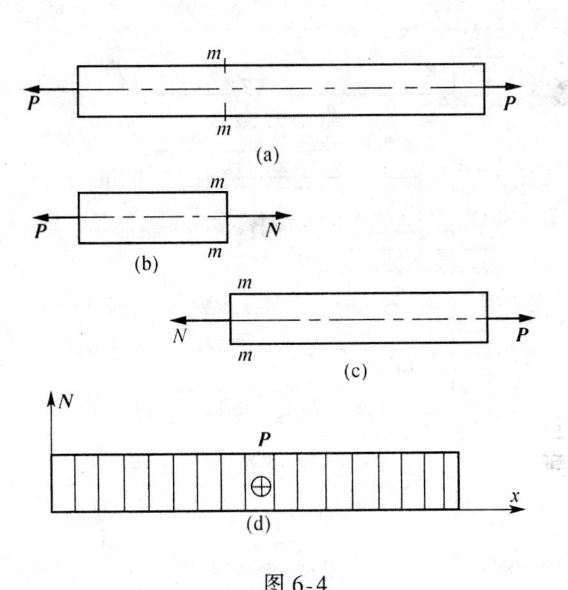

图 6-4

此时杆件受拉伸作用。若改变图 6-4(a)中力 P 的方向，轴力 N 仍按正方向画出，可得

$$N = -P$$

此时杆件受压缩作用。当杆件受多个力作用（拉或压）时，其轴力将沿着轴线变化。为了形象地表示各横截面轴力沿轴线的变化情况，常取轴线作为横坐标（或基线）表示横截面的位置，纵坐标表示

对应截面上的轴力，将轴力用图形表示，这种图形称为轴力图。图6-4(a)中的杆的轴力图如图6-4(d)所示，可见其各横截面上的轴力均相同。

下面再举例说明如何计算轴力和如何绘制轴力图。

例 6-1 图 6-5(a)所示直杆，一端固定，另一端受力 $\boldsymbol{P}_C$ 作用，B 处受力如图所示。已知 $P_C = 2\ \text{kN}$，$P_B = 3\ \text{kN}$，$\boldsymbol{P}_c$ 与 $\boldsymbol{P}_B$ 的作用线均与杆的轴线相重合，要求绘制出杆的轴力图。

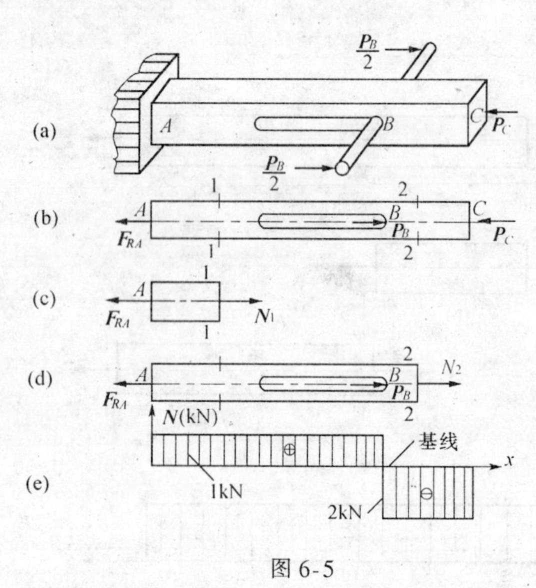

图 6-5

解：杆的计算简图如图 6-5(b)所示，由平衡方程可以先求出固定端 A 处的约束反力 $\boldsymbol{F}_{RA}$

$$\sum X = 0 \qquad -F_{RA} + P_B - P_C = 0$$

解得

$$F_{RA} = 1\ \text{kN}$$

由分析可看出，杆的 AB 段轴力相同，BC 段轴力相同，AB、BC 段轴力不同，为此，需分段求轴力。

对 AB 段，沿截面 1-1 把杆件截开，保留左边部分，用 $\boldsymbol{N}_1$ 表示作用于此截面上的轴力，且设其为正，其受力图如图 6-5(c)所示，由平衡方程

$$\sum X = 0 \quad N_1 - F_{RA} = 0$$

得轴力 $$N_1 = 1\ \text{kN}$$

对 BC 段,沿截面 2-2 把杆件截开,仍保留左边部分,用 $\boldsymbol{N}_2$ 表示作用于此截面上的轴力,且设其为正,其受力图如图 6-5(d)所示,由平衡方程

$$\sum X = 0 \quad N_2 - F_{RA} + P_B = 0$$

得轴力 $$N_2 = -2\ \text{kN}$$

N_2 为负值,说明轴力 N_2 的实际方向与图示方向相反,即为压力。

取杆轴线作为横坐标,纵坐标表示轴力,画出各段轴力,图 6-5(e)即为所求轴力图。由该轴力图可以很直观地看出杆件各横截面上的轴力分布。

请读者考虑,对此题是否一定要求出约束反力?若先从横截面 2-2 处截开,取右边部分为研究对象,再从 1-1 处截开,再取右边部分为研究对象,可否?

例 6-2 直径为 d 的圆截面杆,长为 l,比重(重度)为 γ,上端固定,铅垂放置,如图 6-6(a)所示。求出因杆的自重引起的轴力并绘出轴力图。

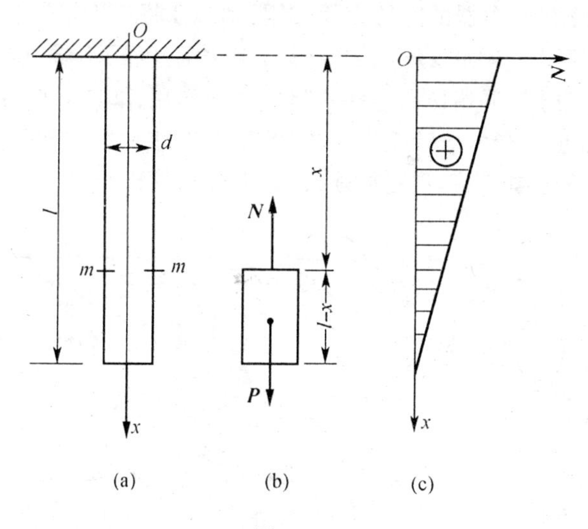

图 6-6

解: 任取一横截面 m-m,截取下半部分为研究对象,受力图如图 6-6(b)所示,设此段的重量为 P,则

$$P=\frac{\pi d^2}{4}(l-x)\cdot\gamma$$

由平衡方程　　$\sum X=0 \quad P-N=0$

得轴力　　$N=\frac{\pi d^2}{4}(l-x)\gamma \quad (0\leqslant x\leqslant l)$

以杆轴线作为 x 轴,画出其轴力图如图 6-6(c)所示,最大轴力发生在杆的根部,为　　$N_{\max}=\frac{\pi d^2}{4}l\gamma$。

二、扭矩图(杆件受扭转时)

在杆件的两端作用两个大小相等、方向相反、作用面垂直杆件轴线的力偶,使杆件的任意两个横截面都发生绕轴线的相对转动,这种变形称为扭转。工程中有些杆件,往往产生扭转变形。如汽车方向盘上的转向轴 AB、上端受到由方向盘传来的力偶作用,下端受到来自转向器的阻抗力偶作用,轴 AB 将产生扭转变形,如图 6-7(a)所示。又如攻丝用的攻丝搬手中的丝锥,上端受到主动力偶 m 的作用,下端受到工件的阻抗力偶作用,如图 6-7(b)、(c)所示,丝锥也将产生扭转变形。电动机主轴、水轮机主轴、机床传动轴等的变形中,除其它变形外,往往也含有扭转变形。

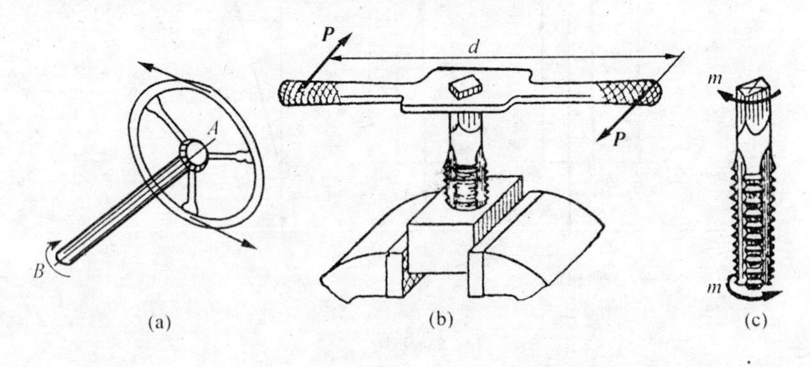

图 6-7

和杆件承受拉压作用时一样,杆件受扭转作用时,其内力的确定是分析杆件扭转变形的重要一步。为确定其内力，仍采用截面法。杆件承受外力偶作用时，若处于平衡状态，根据力偶的性质，其横截面上的内力也必形成内力偶与外加力偶平衡。由横截面上的内力形成的内力偶矩称为扭矩，扭矩也将沿着杆件轴线变化，为了形象地表示各横截面上扭矩沿轴线的变化情况，常取轴线作为横坐标（或基线）表示横截面的位置，纵坐标表示对应截面上的扭矩，这样的图形称为扭矩图。

工程上许多受扭转的杆件，如传动轴等，往往并不直接给出其外力偶矩，而是给出轴所传递的功率和转速，这时可用如下方法求出作用于轴上的外力偶矩。

我们已经知道功的概念，若为常力，力在一段位移中做的功，等于力与位移的点乘积。若为变力，取一微小位移，力在此微小位移中可认为是常力，则力在此微小位移中作的功等于力与此微小位移的点乘积。类似于此，作用于转动物体上的力在一微小转角 $\mathrm{d}\varphi$ 上作的功等于力对转轴的矩 m 与微小转角 $\mathrm{d}\varphi$ 的乘积，即 $\mathrm{d}w=m\mathrm{d}\varphi$。我们也知道功率的概念，单位时间内力所作的功称为功率，一般以 P 表示，设产生微小转角 $\mathrm{d}\varphi$ 所用时间为 $\mathrm{d}t$，则

$$P=\frac{\mathrm{d}w}{\mathrm{d}t}=m\ \frac{\mathrm{d}\varphi}{\mathrm{d}t}=m\omega$$

式中，$\omega=\dfrac{\mathrm{d}\varphi}{\mathrm{d}t}$为转动物体的角速度。因此，在已知功率与角速度的情况下，外力所产生的力矩为

$$m=\frac{P}{\omega} \tag{6-1}$$

式中，若功率 P 的单位为瓦(W)，角速度的单位为弧度/秒(rad/s)，则力矩的单位为牛顿·米(N·m)。

工程中功率的常用单位为千瓦(kW)，以 P_k 表示，转速的单位为转/分(rpm)，以 n 表示，则

$$P=1\ 000\ P_k \qquad \omega=\frac{2\pi n}{60}$$

有 $$m=\frac{P}{\omega}=\frac{1\ 000\ P_k}{2\pi}\cdot\frac{60}{n}=\frac{3\times10^4}{\pi}\cdot\frac{P_k}{n}$$

近似的取 $$m=9549\frac{P_k}{n}\quad(m\text{ 的单位为 N·m})\tag{6-2}$$

下面举例说明扭矩的计算和扭矩图的绘制。

例 6-3 一等圆截面传动轴如图 6-8(a)所示，其转速 n 为 300 rpm，主动轮 A 的输入功率 $P_A=221$ kW，从动轮 B、C 的输出功率分别为 $P_B=148$ kW，$P_C=73$ kW，轴处于稳定转速状态，求轴上各截面的扭矩，并作扭矩图。

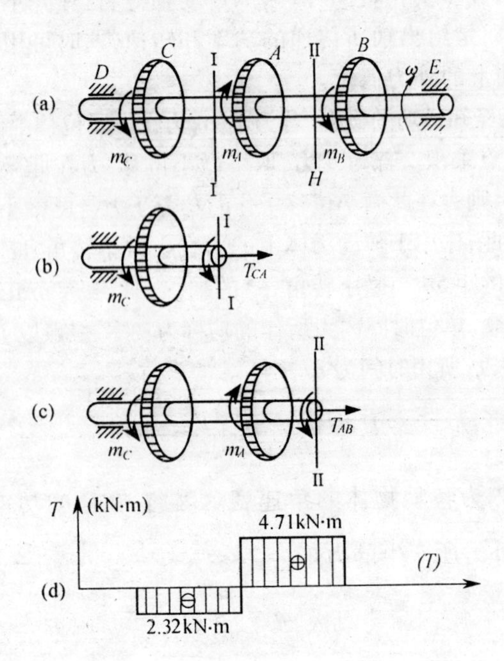

图 6-8

解：设主动轮的转向如图 6-8(a)所示，其上的力偶矩为 m_A，则从动轮 B、C 上的阻力偶矩如图 6-8(a)所示，设为 m_B 与 m_C，而且有

$$m_A=9549\frac{P_A}{n}=9549\times\frac{221}{300}=7.03\times10^3\ \text{N·m}$$

$$m_B = 9549\,\frac{P_B}{n} = 9549 \times \frac{148}{300} = 4.71 \times 10^3\,\mathrm{N \cdot m}$$

$$m_C = 9549\,\frac{P_C}{n} = 9549 \times \frac{73}{300} = 2.32 \times 10^3\,\mathrm{N \cdot m}$$

分段考虑各段轴的扭矩，显然对 DC 段与 BE 段，有

$$T_{DC} = 0 \qquad T_{BE} = 0$$

而在 CA 段内，以截面Ⅰ-Ⅰ截取左边部分为研究对象，以 T_{CA} 表示此截面上的扭矩，且假定 T_{CA} 为正向，见图 6-8(b)，由平衡方程

$$\sum M_x = 0 \qquad T_{CA} + m_C = 0$$

得
$$T_{CA} = -m_C = -2.32 \times 10^3\,\mathrm{N \cdot m}$$

同理在 AB 段内，见图 6-8(c)，由平衡方程

$$\sum M_x = 0 \qquad m_c - m_A + T_{AB} = 0$$

得
$$T_{AB} = 4.71 \times 10^3\ \mathrm{N \cdot m}$$

以轴线 DE 为横坐标轴，画出扭矩如图 6-8(d)所示。可看出最大扭矩 $|T|_{\max} = 4.71 \times 10^3\ \mathrm{N \cdot m}$，发生在 AB 段内。

例 6-4 已知轴的长度为 l，m 为均匀分布的力偶，单位为N·m/m，见图 6-9(a)。求轴的扭矩图。

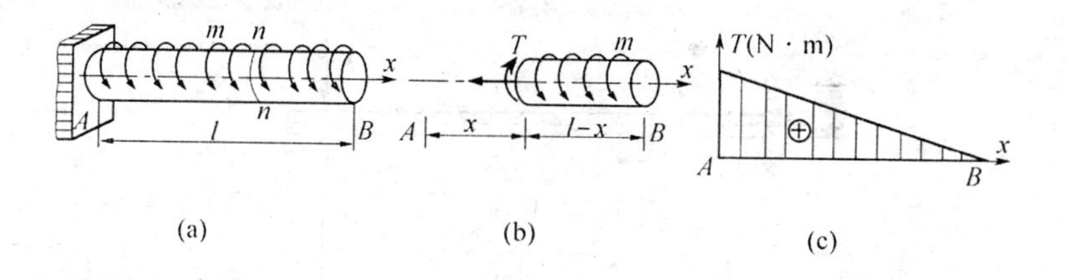

图 6-9

解：取 n-n 截面右边部分为研究对象，受力图如图 6-9(b)所示，列平衡方程

$$\sum M_x = 0 \quad m(l - x) - T = 0$$

得扭矩为
$$T = m(l - x) \quad (0 \leqslant x \leqslant l)$$

扭矩图如图 6-9(c)所示，扭矩最大值为 $T_{\max} = ml$。

§6-3 剪力图与弯矩图

直杆在垂直于轴线的外力或位于轴线所在平面内的外力偶作用下，轴线将由直线变为曲线，这种变形称为弯曲变形。发生弯曲变形或以弯曲变形为主的直杆称为直梁，相应的还有曲梁。现在主要讨论直梁，以后也简称梁。如习题 4-11(a)、(b)中的水平梁，工程中的房梁、桥梁、天车大梁、装有车轮的火车（汽车）轴、装有齿轮的轴等，都可以被看作为梁。经过简化以后，梁的类型一般被分为简支梁、悬臂梁、外伸梁（可伸出一端或两端）三种基本（典型）形式，如图 6-10(a)、(b)、(c)所示。这些梁的约束反力均可以由平衡方程求出，所以均称为静定梁，相应的还有静不定梁，现在仅限于讨论静定梁。

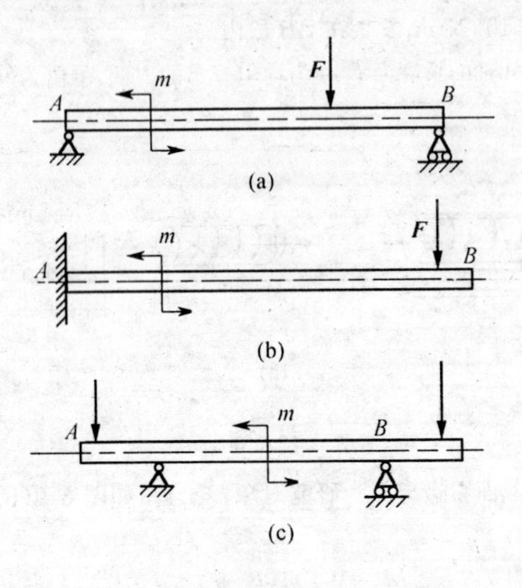

图 6-10

工程中常用的梁，横截面一般都有一根对称轴，此对称轴和梁的轴线相交形成的平面称为梁的纵向对称面，因而常用的梁也就有一个纵向对称面。若作用在梁上的所有外力(外载荷)均在此纵向对称面内或关于纵向对称面对称,梁的轴线变形后仍在此纵向对称面内,这种变形称为平面弯曲变形,如图 6-11 所示。我们画出的梁的简图一般表示的都是其纵向对称面,如图 6-10 所示。平面弯曲变形是弯曲变形中最基本最常见的变形,现在仅限于讨论这种变形。

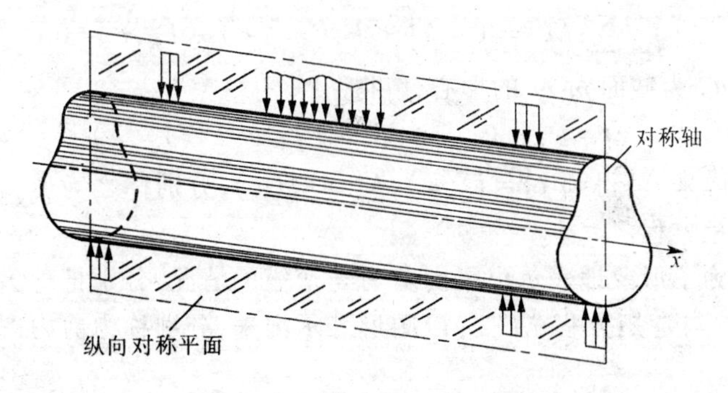

图 6-11

为了分析与计算梁的变形,仍然需要先知道梁的内力,为此仍需采用截面法,现以图 6-12(a)所示的简支梁为例,对梁的内力计算说明如下。

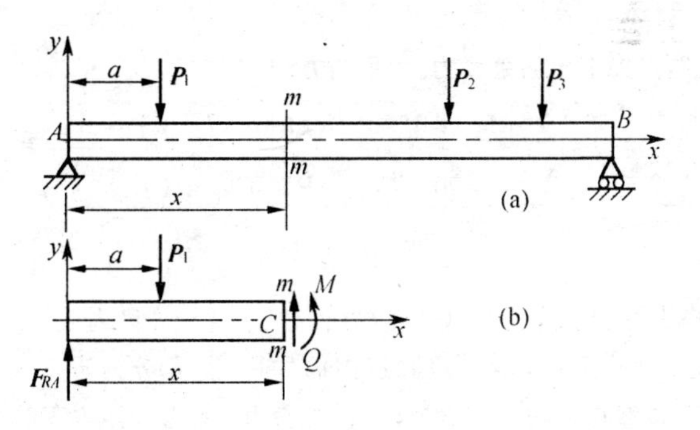

图 6-12

若欲求在任一横截面 m-m 上的内力,按截面法沿 m-m 假想地把梁截开，分为左、右两部分，任取其中一部分，例如左边部分，见图 6-12(b)，考虑此截面上的内力。由于外力均垂直于梁轴线，由平衡条件可知截面上的内力简化结果没有沿梁轴线的分量，而只有垂直于梁轴线的力分量（以 Q 表示）和一力偶矩（以 M 表示），称此力为剪力，力偶为弯矩。由平衡方程

$$\sum Y = 0 \quad F_{RA} - P_1 + Q = 0$$

$$\sum M_c = 0 \quad M + P_1(x - a) - F_{RA}x = 0$$

式中 C 为截面 m-m 的形心，解得

$$Q = P_1 - F_{RA} \qquad M = F_{RA}x - P_1(x - a)$$

一般说来，可得到 $Q = Q(x)$，$M = M(x)$，分别称之为剪力方程与弯矩方程。

为了形象地表示出梁内剪力与弯矩的情况，分别把剪力方程 $Q(x)$ 与弯矩方程 $M(x)$ 以图形表示出来，分别称为剪力图与弯矩图。

下面举例说明如何列出剪力方程与弯矩方程及如何绘制剪力图与弯矩图。

例 6-5 图 6-13(a)所示为一不计自重受一集中力 P 作用的简支梁，P、l、a 均为已知，求剪力方程式 $Q(x)$ 与弯矩方程式 $M(x)$，并绘出剪力图与弯矩图。

解：此题需先求出约束反力，由平衡方程

$$\sum M_B = 0 \quad - lF_{RA} + P(l - a) = 0$$

$$\sum Y = 0 \quad F_{RA} - P + F_{RB} = 0$$

解得

$$F_{RA} = \frac{l - a}{l}P \qquad F_{RB} = \frac{a}{l}P$$

由于集中力 P 把梁分为 AC 和 CB 两段，若在 AC 段内截取左边部分为研究对象，外力只有 F_{RA}；若在 CB 段内仍截取左边部分为研究对象，则外力有 F_{RA} 与 P，显然在梁的 AC 段与 CB 段内剪力方程和弯矩方程是不同的，因此，必须分段建立剪力方程和弯矩方程。

在 AC 段内，利用截面法，在距 A 点为 x 的截面处截取梁左边部分为研

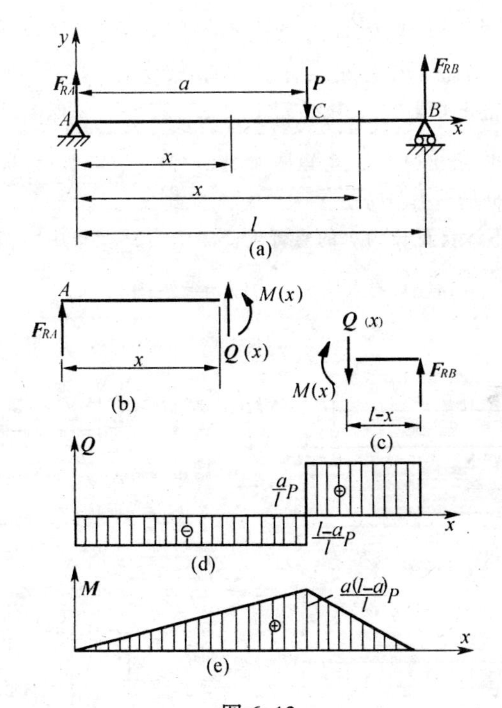

图 6-13

究对象，剪力 $Q(x)$ 与弯矩 $M(x)$ 均按正方向画出，如图 6-13(b)所示，由左段平衡方程

$$\sum Y = 0 \quad F_{RA} + Q(x) = 0$$

$$\sum M_A = 0 \quad M(x) + Q(x) \cdot x = 0$$

解得

$$Q(x) = -\frac{l-a}{l}P \quad (0 < x < a) \qquad \text{(a)}$$

$$M(x) = \frac{l-a}{l}Px \quad (0 \leqslant x \leqslant a) \qquad \text{(b)}$$

CB 段内利用截面法，在距 A 点为 x 的截面处截取梁右边部分（当然仍可取左边部分）为研究对象，剪力 $Q(x)$ 与弯矩 $M(x)$ 均按正方向画出，如图 6-13(c)所示，由右段的平衡方程

$$\sum Y = 0 \quad -Q(x) + F_{RB} = 0$$

$$\sum M_B = 0 \quad -M(x) + Q(x) \cdot (l - x) = 0$$

解得
$$Q(x)=\frac{a}{l}P \qquad (a<x<l) \qquad \text{(c)}$$

$$M(x)=\frac{a}{l}P(l-x) \qquad (a\leqslant x\leqslant l) \qquad \text{(d)}$$

以梁轴线做为 x 轴(或基线),纵坐标表示剪力 Q 与弯矩 M,根据(a)、(c)与(b)、(d)式,绘出剪力图、弯矩图如图 6-13(d)、(e)所示,从图中可以清晰地看出各截面的剪力与弯矩。

例 6-6 不计自重长为 l 的悬臂梁受集中力 P 及集中力偶 m 作用,且 $m=\frac{3}{2}Pl$,见图 6-14(a),要求绘出剪力图与弯矩图。

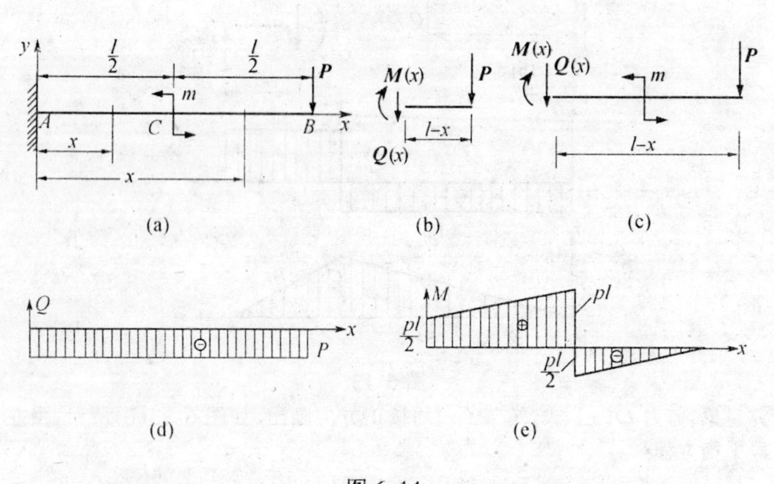

图 6-14

解: 集中力偶把梁分为 AC、CB 两段,若在 CB 段截取右边部分为研究对象,外力只有 P;若在 AC 段内截取右边部分为研究对象,外力有力 P 与力偶 m,因此需分段列剪力与弯矩方程,且这样考虑,可以不求约束反力。

CB 段内截取右边部分为研究对象,如图 6-14(b)所示,由平衡方程可列出剪力方程与弯矩方程为

$$Q(x)=-P \qquad (\frac{l}{2}\leqslant x<l)$$

$$M(x)=-P(l-x) \qquad (\frac{l}{2}<x\leqslant l)$$

AC 段内截取右边部分为研究对象,如图 6-14(c)所示,由平衡方程可得

出剪力方程与弯矩方程为

$$Q(x) = -P \qquad (0 < x \leqslant \frac{l}{2})$$

$$M(x) = Px + \frac{1}{2}Pl \qquad (0 < x < \frac{l}{2})$$

梁的剪力图与弯矩图如图 6-14(d)、(e)所示。

例 6-7 不计自重的简支梁长为 a，受均布载荷 q 及矩为 $2qa^2$、qa^2 的力偶作用，如图 6-15(a)所示。要求绘出剪力图与弯矩图。

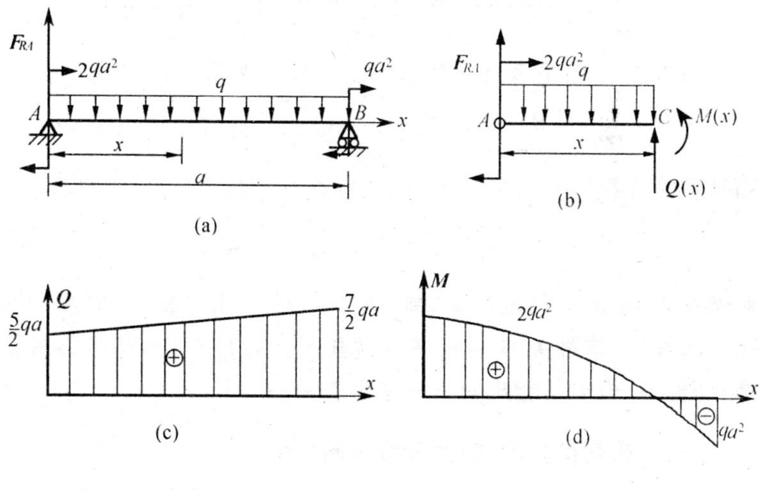

图 6-15

解：此题需先求出约束反力，由平衡方程

$$\sum M_B = 0 \quad -F_{RA}a + qa \cdot \frac{a}{2} - 2qa^2 - qa^2 = 0$$

解得 $F_{RA} = -\frac{5}{2}qa$

在整个梁段 AB 内，没有集中力和集中力偶作用，剪力与弯矩没有突然改变，所以在任意截面 x 处截取左边(或右边)部分为研究对象，如图 6-15(b)所示，由平衡方程

$$\sum Y = 0 \quad F_{RA} + Q(x) - qx = 0$$

$$\sum M_C = 0 \quad M(x) + qx \cdot \frac{x}{2} - 2qa^2 - F_{RA} \cdot x = 0$$

解得 $$Q(x)=+\frac{5}{2}qa+qx \qquad (0<x<a)$$

$$M(x)=2qa^2-\frac{1}{2}qx^2-\frac{5}{2}qax \qquad (0\leqslant x\leqslant a)$$

其剪力图与弯矩图如图 6-15(c)、(d)所示。

§6-4 外力、剪力、弯矩间的关系及其在作剪力、弯矩图中的应用

对例 6-7,若把弯矩方程 $M(x)$对 x 求导数,有

$$\frac{\mathrm{d}M(x)}{\mathrm{d}x}=-qx-\frac{5}{2}qa=-Q(x)$$

而把剪力方程 $Q(x)$对 x 求导数,则是分布载荷集度 q,即

$$\frac{\mathrm{d}Q(x)}{\mathrm{d}x}=q$$

对例 6-5、例 6-6 中的弯矩方程 $M(x)$对 x 求导数,也有类似情况。实际上,这种关系不只是对这几个例题成立,而是带有普遍性,即外力、剪力与弯矩间具有特定的关系。

一、分布载荷集度、剪力及弯矩间的关系

在图 6-16(a)所示的简支梁上,受有分布载荷,集中力和集中力偶作用。设分布载荷 q 为 x 的连续函数,即 $q=q(x)$,且规定其方向以向上为正。在分布载荷作用处,距 O 点为 x 的地方截取一微段梁 $\mathrm{d}x$,其受力分析如图 6-16(b)所示,其中 $Q(x)$、$M(x)$与 $Q(x)+\mathrm{d}Q(x)$、$M(x)+\mathrm{d}M(x)$分别表示微段梁左、右两个端面上的剪力和弯矩,由于梁处于平衡状态,此微段梁也处于平衡状态,由平衡方程

$$\sum Y=0 \quad -Q(x)+q(x)\mathrm{d}x+[Q(x)+\mathrm{d}Q(x)]=0$$

得 $$\frac{\mathrm{d}Q(x)}{\mathrm{d}x}=-q(x) \qquad (6\text{-}3)$$

再由平衡方程式

$$\sum M_c=0 \quad M(x)+\mathrm{d}M(x)-q(x)\mathrm{d}x\cdot\frac{1}{2}\mathrm{d}x-M(x)+Q(x)\mathrm{d}x=0$$

略去二阶微量 $\frac{1}{2}q(x)(\mathrm{d}x)^2$

得

$$\frac{\mathrm{d}M(x)}{\mathrm{d}x}=-Q(x) \tag{6-4}$$

再对 x 求一阶导数，又有

$$\frac{\mathrm{d}^2M(x)}{\mathrm{d}x^2}=-\frac{\mathrm{d}Q(x)}{\mathrm{d}x}=q(x) \tag{6-5}$$

即分布载荷集度 $q(x)$与剪力 $Q(x)$、弯矩 $M(x)$之间存在导数关系。

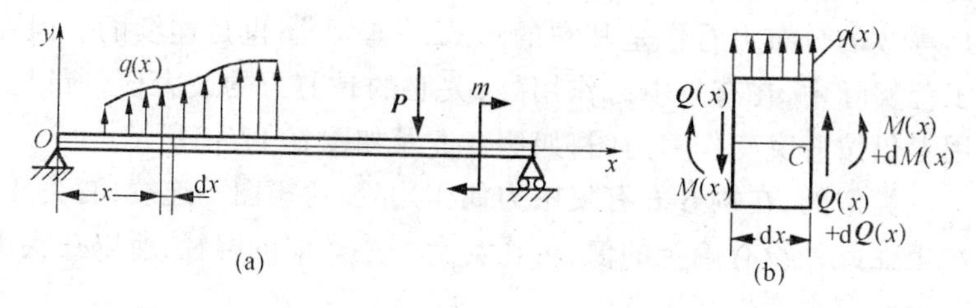

图 6-16

二、集中力、集中力偶作用处的剪力和弯矩

在例6-5有集中力作用处，其剪力图不连续，有突变，即剪力在此处没有确定的值，此现象也具有普遍性。在图 6-16(a)中，在集中力 P 作用处，截取一微段梁 Δx(请读者考虑，为何不用 $\mathrm{d}x$?)，其受力图如图6-17(a)所示，其中$Q(x)$、$M(x)$与

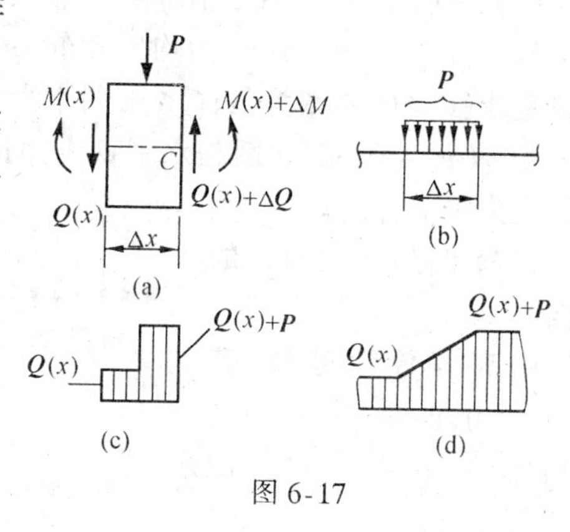

图 6-17

$Q(x)+\Delta Q$、$M(x)+\Delta M$ 分别表示微段梁左、右两个端面上的剪力与弯矩，由平衡方程

$$\sum Y=0 \quad -Q(x)-P+[Q(x)+\Delta Q]=0$$

得 $\qquad \Delta Q=P$

即剪力在此处发生突变，其变化值等于集中力 P 的大小。这实际上是由于把力 P 作为集中力(集中于一点)而造成的。实际上，所谓的集中力不可能“集中”于一点，其总是分布在一个很小范围 Δx 上的，若把与此集中力 P 等效的分布力看做是均匀分布的，如图 6-17(b)所示，则剪力 $Q(x)$变到 $Q(x)+P$ 是按线性规律连续变化的，是有确定的值的。如图 6-17(d)所示。若把与此集中力 P 等效的分布力看作是其它的形式，其剪力图也是连续的。但在工程实际中，在有集中力作用处，关心的是剪力的最大值，所以实用上仍按有突变作剪力图，如例 6-5 及如图 6-17(c)所示。

类似的，在例 6-6 有集中力偶作用处，弯矩图不连续，有突变，弯矩在此处没有确定的值，可作与上所述类似的解释，所以在实用上仍按有突变作弯矩图。

三、分布载荷 $q(x)$、剪力 $Q(x)$及弯矩 $M(x)$图形上的关系

1. $q(x)$、$Q(x)$、$M(x)$图的线型依次递增一次

若 $q(x)=C$，即 $q(x)$为均匀分布，q 图为水平直线，则 Q 图为斜直线($C>0$，斜率为负；$C<0$，斜率为正)，M 图为二次曲线；

若 $q(x)=0$，则 Q 图为水平直线，M 图一般为斜直线(若 $Q=0$，则为水平直线)。

2. M 图的凹向同 q 的指向

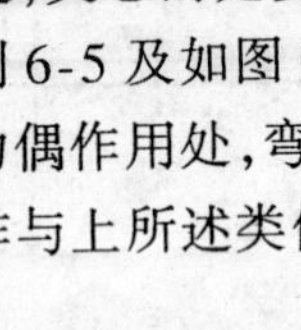

由高等数学可知，若 $f''(x)>0$，曲线 $f(x)$凹向上；$f''(x)<0$，曲线 $f(x)$凹

分布载荷(雨线)

弯矩图曲线(伞面)

图 6-18

向下。而 $M''(x)=q(x)$，所以若 q 向上，则 M 图凹向上，若 q 向下，则 M 图凹向下。若把分布载荷 q 比作雨线，弯矩图曲线比作伞面，则 q 的指向与 M 图凹向间的关系如同下雨时张伞的情形一样，见图 6-18。

3. 在 $Q=0$ 处，反映在 M 图上，弯矩 M 有极值。

4. 在集中力作用截面，Q 图有突变，突变值等于集中力的值，M 图有折点；在集中力偶作用截面，M 图有突变，突变值等于集中力偶的值，Q 图无变化。

利用上述关系，可对检查与绘制剪力、弯矩图带来方便。

例 6-8 图 6-19(a)所示外伸梁，已知分布载荷 q，尺寸 l，集中力 $P=\frac{1}{3}ql$，集中力偶 $m=\frac{1}{6}ql^2$，要求绘出剪力图与弯矩图。

解：此题需先求出约束反力，对图 6-19(a)，由

$$\sum M_C = 0 \qquad -F_{RA}l + \frac{1}{2}ql \cdot \frac{3}{4}l + m - P \cdot \frac{l}{2} = 0$$

$$\sum Y = 0 \qquad F_{RA} - \frac{1}{2}ql + F_{RC} - P = 0$$

解得 $\quad F_{RA}=\frac{3}{8}ql \qquad F_{RC}=\frac{11}{24}ql$

可以看出，AB、BC、CD 段内剪力和弯矩的变化规律不同，因而需分段考虑。

在 AB 段内，在距 A 为 x 处截取左边部分，其受力图如图 6-19(b)所示，由平衡方程

$$\sum Y=0 \quad F_{RA}-qx+Q(x)=0$$

$$\sum M_E=0 \quad M(x)+qx\cdot\frac{x}{2}-F_{RA}x=0$$

解得

$$Q(x)=qx-\frac{3}{8}ql \qquad (0\leqslant x\leqslant\frac{l}{2})$$

$$M(x)=\frac{3}{8}qlx-\frac{1}{2}qx^2 \quad (0\leqslant x<\frac{l}{2})$$

求导，有

$$\frac{dM(x)}{dx}=\frac{3}{8}ql-qx=-Q(x)\qquad\frac{dQ(x)}{dx}=q$$

在 BC 段内，在距 A 为 x 处截取左边部分，其受力图如图 6-19(c)所示，由平衡方程

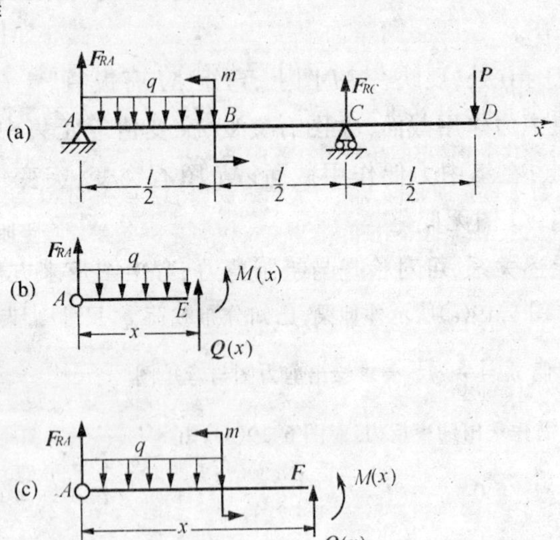

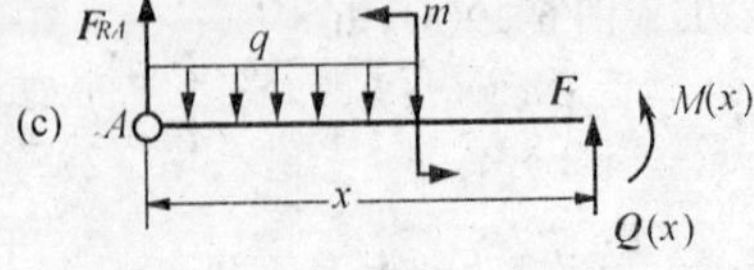

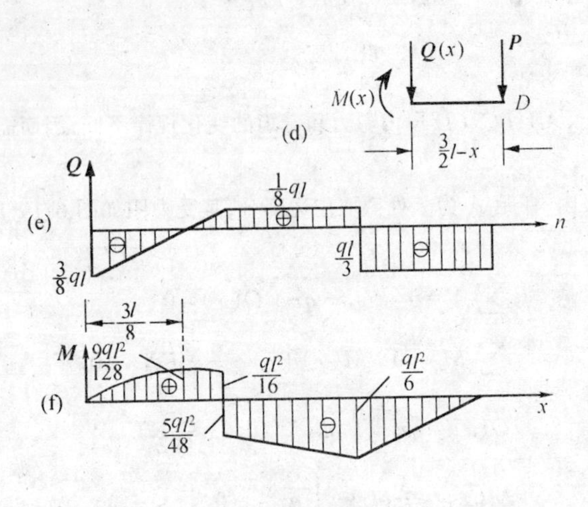

图 6-19

$$\sum Y=0 \qquad F_{RA}-q\cdot\frac{l}{2}+Q(x)=0$$

$$\sum M_F=0 \quad M(x)+m+q\cdot\frac{l}{2}\cdot(x-\frac{1}{4}l)-F_{RA}x=0$$

解得

$$Q(x)=\frac{1}{8}ql \quad (\frac{l}{2}\leqslant x<l)$$

$$M(x)=-\frac{1}{8}qlx-\frac{1}{24}ql^2 \quad (\frac{l}{2}<x\leqslant l)$$

求导,有

$$\frac{dM(x)}{dx}=-\frac{1}{8}ql=-Q(x) \qquad \frac{dQ(x)}{dx}=0$$

在 CD 段内,在距 A 为 x 处截取右边部分,受力图如图 6-19(d)所示,由平衡方程

$$\sum Y=0 \quad -Q(x)-P=0$$

$$\sum M_D=0 \quad -M(x)+Q(x)\cdot(\frac{3}{2}l-x)=0$$

解得

$$Q(x)=-\frac{1}{3}ql \quad (l<x\leqslant\frac{3}{2}l)$$

$$M(x)=\frac{1}{3}qlx-\frac{1}{2}ql^2 \quad (l\leqslant x\leqslant\frac{3}{2}l)$$

求导,有

$$\frac{dM(x)}{dx}=\frac{1}{3}ql=-Q(x) \quad \frac{dQ(x)}{dx}=0$$

剪力图与弯矩图如图 6-19(e)、(f)所示,经检验,剪力图与弯矩图及载荷之间符合上面所述导数关系。

小　　结

1.作用在杆件上的载荷和约束反力称为外力,杆件内部由于外力作用而产生的相互作用力称为内力。内力的大小及其分布方式是解决杆件变形问题的重要依据。按杆件的变形形式,内力简化以后,其分量有轴力、剪力、扭矩与弯矩之分。

2.求内力的基本方法为截面法。以截面假想截取杆件一部分

为研究对象，利用平衡方程求内力的方法称为截面法。把求出的内力以图形表示出来，称为内力图。一般取杆件的轴线为横坐标表示横截面的位置，纵坐标表示轴力、扭矩、剪力与弯矩，分别称之为轴力图、扭矩图、剪力图与弯矩图。

3. 分布载荷集度 $q(x)$，剪力方程 $Q(x)$，弯矩方程 $M(x)$之间存在导数关系，即

$$\frac{\mathrm{d}Q(x)}{\mathrm{d}x}=-q(x)\qquad\frac{\mathrm{d}M(x)}{\mathrm{d}x}=-Q(x)\qquad\frac{\mathrm{d}^2M(x)}{\mathrm{d}x^2}=q(x)$$

在集中力、集中力偶作用处，剪力、弯矩值有突变，其突变值等于集中力、集中力偶值的大小。

利用上述关系，可对检查与绘制剪力图与弯矩图带来方便。

思　考　题

1. 何谓构件与杆件，其区别是什么？杆件的基本变形形式有几种，能否各举出一些实例？

2. 对变形体，力的可传性、加减平衡力系公理、力的平移定理及力偶矩矢量是自由矢量还能否成立？为什么？

3. 本章中内力与外力的概念与前面几章中内力与外力的概念有无区别？

4. 用截面法求内力的步骤是什么？对轴力、扭矩、剪力、弯矩的符号是如何规定的？若取杆件不同部分（如左边或右边部分）为研究对象，求得的内力大小是否会不同？按上述符号规定求得的内力的符号是否会改变？

5. 杆件的内力图相同，变形是否相同？

6. 集中力作用处，Q 图有何变化？M 图有何变化？

集中力偶作用处，Q 图有何变化？M 图有何变化？

7. $q(x)$、$Q(x)$、$M(x)$之间的微分关系是什么？由此得出的 q、Q、M 图之间的规律是什么？

8. 因$\frac{\mathrm{d}M(x)}{\mathrm{d}x}=-Q(x)$，若 $Q(x)=0$，则弯矩在此处一定有极值，但能否说，弯矩的极值一定发生在 $Q(x)=0$ 处？为什么？

习　　题

6-1　不考虑各杆自重，已知条件如图，作图示各杆的轴力图。

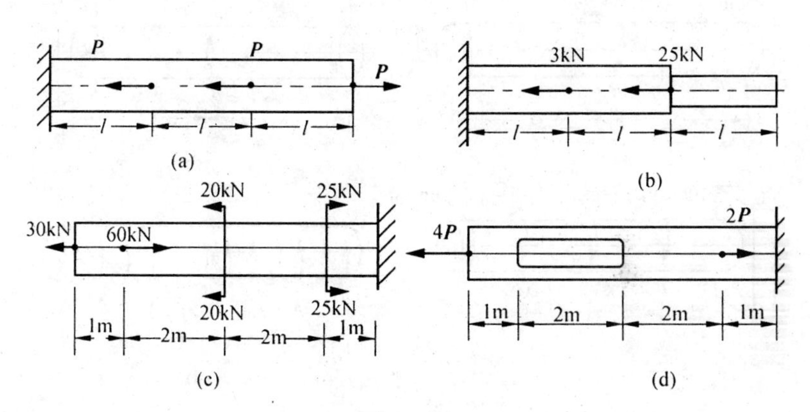

题 6-1 图

6-2　已知直杆的横截面面积 A、尺寸 a 和材料的比重(重度)γ，所受外力如图所示，其中集中力 $P=10\gamma Aa$。求考虑杆的自重时，各杆的轴力，并画出杆的轴力图。

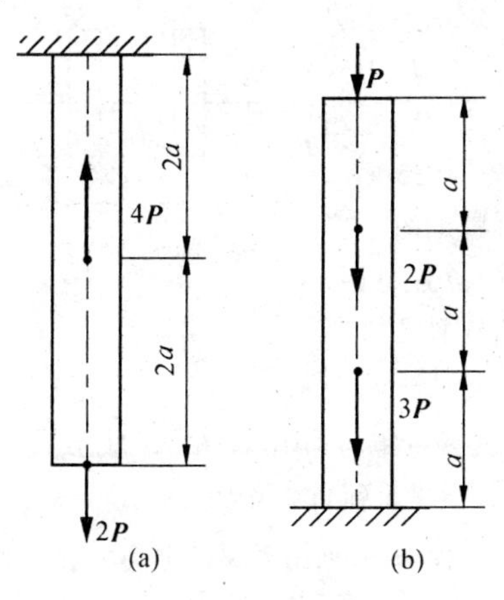

题 6-2 图

6-3　已知条件如图，绘制各杆的扭矩图，并确定最大扭矩。

答案：(a) $|T|_{max} = 3\ kN\cdot m$；　(b) $|T|_{max} = 2\ m$；

(c) $|T|_{max} = 75\ kN\cdot m$　(d) $|T|_{max} = 4.5\ kN\cdot m$

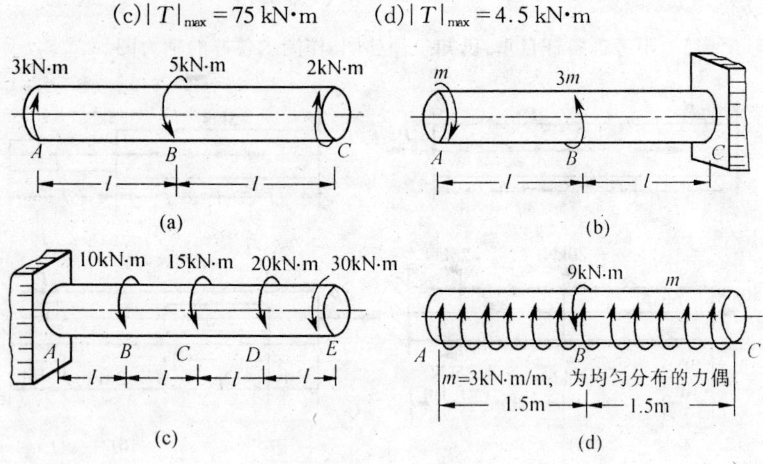

题 6-3 图

6-4　图示传动轴转速 $n = 200$ prm，轮 A 为主动轮，输入功率 $P_{Ak} = 60$ kW，轮 B、C、D 为从动轮，输出功率分别为 $P_{Bk} = 20$ kW，$P_{ck} = 15$ kW，$P_{Dk} = 25$ kW。求：(1) 绘出该轴的扭矩图；(2) 若将轮 A 与轮 C 的位置对调，再绘扭矩图，并分析哪种方式对轴的受力有利。

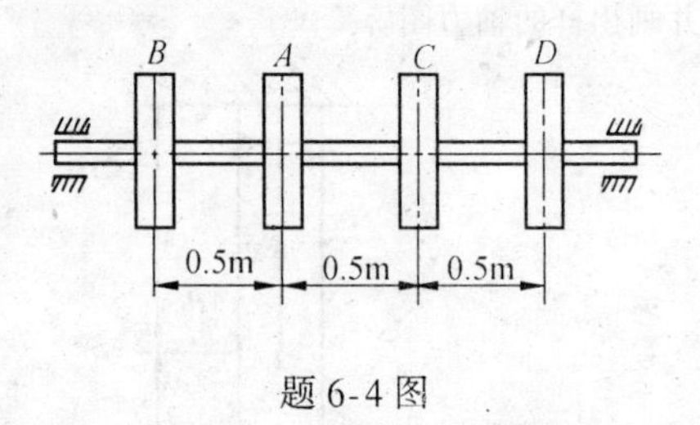

题 6-4 图

答案：对调前，最大扭矩为 1910 N·m，对调后，最大扭矩为 1671 N·m。

轮 A、C 对调后对轴的受力有利。

6-5　已知各梁条件如图，列出各梁的剪力方程与弯矩方程并作出剪力图与弯矩图。

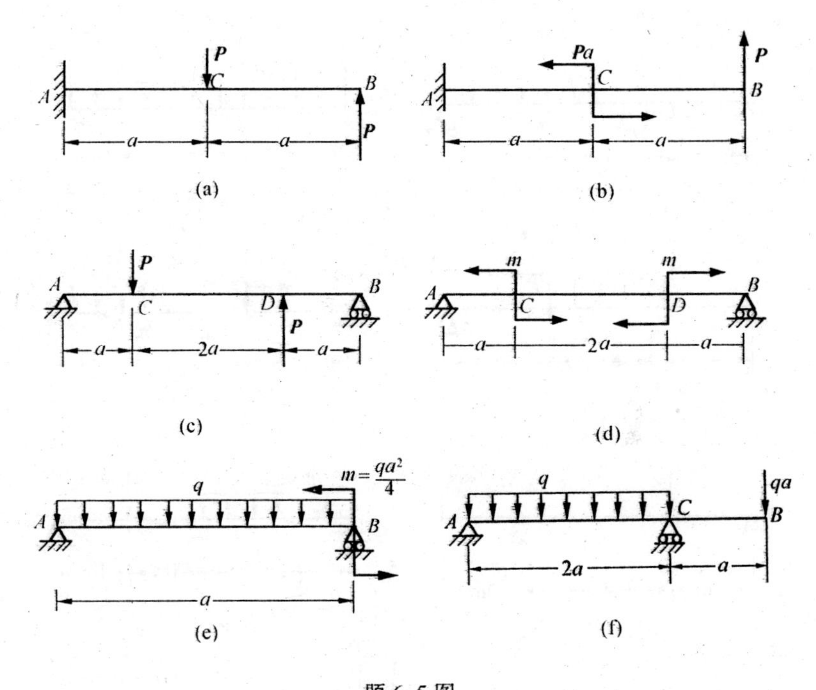

题 6-5 图

6-6 已知各梁条件如图,要求绘出 Q、M 图,并求出 $|Q|_{max}$、$|M|_{max}$。

答案:(a) $|Q|_{max}=\frac{1}{2}qa$, $|M|_{max}=\frac{1}{8}qa^2$;

(b) $|Q|_{max}=3qa$, $|M|_{max}=\frac{5}{2}qa^2$

(c) $|Q|_{max}=\frac{5}{6}qa$, $|M|_{max}=\frac{5}{6}qa^2$;

(d) $|Q|_{max}=qa$, $|M|_{max}=\frac{3}{4}qa^2$

(e) $|Q|_{max}=110\ \text{kN}$, $|M|_{max}=141.7\ \text{kN·m}$

(f) $|Q|_{max}=37.5\ \text{kN}$, $|M|_{max}=35.16\ \text{kN·m}$

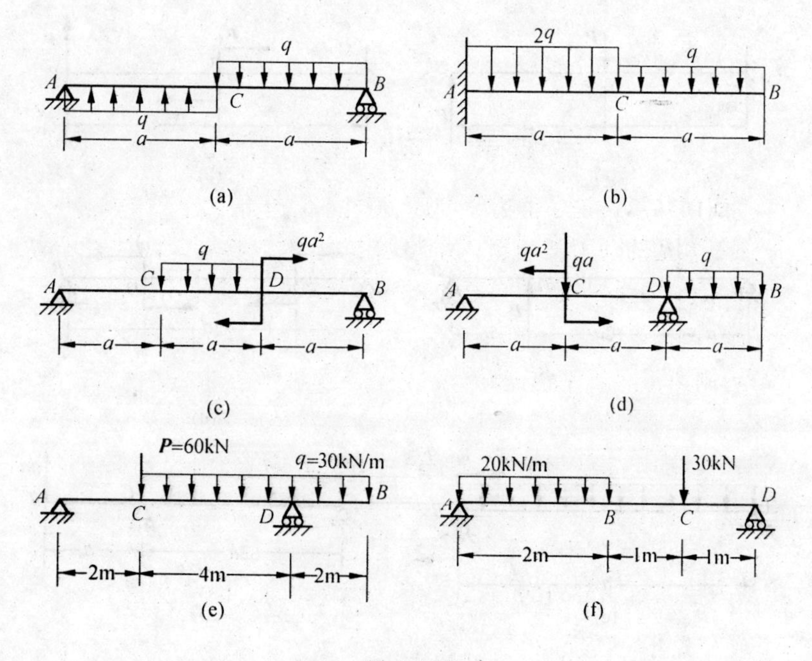
q
A
B
C
q
a
a
(a)
2q
q
A
C
B
a
a
(b)
q
qa²
A
C
D
B
a
a
a
(c)
qa²
qa
A
C
D
q
B
a
a
a
(d)
P=60kN
q=30kN/m
A
C
D
B
2m
4m
2m
(e)
20kN/m
30kN
A
B
C
D
2m
1m
1m
(f)

题 6-6 图

第七章　动　静　法

前面几章讨论了静力学问题,但在日常生活和工程实际中,还存在着大量的动力学问题。在第四章中,我们得到空间任意力系(包含各种力系)平衡的必要和充分条件是该力系的主矢和对任一点的主矩都等于零。若力系的主矢、主矩之一为零或两者都不等于零,则力系将不平衡,物体将要运动,这正是动力学所要研究的。研究物体的机械运动与作用力之间的关系是动力学的任务。在常规多学时理论力学教学中,这要占去很大的篇幅,对少学时理论力学教学来说,这是无法做到的。但是有一个简便的不用花太多学时的方法,可以用来解决动力学问题,这就是动静法*。动静法就是动力学问题用静力学方法求解,本章主要介绍这个方法。

§7-1　质点与质点系的动静法

一、质点的动静法

设一质点的质量为 m,加速度为 $\boldsymbol{a}$,作用于质点的力有主动力 $\boldsymbol{F}$ 和约束反力 $\boldsymbol{F}_N$,如图 7-1 所示,根据牛顿第二定律,有

$$m\boldsymbol{a} = \boldsymbol{F} + \boldsymbol{F}_N \tag{7-1}$$

将上式左端 $m\boldsymbol{a}$ 移项到等号右端,为

$$\boldsymbol{F} + \boldsymbol{F}_N - m\boldsymbol{a} = \boldsymbol{0}$$

记

$$\boldsymbol{F}_g = -m\boldsymbol{a} \tag{7-2}$$

---

* 动静法也称达朗伯原理。

则有 $\boldsymbol{F}+\boldsymbol{F}_N+\boldsymbol{F}_g=\boldsymbol{0}$ (7-3)

式(7-2)中 $\boldsymbol{F}_g$ 具有力的量纲,称之为惯性力,它的大小等于质点的质量与加速度的乘积,它的方向与质点加速度的方向相反。式(7-1)与式(7-3)没有本质上的区别,只是形式上的不同。但式(7-3)在形式上是一个平衡方程,如果对式(7-3)作这样的解释,即,质点上作用有主动力和约束反力,若把惯性力假想地作用于质点上,则质点在主动力、约束反力、惯性力作用下处于"平衡"。这样,求解质点的动力学问题就转换成求解静力学问题,这就是质点的动静法。但应强调指出,这种平衡只是形式上的,实际上质点并未处于平衡状态,动静法只是把动力学问题转化成静力学来求解的一种方法。

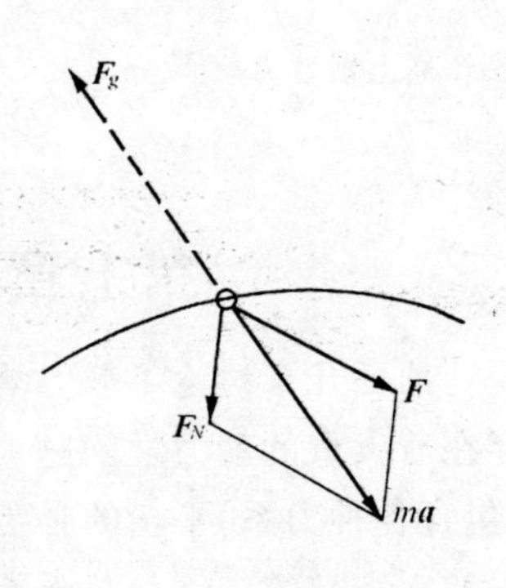

图 7-1

例 7-1 一圆锥摆,如图 7-2 所示。质量 $m=0.1$ kg 的小球系于长 $l=0.3$ m 的绳上,绳的另一端系在固定点 O,绳与铅直线成角 $\theta=60°$。小球在水平面内作匀速圆周运动,求小球的速度 v 与绳的拉力 $\boldsymbol{F}$ 的大小。

解: 把小球当作质点,取为研究对象,作用于小球的力有重力 $m\boldsymbol{g}$ 和绳的拉力 $\boldsymbol{F}$,小球在水平面内有法向加速度 $a_n=\dfrac{v^2}{l\sin\theta}$,铅直方向无加速度,这是一个动力学问题。由牛顿第二定律的投影形式,有

$$m\frac{v^2}{l\sin\theta}=F\sin\theta \quad 0=F\cos\theta-mg$$

可解得 $F=1.96\ \mathrm{N}$ $v=2.1\ \mathrm{m/s}$

若用动静法求解,则小球受有主动力(重力)$m\boldsymbol{g}$,约束反力(绳的拉力)$\boldsymbol{F}$,小球在水平面内有法向加速度 $a_n=\dfrac{v^2}{l\sin\theta}$,

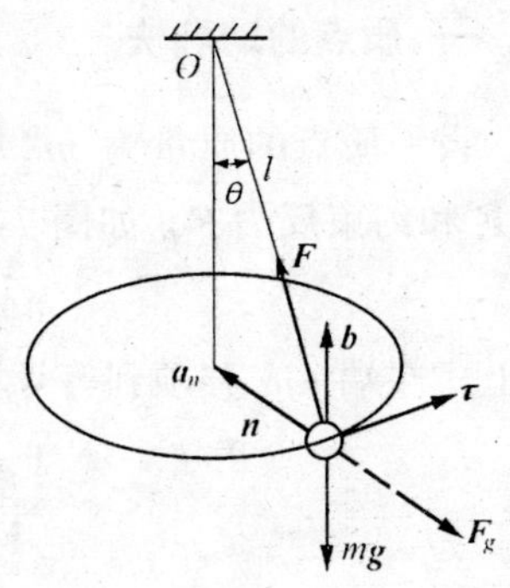

图 7-2

给小球加上惯性力 $F_g = m\,a_n = m\,\dfrac{v^2}{l\sin\theta}$,方向如图 7-2 所示,由质点的动静法,有

$$mg + \boldsymbol{F} + \boldsymbol{F}_g = 0$$

沿 n 与 b 方向投影,有

$$\sum F_n = 0 \qquad F\sin\theta - m\,\frac{v^2}{l\sin\theta} = 0$$

$$\sum F_b = 0 \qquad F\cos\theta - mg = 0$$

可解得 $\qquad F = 1.96\ \mathrm{N} \qquad v = 2.1\ \mathrm{m/s}$

比较一下两种解法,可看出用质点动静法求解质点动力学问题,优越性并不大。从数学观点看,质点动静法不过是将牛顿第二定律

$$m\boldsymbol{a} = \boldsymbol{F} + \boldsymbol{F}_N$$

移项 $\qquad \boldsymbol{F} + \boldsymbol{F}_N - m\boldsymbol{a} = \boldsymbol{F} + \boldsymbol{F}_N + \boldsymbol{F}_g = \boldsymbol{0}$

写成了平衡方程的形式,但在求解质点系动力学问题中,动静法的优越性则比较明显。

二、质点系的动静法

设质点系由 n 个质点组成,任一质点 i 的质量为 m_i,加速度为 $\boldsymbol{a}_i$,作用于此质点上的主动力的合力为 $\boldsymbol{F}_i$,约束反力的合力为 $\boldsymbol{F}_{iN}$,对此质点加上惯性力 $\boldsymbol{F}_{ig} = -m_i\boldsymbol{a}_i$,由质点的动静法,有

$$\boldsymbol{F}_i + \boldsymbol{F}_{iN} + \boldsymbol{F}_{ig} = \boldsymbol{0} \tag{7-4}$$

则质点 i 在形式上处于平衡状态。为了推导方便,把此质点上的主动力 $\boldsymbol{F}_i$ 和约束反力 $\boldsymbol{F}_{iN}$ 分为外力 $\boldsymbol{F}_i^{(e)}$ 和内力 $\boldsymbol{F}_i^{(i)}$,则式(7-4)可改写为

$$\boldsymbol{F}_i^{(e)} + \boldsymbol{F}_i^{(i)} + \boldsymbol{F}_{ig} = \boldsymbol{0} \tag{7-5}$$

对每一个质点都如此办理,则有

$$\boldsymbol{F}_i^{(e)} + \boldsymbol{F}_i^{(i)} + \boldsymbol{F}_{ig} = \boldsymbol{0} \qquad (i = 1,2,\cdots,n) \tag{7-6}$$

每一个质点形式上处于平衡状态,显然整个质点系在形式上也处

于平衡状态，不失一般性，则整个质点系的全部外力、内力和惯性力在形式上形成一个空间任意平衡力系（当然可为其它平衡力系）。由第四章知，空间任意力系平衡的必要和充分条件是，该力系的主矢和对任一点的主矩都等于零，对此由外力、内力、惯性力形成的平衡力系来说，有

$$\sum \boldsymbol{F}_i^{(e)} + \sum \boldsymbol{F}_i^{(i)} + \sum \boldsymbol{F}_{ig} = \boldsymbol{0}$$

$$\sum \boldsymbol{M}_O(\boldsymbol{F}_i^{(e)}) + \sum \boldsymbol{M}_O(\boldsymbol{F}_i^{(i)}) + \sum \boldsymbol{M}_O(\boldsymbol{F}_{ig}) = \boldsymbol{0}$$

因为质点系的内力总是成对出现，并且总是等值反向共线，因此有 $\sum \boldsymbol{F}_i^{(i)} = \boldsymbol{0}, \sum \boldsymbol{M}_O(\boldsymbol{F}_i^{(i)}) = \boldsymbol{0}$，于是得

$$\left.\begin{aligned} \sum \boldsymbol{F}_i^{(e)} + \sum \boldsymbol{F}_{ig} = \boldsymbol{0} \\ \sum \boldsymbol{M}_O(\boldsymbol{F}_i^{(e)}) + \sum \boldsymbol{M}_O(\boldsymbol{F}_{ig}) = \boldsymbol{0} \end{aligned}\right\} \tag{7-7}$$

这就是质点系的动静法，以文字叙述为，若在质点系中每个质点上都加上各自的惯性力，则质点系的所有外力与惯性力在形式上组成一个平衡力系，主矢和对任一点的主矩都等于零。

由质点系的动静法*，对每一个质点加上各自惯性力的前提下，就可把动力学问题转化成了形式上的静力学问题。因此，前面各章所述求解各种平衡力系的方法均可拿来应用。与静力学中求解平衡问题相似，可分别选取不同的研究对象，列出式(7-7)的投影方程来求解。

例 7-2 如图 7-3 所示，定滑轮的半径为 r，质量 m 均匀分布在轮缘上，绕水平轴 O 转动。跨过滑轮不计质量绳的两端挂有质量为 m_1 与 m_2 的重物（$m_1 > m_2$），绳与滑轮间不打滑，轴承摩擦忽略不计，求重物的加速度。

---

* 可以证明，式(7-7)中的第一式相当于质点系的动量定理，第二式相当于质点系的动量矩（角动量）定理。因此，质点系的动静法实际上是把质点系的动量定理与动量矩定理结合在一起以平衡方程的形式出现，即把动力学问题转化成了静力学问题，这就是质点系动静法的优越性所在。

解:这是一个动力学问题,现应用质点系的动静法求解。

取滑轮与两重物组成的质点系为研究对象,作用于此质点系的外力有重力 $m_1\boldsymbol{g}$、$m_2\boldsymbol{g}$、$m\boldsymbol{g}$ 和轴承 O 的约束反力 $\boldsymbol{X}_O$、$\boldsymbol{Y}_O$,对两重物加惯性力如图 7-3,大小分别为

$$F_{1g} = m_1 a \qquad F_{2g} = m_2 a$$

记滑轮边缘上任一点 i 的质量为 m_i,加速度有切向、法向之分,加惯性力如图,大小分别为

$$F_{ig}^{\tau} = m_i a \qquad F_{ig}^{n} = m_i \frac{v^2}{r}$$

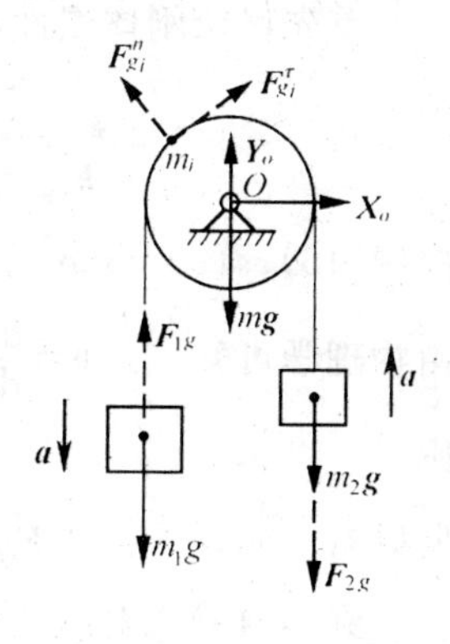

图 7-3

列平衡方程

$$\sum M_O = 0 \qquad (m_1 g - F_{1g} - m_2 g - F_{2g})r - \sum F_{ig}^{\tau} r = 0$$

即

$$(m_1 g - m_1 a - m_2 g - m_2 a)r - \sum m_i a r = 0$$

注意到

$$\sum m_i a r = \left(\sum m_i\right) a r = m a r$$

解得

$$a = \frac{m_1 - m_2}{m_1 + m_2 + m} g$$

§7-2 刚体惯性力系的简化

对于质点系应用动静法,需在每个质点上加上各自的惯性力,这样,这些惯性力就形成了一个惯性力系,此惯性力系也可以进行简化。若此惯性力系能用与之等效的主矢和主矩(分别称为惯性力系的主矢和主矩)来代替,则可以免去对各质点加惯性力之苦,而用与之等效的主矢和主矩来代替,可给解题带来方便。但对任意质点系来说,此简化工作比较困难,而对刚体这个特殊的质点系来说,其简化工作比较容易。下面对刚体作平动、定轴转动和平面运动这三种常见刚体的运动形式,分别讨论其惯性力系的简化结果。

首先讨论刚体惯性力系的主矢,以 $\boldsymbol{F}_{gR}$ 表示惯性力系的主矢,则

$$\boldsymbol{F}_{gR} = \sum \boldsymbol{F}_{ig} = \sum -m_i\boldsymbol{a}_i \tag{7-8}$$

由(4-13),有 $m\boldsymbol{r}_C = \sum m_i\boldsymbol{r}_i$ (4-13)

由物理学可知 $\boldsymbol{v} = \dfrac{\mathrm{d}\boldsymbol{r}}{\mathrm{d}t} \qquad \boldsymbol{a} = \dfrac{\mathrm{d}^2\boldsymbol{r}}{\mathrm{d}t^2}$

则

$$m\boldsymbol{a}_c = \sum m_i\boldsymbol{a}_i$$

所以有

$$\boldsymbol{F}_{gR} = \sum \boldsymbol{F}_{ig} = -m\boldsymbol{a}_c \tag{7-9}$$

注意到(4-13)式对刚体作任意形式的运动均成立,所以式(7-9)对刚体作平动、定轴转动、平面运动均成立,因此可得结论为,对刚体的平动、定轴转动和平面运动,惯性力系的主矢大小等于刚体的总质量与质心加速度的乘积,方向与质心加速度的方向相反。

请读者考虑,刚体惯性力系主矢的作用点如何? 式(7-9)对任意质点系是否成立?

由第四章任意力系简化理论可知,主矢的大小和方向与简化中心的位置无关(但可否画在任意点处?),主矩一般与简化中心的位置有关。对惯性力系的简化来说,主矩不但与简化中心的位置有关,而且与刚体的运动形式有关。下面对刚体作平动、定轴转动、平面运动时惯性力系简化的主矩进行讨论。

一、刚体平动时惯性力系的主矩

由物理学可知,当刚体运动时,如果刚体内任何一条直线,在运动中始终保持它的方向不变,称这种运动为平动。如车床上车刀的运动(图 7-4),摆式送料机构的送料槽的运动(图 7-5),气缸内活塞的运动等。刚体平动时,在同一时刻各点的速度和加速度均相同,也即刚体上任意一点 i 的加速度 $\boldsymbol{a}_i$ 均与质心 C 的加速度 $\boldsymbol{a}_C$ 相同。刚体平动时,刚体上各点的惯性力系分布如图 7-6 所示,任选一点 O 为简化中心,主矩用 $\boldsymbol{M}_{gO}$ 表示,则有

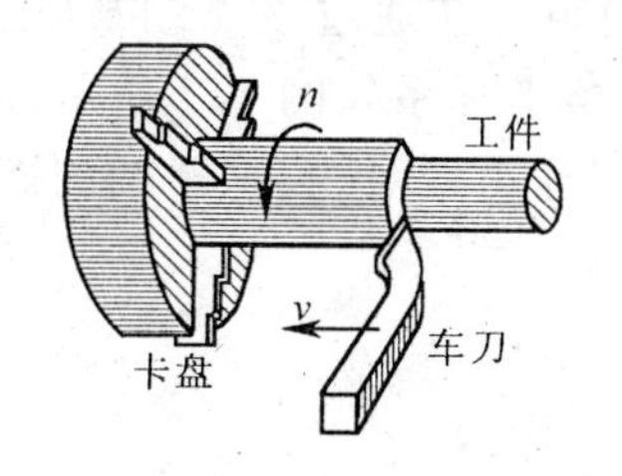

图 7-4

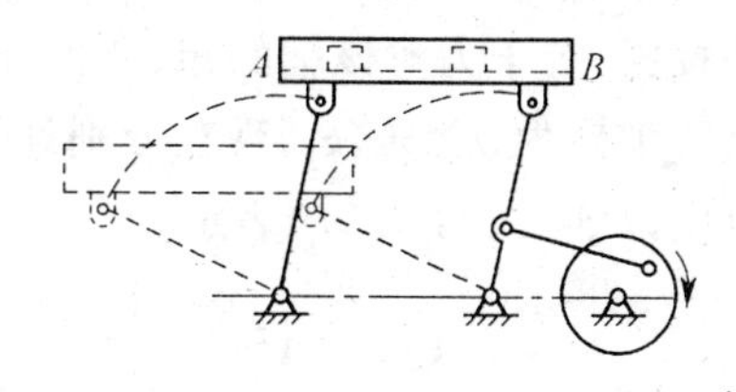

图 7-5

$$\boldsymbol{M}_{gO} = \sum \boldsymbol{r}_i \times \boldsymbol{F}_{ig} = \sum \boldsymbol{r}_i \times (-m_i \boldsymbol{a}_c)$$

$$= -\sum \boldsymbol{r}_i \times m_i \boldsymbol{a}_c = -\left(\sum m_i \boldsymbol{r}_i\right) \times \boldsymbol{a}_c$$

由(4-13)式

$$m\boldsymbol{r}_C = \sum m_i \boldsymbol{r}_i$$

有

$$\boldsymbol{M}_{gO} = -m\boldsymbol{r}_C \times \boldsymbol{a}_c$$

式中，$\boldsymbol{r}_C$ 为质心 C 到简化中心 O 的矢径，此主矩一般不为零。若选质心 C 为简化中心，主矩以 $\boldsymbol{M}_{gC}$ 表示，则 $\boldsymbol{r}_C = \boldsymbol{0}$，有

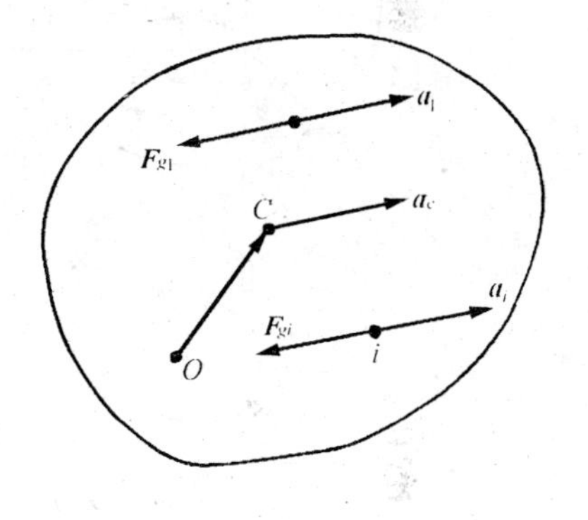

图 7-6

$$\boldsymbol{M}_{gC} = \boldsymbol{0} \quad (7\text{-}10)$$

刚体平动时，惯性力系对任意点 O 的主矩一般不为零，而选质心为简化中心，其矩为零，所以有结论：刚体平动时，选质心为简化中心，惯性力系对质心的主矩等于零。

二、刚体定轴转动时惯性力系的主矩

当刚体绕定轴转动时，设刚体的角速度为 ω，角加速度为 α，刚体内任一质点的质量为 m_i，到转轴的矩离为 r_i，则刚体内任一质点的惯性力为 $\boldsymbol{F}_{ig} = -m_i\boldsymbol{a}_i$。为简单起见，在转轴上任选一点

O 为简化中心,由第三章知,力对点的矩矢在通过该点的某轴上的投影,等于力对该轴的矩,所以建直角坐标系如图 7-7 所示,质点的坐标为 x_i、y_i、z_i,现在分别计算惯性力系对 x、y、z 轴的矩,分别以 M_{gx}、M_{gy}、M_{gz} 表示。

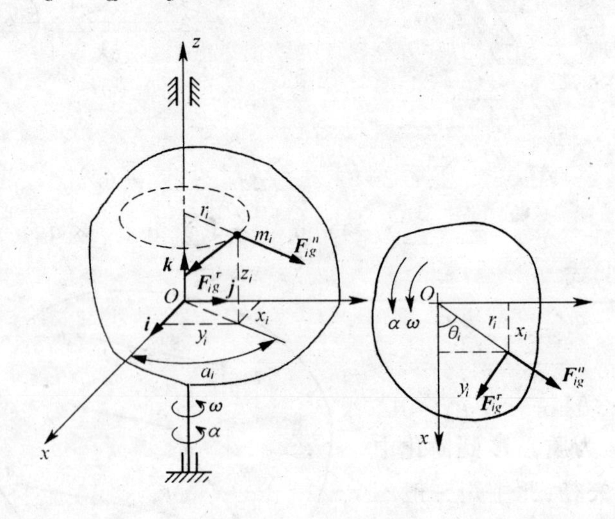

图 7-7

质点的惯性力 $\boldsymbol{F}_{ig} = -m_i\boldsymbol{a}_i$ 可分解为切向惯性力 $\boldsymbol{F}_{ig}^\tau$ 与法向惯性力 $\boldsymbol{F}_{ig}^n$,它们的方向如图 7-7 所示,大小分别为

$$F_{ig}^\tau = m_i a_i^\tau = m_i r_i \alpha \qquad F_{ig}^n = m_i a_i^n = m_i r_i \omega^2$$

惯性力系对 x 轴的矩为

$$\begin{aligned} M_{gx} &= \sum M_x(\boldsymbol{F}_{ig}) = \sum M_x(\boldsymbol{F}_{ig}^\tau) + \sum M_x(\boldsymbol{F}_{ig}^n) \\ &= \sum m_i r_i \alpha \cos\theta_i \cdot z_i + \sum - m_i r_i \omega^2 \sin\theta_i \cdot z_i \end{aligned}$$

而 $$\cos\theta_i = \frac{x_i}{r_i} \qquad \sin\theta_i = \frac{y_i}{r_i}$$

则 $$M_{gx}=\alpha\sum m_i x_i z_i-\omega^2\sum m_i y_i z_i$$

记 $$\left.\begin{aligned}J_{yz}&=\sum m_i y_i z_i\\J_{xz}&=\sum m_i x_i z_i\end{aligned}\right\}\tag{7-11}$$

称其为对于 z 轴的离心转动惯量或惯性积，决定于刚体质量对于坐标轴的分布情况。于是，惯性力系对于 x 轴的矩为

$$M_{gx}=J_{xz}\alpha-J_{yz}\omega^2\tag{7-12}$$

同理可得惯性力系对于 y 轴的矩为

$$M_{gy}=J_{yz}\alpha+J_{xz}\omega^2\tag{7-13}$$

惯性力系对于 z 轴的矩为

$$M_{gz}=\sum M_z(\boldsymbol{F}_{ig}^{\tau})+\sum M_z(\boldsymbol{F}_{ig}^{n})$$

由于各质点的法向惯性力均通过轴 z，$\sum M_z(\boldsymbol{F}_{ig}^{n})=0$，有

$$M_{gz}=\sum M_z(\boldsymbol{F}_{ig}^{\tau})=\sum -m_i r_i\alpha\cdot r_i=-(\sum m_i r_i^2)\alpha$$

记 $$J_z=\sum m_i r_i^2\tag{7-14}$$

由物理学可知，这是刚体对于 z 轴的转动惯量，于是有

$$M_{gz}=-J_z\alpha\tag{7-15}$$

综上可得，刚体定轴转动时，惯性力系向转轴上一点 O 简化的主矩为

$$\boldsymbol{M}_{gO}=M_{gx}\boldsymbol{i}+M_{gy}\boldsymbol{j}+M_{gz}\boldsymbol{k}\tag{7-16}$$

如果刚体有质量对称平面 S，且该平面与转轴 z 垂直，如图 7-8 所示，简化中心 O 取为此平面与转轴 z 的交点，则

$$J_{xz}=\sum m_i x_i z_i=0$$

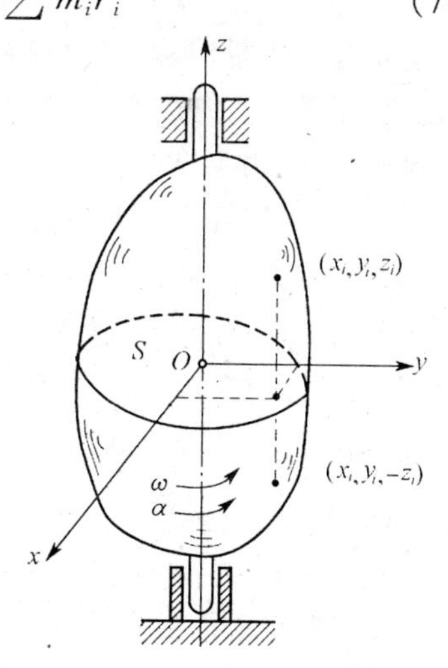

图 7-8

$$J_{yz} = \sum m_i y_i z_i = 0$$

则惯性力系简化的主矩为

$$M_{gO} = M_{gz} = -J_z\alpha \tag{7-17}$$

三、刚体平面运动时惯性力系的主矩

由物理里知，当刚体运动时，它的质心始终被限制在某一平面内，且其转轴（不一定为定轴）始终和该平面垂直，称这种运动为刚体的平面运动，或者说，当刚体运动时，其上任意一点与某一固定平面的距离保持不变，称这种运动为刚体的平面运动。如行星齿轮机构中动齿轮 A 的运动（图 7-9），曲柄连杆机构中连杆 AB 的运动（图 7-10），车轮沿直线轨道行驶等。若此作平面运动的刚体有一质量对称平面（此质量对称平面与固定平面平行），则质心 C 必在此平面内，为方便起见，惯性力系向质心 C 简化，可以证明（证明略），此时惯性力系向质心 C 简化的结果（以 M_{gC} 表示）为

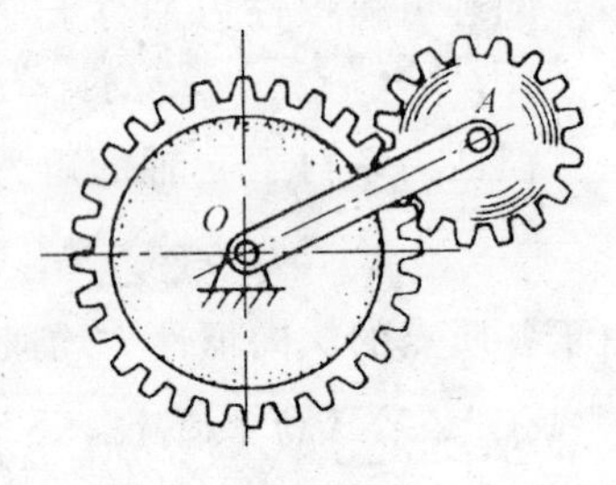

图 7-9

$$M_{gC} = -J_C\alpha \tag{7-18}$$

式中，负号表示 M_{gC} 与刚体的角加速度的转向相反，J_C 是刚体对于通过质心 C 且垂直于质量对称面的轴的转动惯量。

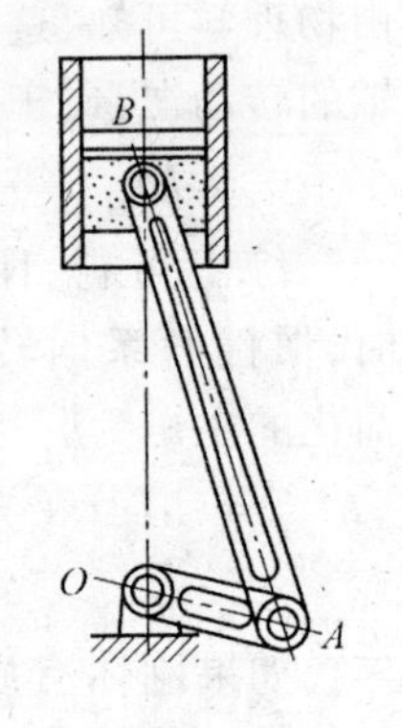

图 7-10

综上所述，可得如下结论：不论刚体作何种运动，其惯性力系的主矢大小均等于刚体的质量与质心加速度的乘积，方向与质心加速度方向相反。刚体平动时，惯性力系对质心的主矩为零；刚体定轴转动时，惯性力系对

转轴上一点 O 的主矩由式(7-16)确定;刚体平面运动时,惯性力系对质心 C 的主矩大小等于对通过质心 C 且垂直于质量对称面的轴的转动惯量与角加速度的乘积,其转向与角加速度的转向相反。

请读者考虑,在上述三种情况下,惯性力系主矢的作用点如何?能否作用于刚体上任意一点?

例 7-3 如图 7-11 所示,电动机定子及外壳总质量为 m_1,质心位于 O 处。转子的质量为 m_2,质心位于 C 处,偏心距 $OC=e$,图示平面为转子的质量对称面。电动机用地脚螺钉安装于水平基础上,转轴 O 与水平基础间的距离为 h。运动开始时,转子质心 C 位于最低位置,转子以匀角速度 ω 转动。求基础与地脚螺钉给电动机总的约束反力。

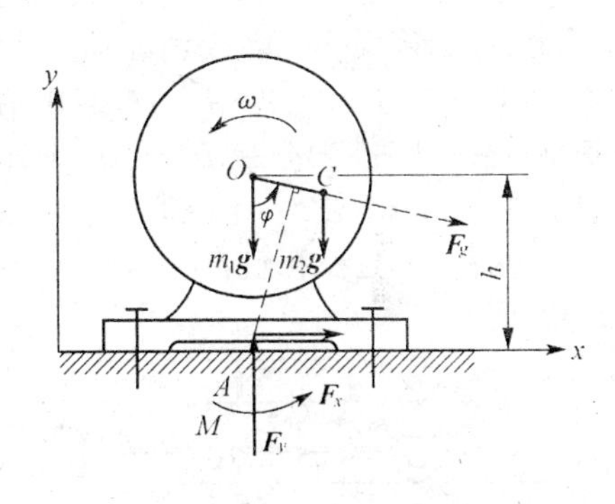

图 7-11

解:取电动机整体为研究对象,作用于其上的外力有重力 $m_1\boldsymbol{g}$ 与 $m_2\boldsymbol{g}$,基础与地脚螺钉给电动机的约束反力向点 A 简化,得一力偶 M 与一力 $\boldsymbol{F}$,$\boldsymbol{F}$ 以其分力 $\boldsymbol{F}_x$、$\boldsymbol{F}_y$ 表示。定子与外壳无需加惯性力,对转子来说,由于角加速度 $\alpha=0$,无需加惯性力矩,而质心加速度为 $e\omega^2$,所以只需加惯性力 $\boldsymbol{F}_g$ 如图 7-11 所示,其大小为

$$F_g = me\omega^2$$

根据质点系的动静法,此电动机上的外力与惯性力形成一个平衡力系,列平衡方程

$$\sum X = 0 \qquad F_x + F_g \sin\varphi = 0$$

$$\sum Y = 0 \qquad F_y - (m_1 + m_2)g\cos\varphi - F_g\cos\varphi = 0$$

$$\sum M_A = 0 \qquad M - m_2 ge\sin\varphi - F_g h\sin\varphi = 0$$

因 $\varphi=\omega t$,解上述方程组,得

$$F_x = -m_2 e\omega^2 \sin(\omega t)$$

$$F_y = (m_1 + m_2)g + m_2 e\omega^2 \cos(\omega t)$$

$$M = m_2 ge\sin(\omega t) + m_2 e\omega^2 h\sin(\omega t)$$

可以看出，水平反力 F_x，铅直反力 F_y 中的第二项、约束反力偶 M 中的第二项均是由惯性力 $m_2 e\omega^2$ 而产生，称其为动反力。而 F_y 与 M 中的第一项是由静力(在此题中是重力)所引起的约束反力，称为静反力。若要消除动反力，应努力使 $e=0$。

例 7-4 如图 7-12 所示，总重为 W 的轿车，重心 C 离地面的高度为 h，到前后轴的水平距离分别为 l_1 与 l_2，轿车以速度 v 行驶于水平路面上，因故紧急刹车，刹车后滑行了一段距离 S。设在刹车过程中轿车作匀减速直线平动，求在刹车过程中地面对前后轮的法向反力。

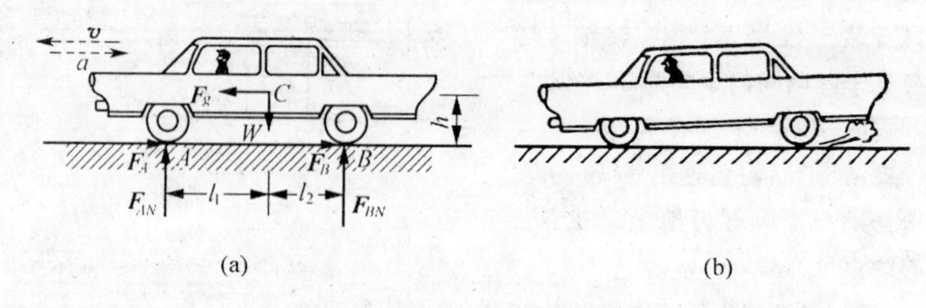

图 7-12

解：在刹车过程中，质心的加速度大小为

$$a = \left| \frac{v^2 - v_0^2}{2S} \right| = \left| \frac{0 - v^2}{2S} \right| = \frac{v^2}{2S}$$

方向与速度 v 反向。

取轿车整体为研究对象，所受的外力有重力 $\boldsymbol{W}$，地面法向反力 $\boldsymbol{F}_{AN}$、$\boldsymbol{F}_{BN}$ 与地面摩擦力 $\boldsymbol{F}_A$、$\boldsymbol{F}_B$，加惯性力如图 7-12(a)所示，大小为

$$F_g = \frac{W}{g}a$$

由质点系的动静法，列平衡方程

$$\sum M_B = 0 \qquad Wl_2 + F_g h - F_{AN}(l_1 + l_2) = 0$$

$$\sum Y = 0 \qquad F_{AN} + F_{BN} - W = 0$$

解得

$$F_{AN} = \frac{W}{l_1 + l_2}\left(l_2 + \frac{a}{g}h\right) \qquad F_{BN} = \frac{W}{l_1 + l_2}\left(l_1 - \frac{a}{g}h\right)$$

当轿车静止或作匀速直线运动时，可求得地面的法向反力为

$$F'_{AN} = \frac{l_2}{l_1 + l_2}W \qquad F'_{BN} = \frac{l_1}{l_1 + l_2}W$$

两者相比较，可见在刹车时，前轮压力增大（故板簧压缩量增大），而后轮压力减小（故板簧压缩量减小），所以车头将有明显下倾的现象，如图 7-12(*b*)所示。若刹车过急，后轮压力可减至零，后轮将跳起。

例 7-5 如图 7-13 所示，电动绞车安装在梁上，梁的两端搁在支座上，绞车与梁共重为 $\boldsymbol{P}$。绞盘半径为 R，与电机转子固结在一起，转动惯量为 J，质心位于 O 处。绞车以加速度 a 提升质量为 m 的重物，其它尺寸如图。求支座 A、B 受到的法向反力。

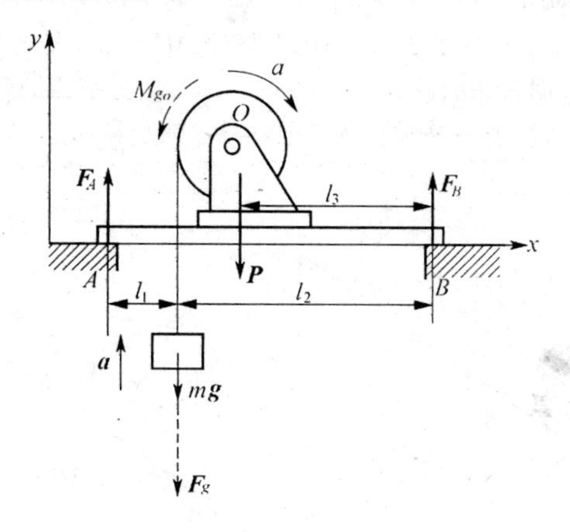

图 7-13

解：取整个系统为研究对象，作用于质点系的外力有重力 $m\boldsymbol{g}$、$\boldsymbol{P}$ 及支座 A、B 给梁的法向反力 $\boldsymbol{F}_A$、$\boldsymbol{F}_B$（没画支座处摩擦力或者忽略支座处摩擦力）。重物作平动，加惯性力如图 7-13 所示，其大小为

$$F_g = ma$$

绞盘与电机转子共同绕定轴 O 转动，由于质心位于转轴上，所以只有惯性力矩，其大小为

$$M_{gO} = J\alpha = J\frac{a}{R}$$

方向如图 7-13 所示。

由质点系的动静法，列平衡方程

$$\sum M_B = 0 \qquad mgl_2 + F_g l_2 + Pl_3 + M_{gO} - F_A(l_1 + l_2) = 0$$

$$\sum Y = 0 \qquad F_A + F_B - mg - P - F_g = 0$$

解得

$$\boldsymbol{F_A} = \frac{1}{l_1 + l_2}\left[mgl_2 + Pl_3 + a\left(ml_2 + \frac{J}{R}\right)\right]$$

$$\boldsymbol{F_B} = \frac{1}{l_1 + l_2}\left[mgl_1 + P(l_1 + l_2 - l_3) + a\left(ml_2 - \frac{J}{R}\right)\right]$$

支座 A、B 受到的法向反力与 $\boldsymbol{F_A}$、$\boldsymbol{F_B}$ 反向。可看出，最后一项是由于加速度 $\boldsymbol{a}$ 而产生的动反力，而前两项为静反力。

例 7-6 如图 7-14(a)所示，均质圆盘 A 和薄铁环 B（不计幅条的质量）的质量均为 m，半径均为 R，两者用无重杆 AB 铰接，无滑动地沿倾角为 θ 的斜面滚下，此时有 $R\alpha_A = R\alpha_B = a$，式中，$\alpha_A$、$\alpha_B$ 分别为圆盘 A 与薄铁环 B 的角加速度，a 为 AB 杆的加速度。求杆 AB 的加速度 a，杆的内力及 C、D

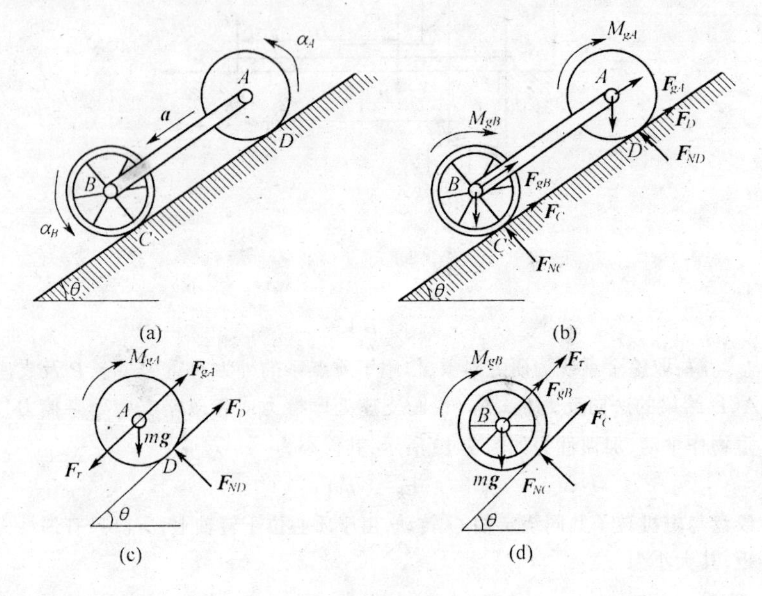

图 7-14

处的摩擦力。

解:取整体为研究对象,作用于质点系的外力有圆盘 A 与薄铁环的重力 $m\boldsymbol{g}$,斜面在 C、D 处给质点系的法向反力 $\boldsymbol{F}_{NC}$、$\boldsymbol{F}_{ND}$ 及摩擦力 $\boldsymbol{F}_C$、$\boldsymbol{F}_D$。圆盘 A 对质心的转动惯量 $J_A=\frac{1}{2}mR^2$,薄铁环 B 对质心的转动惯量 $J_B=mR^2$。两者均作平面运动,由于两者质量相同,质心加速度相同,所以惯性力系的主矢 $F_{gA}=F_{gB}=ma$,分别加在质心上,方向如图 7-14(b)所示。惯性力系的主矩分别为

$$M_{gA}=J_A\alpha_A=\frac{1}{2}mR^2\alpha_A=\frac{1}{2}mRa$$

$$M_{gB}=J_B\alpha_B=mR^2\alpha_B=mRa$$

方向如图 7-14(b)所示。AB 杆无质量,不用加惯性力。

由质点系的动静法,列平衡方程

$$\sum M_C=0\quad 2mg\sin\theta\cdot R-(F_{gA}+F_{gB})\cdot R-M_{gA}-M_{gB}=0$$

即
$$2mgR\sin\theta-2maR-\frac{1}{2}mRa-mRa=0$$

解得
$$a=\frac{4}{7}g\sin\theta$$

由于不考虑 AB 杆的质量,可以证明,此时 AB 杆仍为二力杆(证明略),为求 AB 杆的内力,取圆盘 A 为研究对象,受力图(包括惯性力)如图 7-14(c)所示,由

$$\sum M_D=0\quad (F_T-F_{gA})\cdot R+mg\sin\theta\cdot R-M_{gA}=0$$

解得
$$F_T=-\frac{1}{7}mg\sin\theta\text{(}AB\text{ 杆受压)}$$

由
$$\sum M_A=0\qquad F_D\cdot R-M_{gA}=0$$

解得
$$F_D=\frac{2}{7}mg\sin\theta$$

取薄铁环 B 为研究对象,受力图(包括惯性力),如图 7-14(d)所示,由

$$\sum M_B=0\qquad F_C\cdot R-M_{gB}=0$$

解得
$$F_C=\frac{4}{7}mg\sin\theta$$

由质点系的动静法和以上例题可见,用动静法求解动力学问

题时，在分析物体受力与画受力图时，把惯性力考虑进去，求解方法与步骤就与求解静力学问题相同了，所以这种方法受到工程技术人员的欢迎。

由以上例题也可看出，在解题加惯性力时，主矢与主矩的方向在图上最好与 $\boldsymbol{a}$ 及 α 反向，而惯性力的表达式只表示大小，在实际计算时，按图示方向考虑正负即可，这样可给计算带来方便。

§7-3 绕定轴转动刚体的轴承动反力

在日常生活和工程实际中，有大量绕定轴转动的刚体(电动机、柴油机、电风扇、车床主轴……)，如何使这些转动机械在运转时不产生破坏、振动与噪声，是工程师相当关心的问题。如果这些转动机械在转起来之后轴承受力与不转时轴承受力一样，则一般说来这些机械不会产生破坏，也不会产生振动与噪声。这一点能否做到呢？从理论上讲从而也在实践上，这一点是能够做到的。由例 7-3、7-4、7-5 已知静反力与动反力的概念，对绕定轴转动的刚体，如果能够消除掉轴承动反力，使轴承只受到静反力作用，就可以做到这一点。为此，我们先把任意一个绕定轴转动刚体的轴承全反力(包括静反力与动反力)求出来，然后再推出消除动反力的条件。

设任一刚体绕 AB 轴定轴转动，角速度为 ω，角加速度为 α，取此刚体为研究对象，转轴上一点 O 为简化中心，其上所有的主动力向 O 点简化的主矢与主矩以 $\boldsymbol{F}_R$ 与 $\boldsymbol{M}_O$ 表示，惯性力系向 O 点简化的主矢与主矩以 $\boldsymbol{F}_{gR}$ 与 $\boldsymbol{M}_{gO}$ 表示(注意 $\boldsymbol{F}_{gR}$ 没有沿 z 方向的分量)，轴承 A、B 处的五个全反力分别以 $\boldsymbol{F}_{Ax}$、$\boldsymbol{F}_{Ay}$、$\boldsymbol{F}_{Bx}$、$\boldsymbol{F}_{By}$、$\boldsymbol{F}_{Bz}$ 表示，均如图 7-15 所示。

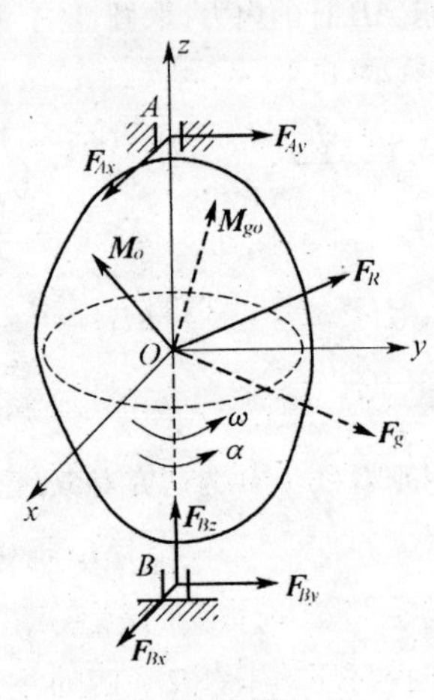

图 7-15

为求出轴承 A、B 处的全反力，建坐标系如图 7-15 所示，根据质点系的动静法。这形成一个空间任意平衡力系，列平衡方程如下

$$\sum X = 0 \quad F_{Ax} + F_{Bx} + F_{Rx} + F_{gx} = 0$$

$$\sum Y = 0 \quad F_{Ay} + F_{By} + F_{Ry} + F_{gy} = 0$$

$$\sum Z = 0 \quad F_{Bz} + F_{Rz} = 0$$

$$\sum M_x = 0 \quad F_{By} \cdot OB - F_{Ay} \cdot OA + M_x + M_{gx} = 0$$

$$\sum M_y = 0 \quad F_{Ax} \cdot OA - F_{Bx} \cdot OB + M_y + M_{gy} = 0$$

$$\sum M_z = 0 \quad M_z + M_{gz} = 0$$

从前五个方程解得轴承全反力为

$$\left.\begin{aligned} F_{Ax} &= -\frac{1}{AB}[(M_y + F_{Rx} \cdot OB) + (M_{gy} + F_{gx} \cdot OB)] \\ F_{Ay} &= \frac{1}{AB}[(M_x - F_{Ry} \cdot OB) + (M_{gx} - F_{gy} \cdot OB)] \\ F_{Bx} &= \frac{1}{AB}[(M_y - F_{Rx} \cdot OA) + (M_{gy} - F_{gx} \cdot OA)] \\ F_{By} &= -\frac{1}{AB}[(M_x + F_{Ry} \cdot OA) + (M_{gx} + F_{gy} \cdot OA)] \\ F_{Bz} &= -F_{Rz} \end{aligned}\right\} \tag{7-19}$$

由于惯性力没有沿 z 轴方向的分量，所以止推轴承 B 沿 z 轴的反力 $\boldsymbol{F}_{Bz}$ 与惯性力无关，而与 z 轴垂直的轴承反力 $\boldsymbol{F}_{Ax}$、$\boldsymbol{F}_{Ay}$、$\boldsymbol{F}_{Bx}$、$\boldsymbol{F}_{By}$ 显然与惯性力系的主矢 $\boldsymbol{F}_g$ 与主矩 $\boldsymbol{M}_{gO}$ 有关。由于 $\boldsymbol{F}_g$、$\boldsymbol{M}_{gO}$ 引起的轴承反力称为动反力，要使动反力等于零，必须有

$$F_{gx} = F_{gy} = 0 \qquad M_{gx} = M_{gy} = 0$$

即要使轴承动反力等于零的条件是：惯性力系的主矢等于零，惯性力系对于 x 轴和 y 轴的主矩等于零。

由式(7-9) 和式(7-12)、(7-13)，应有

$$F_{gx} = - ma_{Cx} = 0 \qquad F_{gy} = - ma_{Cy} = 0$$

$$M_{gx} = J_{xz}\alpha - J_{gz}\omega^2 = 0$$

$$M_{gy} = J_{yz}\alpha + J_{xz}\omega^2 = 0$$

由此可见,要使惯性力系的主矢等于零,必须有 $\boldsymbol{a}_C = 0$,即转轴必须通过质心。而要使惯性力系对于 x、y 轴的主矩等于零,可有 $\omega = 0$、$\alpha = 0$,对刚体绕定轴转动来说,这是不可能的。所以要使 $M_{gx} = 0$、$M_{gy} = 0$,必须有 $J_{xz} = J_{yz} = 0$,即刚体对于转轴 z 的惯性积必须等于零。

于是得结论,刚体绕定轴转动时,避免出现轴承动反力的条件是:转轴通过质心,刚体对转轴的惯性积等于零。

如果刚体对于通过某点的 z 轴的惯性积 J_{xz} 和 J_{yz} 等于零,则称此轴为过该点的惯性主轴。可以证明通过刚体上任一点,都有三个相互垂直的惯性主轴(证明略)。通过质心的惯性主轴,称为中心惯性主轴。所以上述结论也可叙述为:避免出现轴承动反力的条件是,刚体的转轴应是刚体的中心惯性主轴。

设刚体的转轴通过质心,且刚体除受重力外,没有受到其它主动力作用,则刚体可以在任意位置静止不动,这种现象称为静平衡。当刚体的转轴通过质心且为惯性主轴时,刚体转动时不出现轴承动反力,这种现象称为动平衡。能够静平衡的定轴转动刚体不一定能够实现动平衡,但能够动平衡的定轴转动刚体肯定能够实现静平衡。

事实上,由于材料的不均匀或制造误差、安装误差等原因,都可能使定轴转动刚体的转轴偏离中心惯性主轴。为了避免出现轴承动反力,确保机器运行安全可靠,在有条件的地方,可在专门的静平衡与动平衡试验机上进行静、动平衡试验,根据试验数据,在刚体的适当位置附加一些质量或去掉一些质量,使其达到静、动平衡。静平衡试验机可以调整质心在转轴上或尽可能地在转轴上,动平衡试验机可以调整对转轴的惯性积,使其对转轴的惯性积为零或尽可能地为零。

当然,在工程中也有相反的实例,即制造定轴转动刚体时,故意制造出偏心距，如某些打夯机，正是利用偏心块的运动来夯实地基的，这种情况另当别论。

例 7-7 如图 7-16 所示，轮盘(连同轴)的质量 $m=20$ kg，转轴 AB 与轮盘的质量对称面垂直，但轮盘的质心 C 不在转轴上，偏心距 $e=0.1$ mm。当轮盘以匀转速 $n=12\,000$r/min(转/分)转动时，求轴承 A、B 的反力。

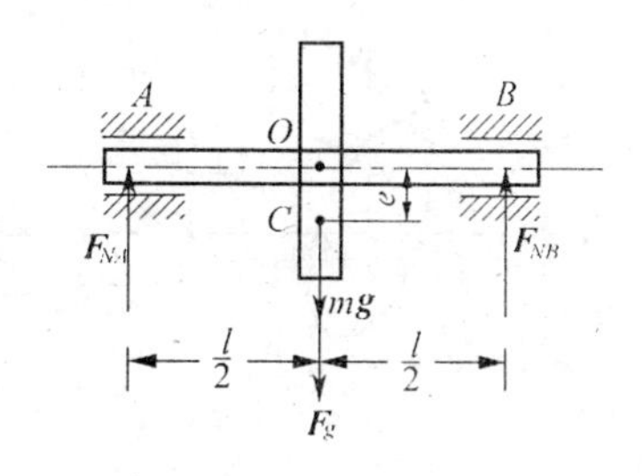

图 7-16

解：由于转轴 AB 与轮盘的质量对称面垂直，所以转轴 AB 为惯性主轴，即对此轴的惯性积为零，又由于是匀速转动，$\alpha=0$，所以惯性力矩均为零，取此刚体为研究对象，当重心 C 位于最下端时，轴承处反力最大，受力图如图 7-16 所示，由于轮盘为匀速转动，质心 C 只有法向加速度

$$a_n = e\omega^2 = \frac{0.1}{1\,000} \times \left(\frac{12\,000\pi}{30}\right)^2 = 158 \text{ m/s}^2$$

因此惯性力大小为

$$F_g^n = ma_n = 3\,160 \text{ N}$$

方向如图 7-16 所示。

由质点系的动静法，列平衡方程可得

$$F_{NA} = F_{NB} = \frac{1}{2}(mg + F_g^n) = \frac{1}{2} \times (20 \times 9.81 + 3\,160) = 1\,680 \text{ N}$$

其中轴承动反力为$\frac{1}{2}F_g^n=1\,580$ N。由此可见，在高速转动下，0.1 mm 的偏心距所引起的轴承动反力，可达静反力$\frac{1}{2}mg=98$ N 的 16 倍之多！而且转速越高，偏心距越大，轴承动反力越大，这势必使轴承磨损加快，甚至引起轴承的破坏。再者，注意到惯性力 $\boldsymbol{F}_g^n$ 的方向随刚体的旋转而周期性的变化，使轴承动反力的大小与方向也发生周期性的变化，因而势必引起机器的振动与噪声，同样会加速轴承的磨损与破坏。因此，必须尽量减小与消除偏心距。

例 7-8* 如图 7-17 所示，在上题中，若轮盘(连同轴)质量仍为 $m=20$ kg，仍以 $n=12\,000$r/min (转/分)匀速转动，但已无偏心距 e，重心 O 位于转轴上。由于焊接(或安装)误差，轮盘盘面垂线与转轴成角 $\gamma=1°$。已知轮盘为均质圆盘，半径 $R=200\ \text{mm}$，厚度 $h=20\ \text{mm}$，$l=1\ \text{m}$，求轴承的动反力。

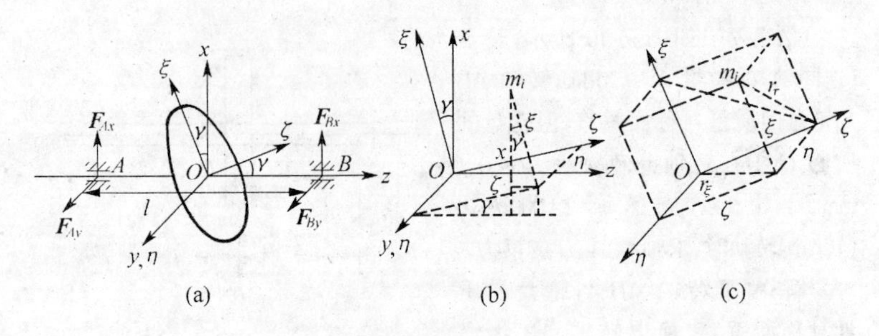

图 7-17

解：取轮盘和轴为研究对象，作用于系统的外力有通过质心 O 的重力，约束反力 $\boldsymbol{F}_{Ax}$、$\boldsymbol{F}_{Ay}$、$\boldsymbol{F}_{Bx}$、$\boldsymbol{F}_{By}$。取固结于轮盘的坐标系 $Oxyz$ 如图 7-17 所示，在圆盘上加惯性力，惯性力系的主矢

$$F_g = ma_C = 0$$

由于为匀速转动，$\alpha=0$，有 $M_{gz}=J_z\alpha=0$，又由于

$$J_{yz} = \sum m_i y_i z_i = 0$$

有
$$M_{gx} = -J_{yz}\omega^2 = 0$$

因此只剩下惯性力矩

$$M_{gy} = J_{xz}\omega^2$$

为计算 J_{xz}，作出圆盘的中心惯性主轴 $O\zeta$ 以及与之垂直的轴 $O\xi$、$O\eta$，并设在图示瞬时 η 轴与 y 轴重合。由图 7-17(b)可见

$$x = \xi\cos\gamma + \zeta\sin\gamma$$

$$z = -\xi\sin\gamma + \zeta\cos\gamma$$

$$J_{xz} = \sum m_i xz = \sum m_i(\xi\cos\gamma + \zeta\sin\gamma)(-\xi\sin\gamma + \zeta\cos\gamma)$$

$$= \sin\gamma\cos\gamma\cdot\sum m_i(\zeta^2 - \xi^2) + (\cos^2\gamma - \sin^2\gamma)\cdot\sum m_i\zeta\xi$$

因 ζ 轴是轮盘的对称轴，有 $\sum m_i\zeta\xi=0$；又因

$$\sum m_i(\zeta^2 - \xi^2) = \sum m_i(\zeta^2 + \eta^2) - \sum m_i(\xi^2 + \eta^2)$$

或

$$\sum m_i(\zeta^2 - \xi^2) = \sum m_i r_\xi^2 - \sum m_i r_\zeta^2$$

式中 r_ξ 和 r_ζ 分别是质点 m_i 到 ξ 轴和 ζ 轴的垂直距离，如图 7-17(c)所示。由转动惯量定义有

$$\sum m_i r_\xi^2 = J_\xi$$

$$\sum m_i r_\zeta^2 = J_\zeta$$

即 J_ξ 和 J_ζ 分别是圆盘对于 ξ 轴和 ζ 轴的转动惯量。查有关转动惯量的表有

$$J_\zeta = \frac{1}{2} mR^2$$

$$J_\xi = \frac{1}{12} m(3R^2 + h^2)$$

于是

$$J_{xz} = \sin\gamma \cdot \cos\gamma (J_\xi - J_\zeta) = \frac{J_\xi - J_\zeta}{2}\sin 2\gamma = \frac{m}{24}(h^2 - 3R^2)\sin 2\gamma$$

当 $\gamma = 1°$时，$\sin 2\gamma \approx 2\gamma$（$\gamma$ 以弧度计），有

$$J_{xz} = \frac{m\gamma}{12}(h^2 - 3R^2) = -0.003\,478\ \mathrm{kg \cdot m^2}$$

根据式(7-19)求得轴承动反力如下

$$F_{Ax} = -\frac{1}{AB}M_{gy} = -\frac{J_{xz}}{AB}\omega^2 = 5\,493\ \mathrm{N}$$

$$F_{Ay} = \frac{1}{AB}M_{gx} = 0$$

$$F_{Bx} = \frac{1}{AB}M_{gy} = -\frac{J_{xz}}{AB}\omega^2 = -5\,493\ \mathrm{N}$$

$$F_{By} = -\frac{1}{AB}M_{gx} = 0$$

注意到静反力只有 98 N，而由于安装误差所引起的动反力为 5 493 N，是静反力的 56 倍之多，并且随着轴的转动，动反力在周期性的改变着方向，这对轴与轴承的受力是相当不利的，所以应当尽量减小安装误差。

小　　结

1. 设质点的质量为 m，加速度为 $\boldsymbol{a}$，则质点的惯性力 $\boldsymbol{F}_g$ 定义为

$$\boldsymbol{F}_g = -m\boldsymbol{a}$$

2. 质点的动静法：质点上除了作用有主动力 $\boldsymbol{F}$ 和约束反力 $\boldsymbol{F}_N$ 外，如果假想地认为还作用有该质点的惯性力 $\boldsymbol{F}_g$，则这些力在形式上形成一个平衡力系，即

$$\boldsymbol{F} + \boldsymbol{F}_N + \boldsymbol{F}_g = \boldsymbol{0}$$

3. 质点系的动静法：在质点系中每个质点上都假想地加上各自的惯性力 $\boldsymbol{F}_{ig}$，则质点系的所用外力 $\boldsymbol{F}_i^{(e)}$ 和惯性力 $\boldsymbol{F}_{ig}$，在形式上形成一个平衡力系，可以表示为

$$\sum \boldsymbol{F}_i^{(e)} + \sum \boldsymbol{F}_{ig} = \boldsymbol{0}$$

$$\sum \boldsymbol{M}_O(\boldsymbol{F}_i^{(e)}) + \sum \boldsymbol{M}_O(\boldsymbol{F}_{ig}) = \boldsymbol{0}$$

4. 刚体惯性力系的简化结果：

(1)刚体平动时惯性力系向质心 C 简化，主矢与主矩为

$$\boldsymbol{F}_g = -m\boldsymbol{a}_C \qquad M_{gC} = 0$$

(2)刚体绕定轴转动时，惯性力系向转轴上一点 O 简化，主矢与主矩为

$$\boldsymbol{F}_g = -m\boldsymbol{a}_C$$

$$\boldsymbol{M}_{gO} = M_{gx}\boldsymbol{i} + M_{gy}\boldsymbol{j} + M_{gz}\boldsymbol{k}$$

其中，$M_{gx} = J_{xz}\alpha - J_{yz}\omega^2 \quad M_{gy} = J_{yz}\alpha + J_{xz}\omega^2 \quad M_{gz} = -J_z\alpha$

$$J_{xz} = \sum m_i x_i z_i \qquad J_{yz} = \sum m_i y_i z_i \qquad J_z = \sum m_i r_i^2$$

如果刚体有质量对称平面，且此平面与转轴 z 垂直，则惯性力系向此质量对称平面与转轴 z 的交点 O 简化，主矢与主矩为

$$\boldsymbol{F}_g = -m\boldsymbol{a}_C \qquad M_{gO} = -J_z\alpha$$

(3)刚体作平面运动时，若此刚体有一质量对称平面且此平面作同一平面运动，惯性力系向质心 C 简化，主矢和主矩为

$$\boldsymbol{F}_g = -m\boldsymbol{a}_C \qquad M_{gC} = -J_C\alpha$$

式中 J_C 为对过质心且与质量对称平面垂直的轴的转动惯量。

5. 刚体绕定轴转动时，消除动反力的条件是，此转轴是中心惯性主轴（转轴过质心且对此轴的惯性积为零）；质心在转轴上，刚体

可以在任意位置静止不动，称为静平衡；转轴为中心惯性主轴，不出现轴承动反力，称为动平衡。

思 考 题

7-1 应用动静法时，对静止的质点是否需要加惯性力？对运动着的质点是否都需要加惯性力？

7-2 质点在空中运动，只受到重力作用，当质点作自由落体运动、质点被上抛、质点从楼顶水平弹出时，质点惯性力的大小与方向是否相同？

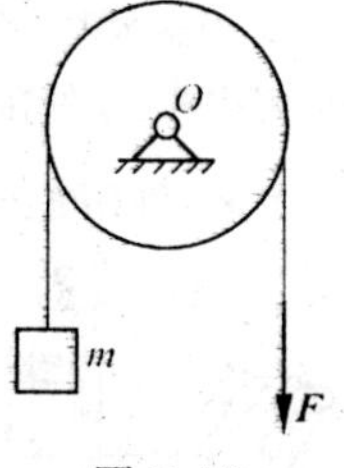

图 7-18

7-3 如图 7-18 所示，均质滑轮对轴 O 的转动惯量为 J_O，重物质量为 m，拉力为 $\boldsymbol{F}$，绳与轮间不打滑。当重物以等速 v 上升和下降，以加速度 $\boldsymbol{a}$ 上升和下降时，轮两边绳的拉力是否相同？

7-4 图 7-19 所示的平面机构中，$AC /\!/ BD$，且 $AC = BD = a$，均质杆 AB 的质量为 m，长为 l。问 AB 杆作何种运动？其惯性力系的简化结果是什么？若 AB 杆是非均质杆又如何？

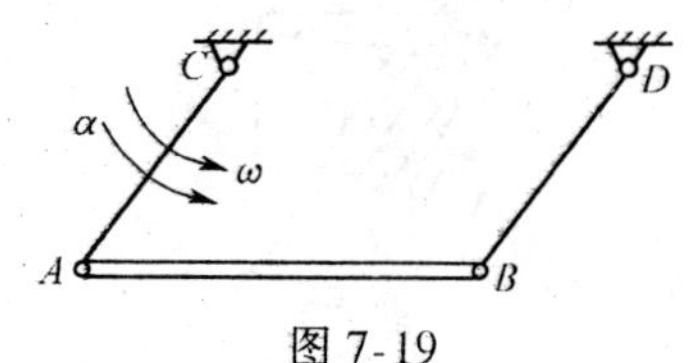

图 7-19

7-5 任意形状的均质等厚板，垂直于板面的轴都是惯性主轴，对吗？不与板面垂直的轴都不是惯性主轴，对吗？

7-6 如图 7-20 所示，质量可不计的轴上用质量可不计的细杆固连着几

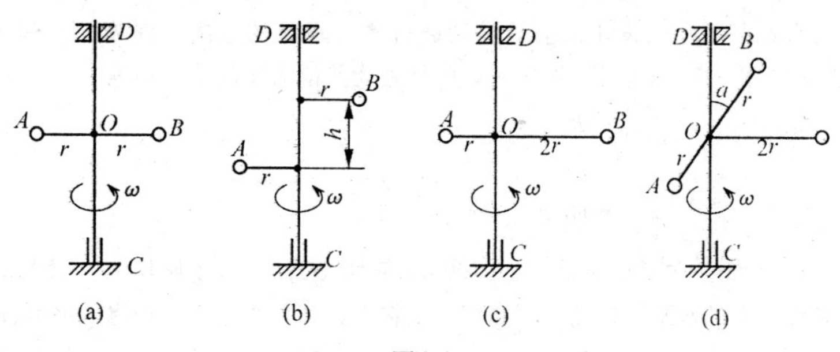

图 7-20

个质量均等于 m 的小球,当轴以匀角速度 ω 转动时,图示各情况中哪些满足动平衡?哪些只满足静平衡?哪些都不满足?

习　题

7-1　图示由相互铰接的水平臂连成的传送带,将圆柱形零件从一高度传送到另一个高度。设零件与臂之间的摩擦系数 $f_s=0.2$。求:(1)降落加速度 $\boldsymbol{a}$ 为多大时,零件不致在水平臂上滑动;(2)在此加速度 $\boldsymbol{a}$ 下,比值 h/d 等于多少时,零件在滑动之前先倾倒。

答案:(1)$\boldsymbol{a}\leqslant 2.91\ \mathrm{m/s^2}$;(2)$\dfrac{h}{d}\geqslant 5$ 时先倾倒。

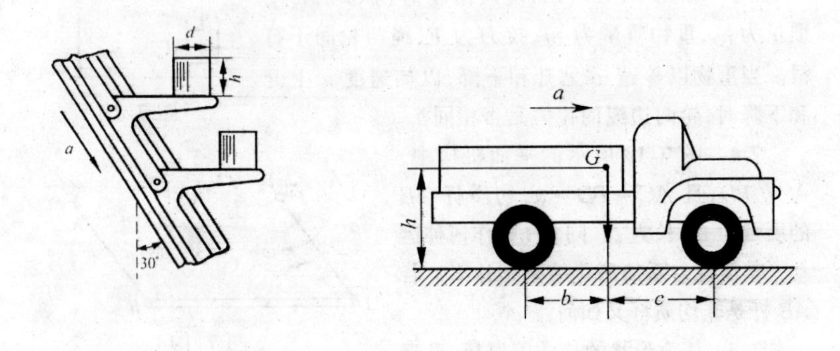

题 7-1 图　　　　题 7-2 图

7-2　图示汽车总质量为 m,以加速度 $\boldsymbol{a}$ 作水平直线运动。汽车质心 G 离地面的高度为 h,汽车的前后轴到通过质心垂线的距离分别等于 c 和 b。求其前后轮的正压力;又,汽车应如何行驶能使前后轮的压力相等?

答案:$F_{NA}=m\dfrac{bg-ha}{c+b}$,$F_{NB}=m\dfrac{cg+ha}{c+b}$;

$a=\dfrac{(b-c)g}{2h}$时,$F_{NA}=F_{NB}$。

7-3　图示矩形块质量 $m_1=100\ \mathrm{kg}$,置于平台车上,车质量 $m_2=50\ \mathrm{kg}$,此车沿光滑的水平面运动。车和矩形块在一起由质量为 m_3 的物体牵引,使之作加速运动。设物块与车之间的摩擦力足够阻止相互滑动,求能够使车加

速运动的质量 m_3 的最大值,以及此时车的加速度大小。

答案:$m_3=50$ kg;$a=2.45$ m/s^2。

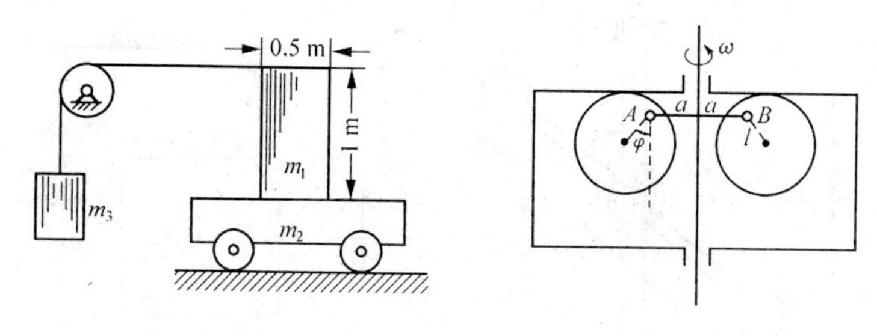

题 7-3 图　　　　题 7-4 图

7-4　调速器由两个质量为 m_1 的均质圆盘构成,圆盘偏心地铰接于距转轴为 a 的 A、B 两点。调速器以等角速度 ω 绕铅直轴转动,圆盘中心到悬挂点的距离为 l。调速器的外壳质量为 m_2,并放在圆盘上。不计摩擦,求角速度 ω 与偏角 φ 之间的关系。

答案:$\omega^2=\dfrac{2m_1+m_2}{2m_1(a+l\sin\varphi)}g\tan\varphi$。

7-5　转速表的简化模型如图所示。杆 CD 的两端各有质量为 m 的 C 球和 D 球,CD 杆与转轴 AB 铰接,质量不计。当转轴 AB 转动时,CD 杆的转角 φ 就发生变化。设 $\omega=0$ 时,$\varphi=\varphi_0$,且盘簧中无力。盘簧产生的力矩 M 与转角 φ 的关系为 $M=k(\varphi-\varphi_0)$,式中 k 为盘簧刚度。求(1)角速度 ω 与角 φ 的关系;(2)当系统处于图示平面时,轴承 A、B 的约束反力。

答案:(1)$\omega=\sqrt{\dfrac{k(\varphi-\varphi_0)}{ml^2\sin 2\varphi}}$

(2)$X_B=0,\ Y_B=-\dfrac{ml^2\omega^2\sin 2\varphi}{2b}$;

$X_A=0,\ Y_A=\dfrac{ml^2\omega^2\sin 2\alpha}{2b},\ Z_A=2mg$。

7-6　均质正方形板的质量 $m=40$ kg,在铅直平面内以三根软绳拉住,板的边长 $b=100$ mm,如图所示。求:当软绳 FG 被剪断时,板的加速度及 AD 和 BE 两绳所受的力。

答案:$a=\dfrac{1}{2}g=4.9$ m/s^2,$F_{AD}=72$ N,$F_{BE}=268$ N。

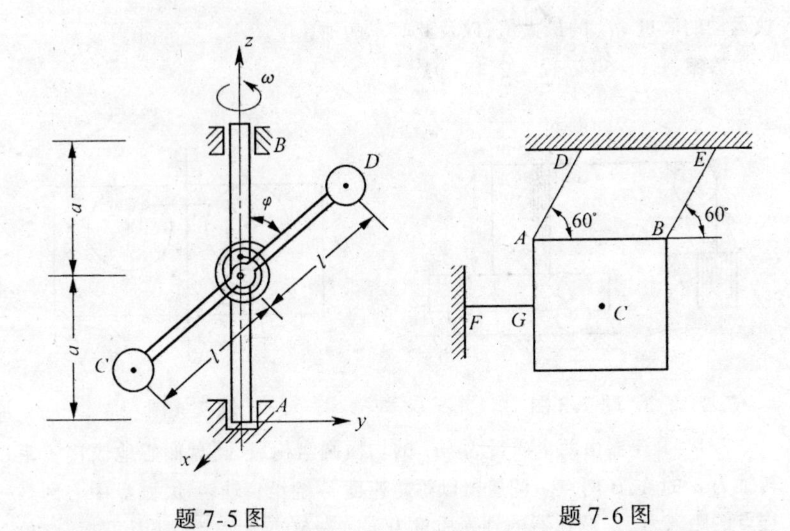

题 7-5 图　　　　　　　　　　　　　　　　题 7-6 图

7-7　轮轴质心位于 O 处，对轴 O 的转动惯量为 J_O。在轮轴上系有两个质量各为 m_1 和 m_2 的物体，若此轮轴顺时针转向转动，求轮轴的角加速度 α 和轴承 O 的动反力。

答案：$\alpha=\dfrac{m_2 r-m_1 R}{J_O+m_1 R^2+m_2 r^2}g$；

$$F'_{Ox}=0,F'_{Oy}=\frac{-(m_2 r-m_1 R)^2 g}{J_O+m_1 R^2+m_2 r^2}。$$

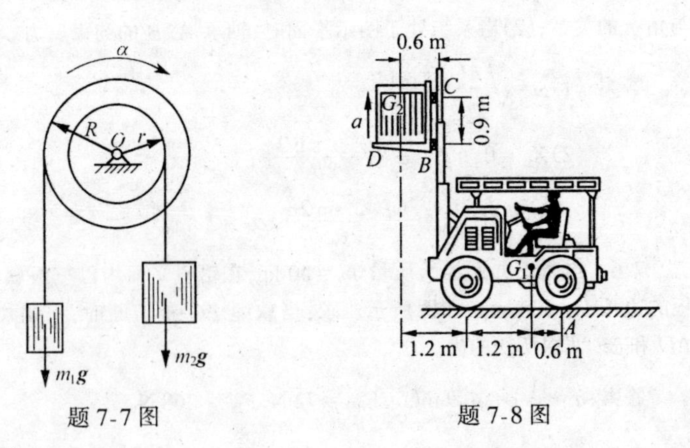

题 7-7 图　　　　　　　　　　　　　　　　题 7-8 图

7-8　图示为升降重物用的叉车，B 为可动圆滚（滚动支座），叉头 DBC 用铰链 C 与铅直导杆连接。由于液压机构的作用，可使导杆在铅直方向上升或下降，因而可升降重物。已知叉车连同铅直导杆的质量为 1 500 kg，质心在 G_1；叉头与重物的共同质量为 800 kg，质心在 G_2。如果叉头向上的加速度使得后轮 A 的约束力等于零，求这时滚轮 B 的约束力。

答案：$F_B = 9.8$ kN。

7-9　如图所示，质量为 m_1 的物体 A 下落时，带动质量为 m_2 的均质圆盘 B 转动，不计支架和绳子的重量及轴上的摩擦，$BC = a$，盘 B 的半径为 R。求固定端 C 的反力。

答案：$X_C = 0, Y_C = \dfrac{3m_1 + m_2}{2m_1 + m_2} m_2 g, M_C = \dfrac{3m_1 + m_2}{2m_1 + m_2} m_2 g a$。

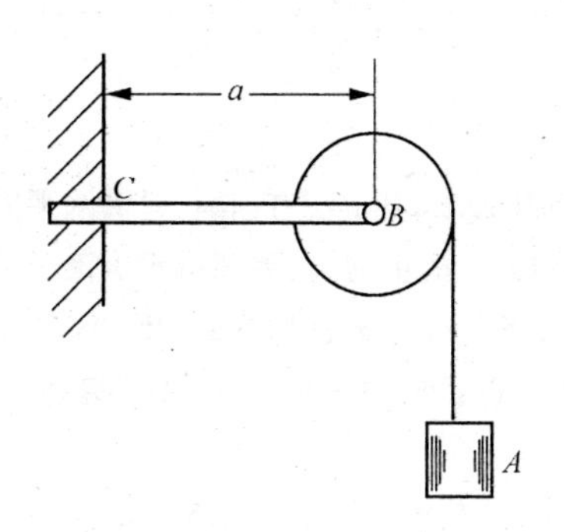

题 7-9 图

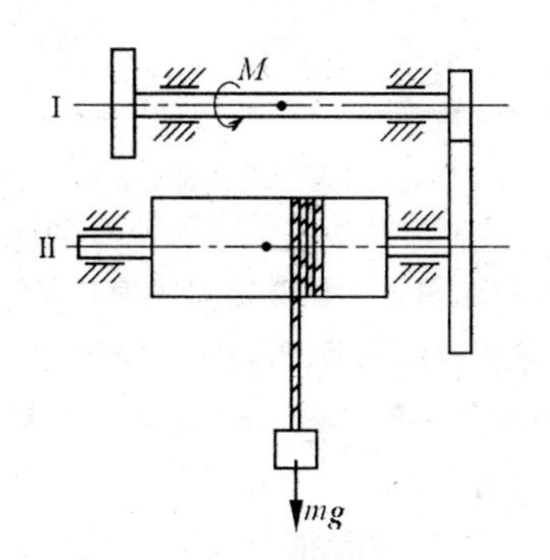

题 7-10 图

7-10　图示电动绞车提升一质量为 m 的物体，在主动轴上作用有一矩为 M 的主动力偶。已知主动轴和从动轴连同安装在这两轴上的齿轮以及其它附属零件的转动惯量分别为 J_1 和 J_2；传动比 $z_2 : z_1 = i$；吊索缠绕在鼓轮上，此轮半径为 R。设轴承的摩擦和吊索的质量均略去不计，求重物的加速度。

答案：$a = \dfrac{(iM - mgR)R}{mR^2 + J_1 i^2 + J_2}$。

7-11　图示为曲柄滑槽机构。曲柄 OA 可视为均质杆，质量为 m_1，长为 r，以匀角速度 ω 绕 O 轴转动。滑槽 BC 质量为 m_2（质心在 D 点），滑块 A 的质量和各处摩擦忽略不计，作用在活塞上的力为 $\boldsymbol{F}$。求当曲柄在任意 φ

角位置时，轴承 O 的反力和加在曲柄上的力偶矩 M。

答案：$X_O = F - \frac{1}{2} r\omega^2 (m_1 + 2m_2)\cos \omega t$，

$Y_O = m_1 g - \frac{1}{2} m_1 r\omega^2 \sin \omega t$，

$M = (F - m_2 r\omega^2 \cos \omega t) r\sin \omega t - \frac{1}{2} m_1 gr\cos \omega t$。

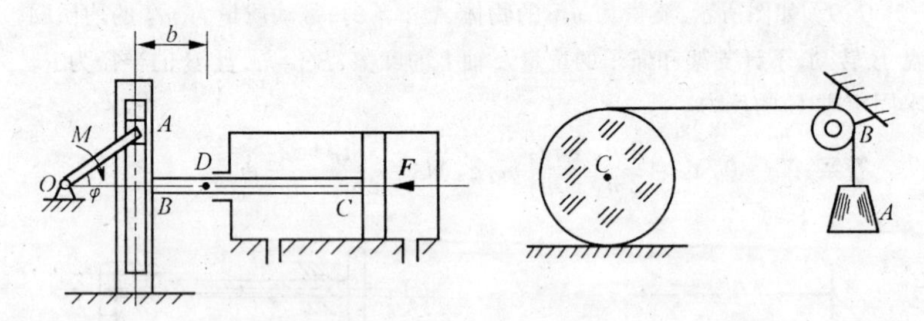

题 7-11 图　　　　题 7-12 图

7-12　均质滚子质量 $m_1 = 20$ kg，半径为 R，其上绕有细绳，绳沿水平方向拉出，跨过无重滑轮 B 系有质量 $m_2 = 10$ kg 的重物 A，如图所示。滚子沿水平面只滚不滑，重物 A 的加速度 a_A、滚子中心 C 的加速度 a_C 及滚子的角加速度 α 有关系 $a_A = 2a_C = 2R\alpha$，求滚子中心 C 的加速度。不计滚动摩擦。

答案：$a_C = 2.8\ \mathrm{m/s^2}$。

7-13　图示磨刀砂轮Ⅰ质量 $m_1 = 1$ kg，其偏心距 $e_1 = 0.5$ mm，小砂轮Ⅱ质量 $m_2 = 0.5$ kg，偏心距 $e_2 = 1$ mm。电机转子Ⅲ质量 $m_3 = 8$ kg，无偏心，

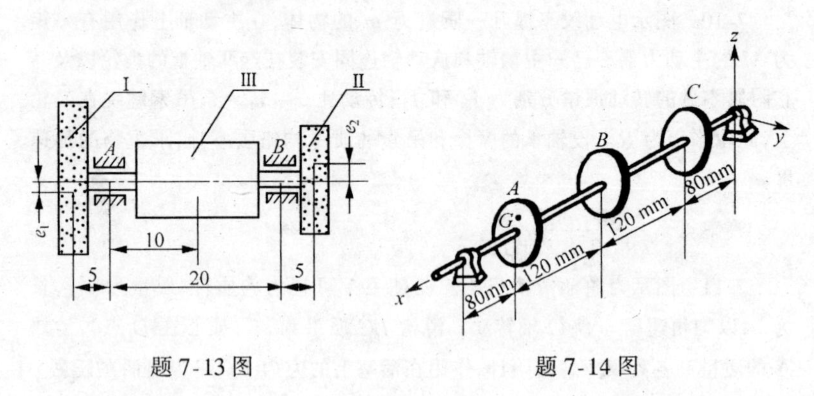

题 7-13 图　　　　题 7-14 图

带动砂轮旋转，转速 $n = 3\,000$ r/min。求转动时轴承 A、B 的动反力。

答案：$F_{NA} = -F_{NB} = 74$ N。

7-14 三圆盘 A、B 和 C 质量各为 12 kg，共同固结在 x 轴上，位置如图所示。若 A 盘质心 G 的坐标为(320，0，5)，而 B 和 C 盘的质心在轴上。今若将两个质量均为 1 kg 的均衡质量分别放在 B 和 C 盘上，问应如何放置可使轴系达到动平衡？

答案：$y_B = 0$，$z_B = -120$ mm；$y_C = 0$，$z_C = 60$ mm。